KB232591

항공종사자 자격시험 대비용 문제집 시리즈

항 공 기 기 체

저자 최 태 원
한 병 희
한 석 태
권 순 모

도서출판 청 연

머 리 말

　　오늘날 항공 산업의 눈부신 발전으로 항공 종사자의 수요 급증과 아울러 취업 전망도 밝아지고 있다. 그러나 발전하는 항공 기술에 대응한 교육 시설 및 교재의 부족으로 항공종사자의 실질적인 기술 수준의 향상에 어려움이 많았던 것이 사실이다.

　　저희 도서출판 청연에서는 이러한 취약한 환경하에서도 국내 항공산업 발전에 일익을 담당하는 항공종사자들의 욕구를 충족시키고자 열심히 노력한 결과로 16종 이상의 항공전문 기술서적을 참신하게 저작, 발간한데 이어 독자 여러분의 꾸준한 호응에 힘입어 이제 각 과목별로 세분된 문제집을 선보이게 되었다.

　　최근 국내의 각종 항공종사자 자격시험의 출제 경향을 분석해보면 과거와는 전혀 다른 출제 방향으로 변하고 있음을 알 수 있다. 그 특징을 요약해보면 크게 두가지로 압축할 수 있다.

　　첫째, 단순한 암기 위주에서 탈피하여 기본 원리의 충실한 이해를 바탕으로 한 응용 문제의 출제이다.

　　둘째, 예측 가능한 지엽적인 출제 범위에서 벗어나 항공기와 관련된 모든 분야를 총망라하고 있다.

　　이와 같은 추세에 대비하기 위해서는 단순 암기식에서 탈피하고 기본적인 원리 및 넓은 범위의 내용을 체계적으로 탐구·분석할 필요가 있다. 따라서 저자는 이러한 추세에 보다 효율적으로 대처하기 위한 방법으로 그동안 항공기기체Ⅰ, 항공기기체Ⅱ 및 전문교육기관용 교재인 항공기기체를 저작하면서 얻은 경험을 바탕으로 광범위한 항공기기체 분야를 단원별로 분류하여 기초적인 문제부터 심층 응용문제까지 출제 가능한 모든 문제를 엄선, 수록하였으며, 대부분의 문제에 대해서 심도있는 문제 풀이를 제공함으로써 확실한 이해와 완벽한 시험 대비를 위한 항공기기체 문제집을 발간하게 되었다.

　　또한 본 문제집을 공부하면서 보다 폭넓은 이해를 필요로 할 때는 이미 출판된 항공기기체Ⅰ, Ⅱ 및 전문교육교재인 항공기기체를 참고한다면 보다 큰 도움이 되리라고 믿는다. 아무튼 저자는 본 문제집으로 공부하는 모든 독자들이 각자의 목적하는 바를 이루길 바란다.

1994년　9월 12일

저　　자

차   례

제1장. 기체 구조

1. 항공기의 응력 스킨(Stress Skin) 구조를 설명하시오.

〔풀이〕 응력 외피 구조는 트러스형과는 달리 스킨이 항공기에 작용하는 하중의 일부를 담당하는 구조이다. 내부에 골격이 없으므로 내부 공간을 크게 할 수 있고 외형을 유선형으로 할 수 있는 장점이 있다. 응력 스킨 구조에는 모노코크형과 세미모노코크형이 있다.

2. 풀 모노코크(Full Monocoque) 동체는 어떤 것인가?

〔풀이〕 소형 항공기에 사용하는 동체인데, 고강도의 피복이 동체를 지탱해주기 때문에 내부 구조는 간단하게 되어 있다.

3. 페일 세이프 구조(Fail Safe Structure)란?

〔풀이〕 하나의 구조물이 여러개의 구조 요소로 결합되어 있어 어느 부분에서 피로 파괴가 일어나거나 그 일부분이 파괴되어도 나머지 구조가 작용하는 하중을 지지할 수 있게 하여 치명적인 파괴 또는 과도한 변형을 가져오지 않게 함으로서 항공기 구조상 위험이나 파손을 보완할 수 있는 구조를 말한다.
　페일 세이프 구조의 형식에는 다음과 같이 4가지가 있다.
　① 다경로 하중 구조
　② 이중 구조
　③ 패치 구조
　④ 하중 경감 구조

4. 반 외팔보(Semi-cantilever) 날개는 어떤 것인가?

〔풀이〕 경 항공기에서 찾아볼 수 있는데, 스트러트나 와이어로 스파와 동체 사이를 연결하여 힘을 유지하는 날개의 한 형태이다.

5. 받음각(Angle of Attack) 이란?

〔풀이〕 날개의 시위선(Chord Line)과 상대풍(Relative Wind)방향이 이루는 각

6. 비행중인 항공기 날개의 윗부분에는 어떤 종류의 응력을 받는가?

〔풀이〕 압축 응력

7. 트러스 골격이란?

〔풀이〕 강관 또는 봉을 용접하여 만들고 이 부재들은 인장 하중과 압축 하중을 담당함으로써 기체에 작용하는 모든 힘을 견디며 스킨은 공기력을 트러스에 전달하는 역할만 하게 된다.

8. 취부각(Angle of Incidence)이란?

〔풀이〕 날개의 시위선과 항공기의 세로축과의 각도

9. 항공기 날개에 작용하는 응력의 종류는?

〔풀이〕 항공기의 날개에는 양력이 작용하므로 날개에는 굽힘 모멘트가 작용한다. 그러므로 비행중에 날개 윗부분에는 압축 응력, 아랫 부분에는 인장 응력이 발생한다. 또한 날개 하단면에는 무게와 양력에 의하여 전단 하중이 작용한다.

10. 알루미늄 합금판으로 된 스킨(Skin)이 담당하는 응력은?

〔풀이〕 동체에 작용하는 전단 응력을 담당한다. 그러나 때로는 스트링거와 함께 압축 및 인장 응력을 담당하기도 한다.

11. 조종석에서의 조작과 기체의 조종면 움직임과의 관계를 설명하라.

〔풀이〕 조종석에서 스틱(Stick)을 뒤로 당기면 승강타(Elevator)가 올라가고 앞으로 밀면 내려간다. 왼쪽으로 스틱을 움직이면 오른쪽의 보조날개(Aileron)가 내려가고 왼쪽 보조날개는 올라가며, 스틱을 오른쪽으로 움직이면 왼쪽의 보조날개가 내려가고 오른쪽 보조날개는 올라간다. 또한 오른족 페달을 밟으면 방향타(Rudder)가 오른쪽으로 가고 왼쪽 페달을 밟으면 왼쪽으로 간다.

12. 스트링거와 론저론이 담당하는 응력은?

〔**풀이**〕 동체에 작용하는 굽힘 모멘트에 의한 인장 응력과 압축 응력을 받는다. 충분한 강도를 갖게 하기 위해 부재의 단면을 굽힘 성형이나 압출로 가공하고 재료는 알루미늄 합금판을 사용한다.

13. 세미모노코크형 동체를 설명하시오.

〔**풀이**〕 이 형식의 동체는 정형재, 프레임, 벌크헤드 등이 동체의 형태를 만든다. 동체의 길이 방향으로 론저론, 스트링거를 보완하여 골격을 만들며 그 위에 얇은 스킨을 씌운 것이다.

모노코크형 동체에 비하여 스킨이 얇지만 동체의 길이 방향으로 론저론과 스트링거가 보강되어 있기 때문에 압축 하중에 대한 버클링(Buckling) 문제도 없으며 무게당 높은 강도를 유지할 수 있어 금속제 항공기의 대부분은 이 형식이 적용되고 있다. 이들 각 부재를 결합하는데는 주로 리벳이 사용되고 있지만 때로는 볼트로 결합하기도 한다.

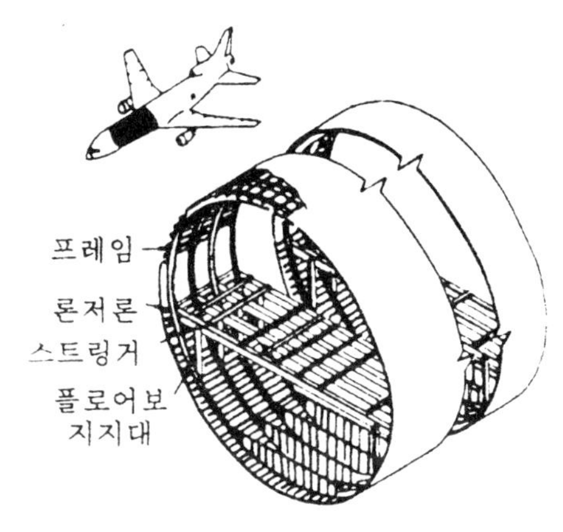

14. 날개의 방빙 및 제빙 장치에 대해 설명하시오.

〔**풀이**〕 항공기는 여러가지 기상 조건하에서 비행을 하므로 어떤 기상 조건에서는 얼음이 생성된다. 특히 날개의 리딩에이지, 꼬리날개의 리딩에이지, 또는 프로펠러 등에 생성된 얼음은 항공기의 공기 역학적 특성을 변화시킨다. 즉 양력은 감소되고 항력은 증가하게 된다.

방빙 장치(Anti-icing System)는 얼음이 부착되지 않도록 날개 리딩에이지를 미리 가열하여 결빙을 방지하는 것이고, 제빙 장치(Deicing System)는 이미 형성된 얼음을 제거하는 것이다.

방빙 장치에는 전열식과 가열 공기식이 있고 제빙 장치에는 알콜 분출식과 제빙 부츠식이 있다.

15. 주익에 걸리는 굽힘 모멘트를 담당하는 것은 주로 무엇인가?

〔풀이〕 스파(Spar)

16. 스트링거(Stringer)는 무슨 재료로 어떻게 제작하는가?

〔풀이〕 얇은 알루미늄 합금으로 만들며 압출하거나 손으로 굽힌다.

17. 여압실의 구조에 대해 설명하시오.

〔풀이〕 항공기가 고공에서 비행을 할 경우, 고공의 압력은 지상의 압력보다 낮기 때문에 동체 내에서 승무원, 승객 및 생물이 탑승하는 공간, 즉 조종실, 객실 및 일부 화물실 등은 생명체가 안전하게 비행할 수 있도록 필요한 압력과 온도가 유지되어야 한다. 이를 위하여 이러한 공간에는 여압을 하게 되는데 여압이 되는 공간을 여압실이라 한다.
동체에서 여압이 되는 부분은 비행 하중, 지상 하중 이외에 내부의 여압된 공기 압력에 의한 하중을 더 받게 되므로 여압 장치가 없는 동체보다 강도가 커야 하며 피로에 대한 강도도 충분해야 한다.
일반적으로 항공기가 고공으로 올라갈수록 여압실 외부의 압력과 여압실 내부의 압력의 차이, 즉 차압은 점점 커지게 되어 동체의 강도가 더 이상 견딜 수 없게 된다. 그러므로 여압실의 여압 계통은 일정한 한계 내에서 여압되어야 한다. 즉 어느 한계의 고도 이상에서는 여압실 내부의 압력과 여압실 외부의 압력과의 차압은 동체 구조가 견딜 수 있는 정도의 일정한 차압을 유지할 수 있도록 되어 있다. 여압실에서 조종실의 윈드쉴드, 객실 창문, 또는 출입문(Door)등 재료의 불연속이 많은 부분에는 응력이 집중되므로 충분히 보강을 해야 한다.
보강용 재료로는 티타늄 합금을 사용하기도 하며, 또 여압실의 강도를 보강하기 위하여 스트링거의 간격을 좁히거나 강한 스트링거를 사용해야 한다. 최근에는 여압실의 단면 형상으로 그림과 같이 이중벽이 많이 사용된다.

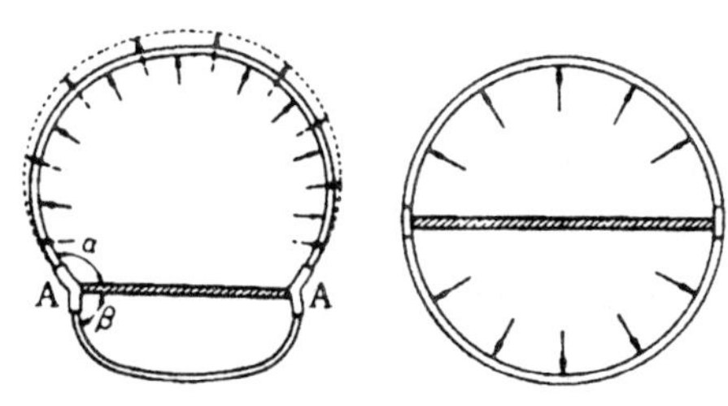

18. 항공기 동체에 작용하는 전단 하중을 담당하는 부재는?

　〔풀이〕 스킨(Skin)

19. 벌크헤드(Bulkhead)의 역할을 설명하시오.

　〔풀이〕 벌크헤드는 동체의 앞뒤에 하나씩 있는데, 이것은 동체에 작용하는 비틀림 모멘트를 일부 담당하며, 또 여압식 동체에서 공기 압력을 유지해주기 위하여 공기를 밀폐시키는 여압벽(Pressure Bulkhead)으로 이용되기도 하고 동체 중간의 필요한 부분에 링과 같은 형식으로 배치하여 날개 또는 착륙 장치들의 장착부를 마련해 주는 역할도 한다.
　또 동체가 비틀림에 의해 변형되는 것을 막아줄 뿐만 아니라 프레임 및 링과 함께 집중 하중을 받는 부분으로 부터 동체의 스킨으로 응력을 확산시키는 역할도 한다.

20. 비행기의 세가지 중심축은 무엇이며, 이 축들을 중심으로 기체를 움직이는 것은 어떤 것인가?

　〔풀이〕 수직축(Vertical Axis) — 방향타로 조절한다.
세로축(Longitudinal Axis) — 보조날개로 조절한다.
가로축(Lateral Axis) — 승강타로 조절한다.

21. 모노코크(Monocoque) 구조란?

　〔풀이〕 외판으로만 되어 있는 구조

22. 항공기의 스테이션(Station) 번호 구간은 무슨 단위로 되어 있는가?

　〔풀이〕 인치로 되어 있다.

23. 날개를 구성하는 주요 구성 부재는?

　〔풀이〕 스파(Spar), 리브(Rib), 스트링거(Stringer), 스킨(Skin)

24. 윈드쉴드의 강도 기준을 설명하시오.

〔풀이〕 윈드쉴드의 강도 기준은 다음과 같다.
① 윈드쉴드 패널의 여압 압력에 의한 파괴 강도는 외측판 만으로 최대 여압실 압력의 7~10배, 또 내측판 만으로 최대 여압실 압력의 3~4배 이상의 강도를 가져야 한다.
② 새들의 충돌에 의한 충격 강도는 무게 1.8kg의 새가 설계 순항 속도로 비행하고 있는 비행기의 윈드쉴드에 충돌하더라도 파괴되지 않을 정도이어야 한다.

25. 밸런스 탭(Balance Tab)에 대해 설명하시오.

〔풀이〕 밸런스 탭의 구조는 그림과 같다.

그림과 같이 밸런스 탭은 항상 조종면이 움직이는 방향과 반대 방향으로 움직이도록 기계적으로 연결되어 있다.

26. 서보 탭(Servo Tab)에 대해 설명하시오.

〔풀이〕 그림과 같이 서보 탭은 겉으로 보기에는 밸런스 탭과 비슷하지만 그 기능은 전혀 다르다.

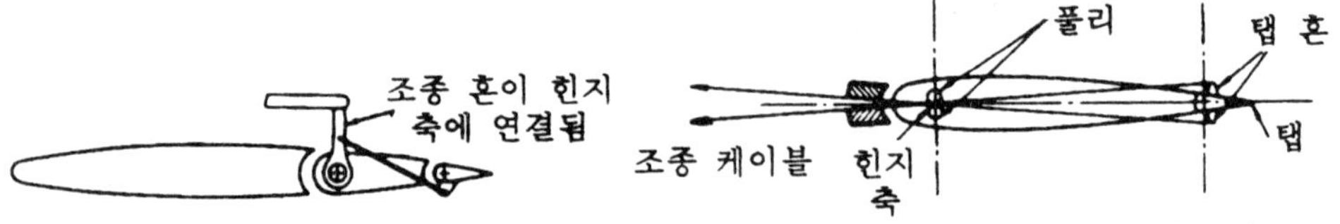

조종면이 큰 대형 비행기에서는 조종사가 직접 주조종면을 움직이게 하지 않고 서보 탭만 움직이게 한다. 그림과 같이 이 탭을 움직여 주면 탭에 작용하는 공기력에 의한 힌지 모멘트 때문에 주조종면이 작동하게 된다. 서보탭은 조종탭(Control Tab)이라고도 한다.

27. 스프링 탭(Spring Tab)에 대해 설명하시오.

〔풀이〕 그림과 같이 스프링 탭은 겉으로 보기에는 조종 탭과 비슷하지만 그 기능은 전혀 다르다. 스프링 탭은 조종사가 주조종 면을 움직일때 도움을 주기 위한 보조 역할로 사용되도록 작동하는 탭이다.

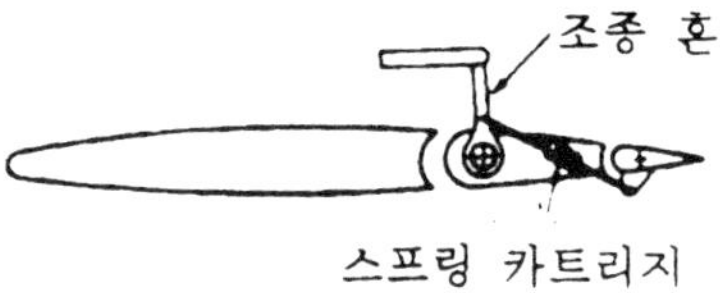

28. 고정 탭에 대해 설명하시오.

〔풀이〕 그림과 같이 고정 탭은 조종면의 트레일링에이지에 작은 판을 붙여서 비행기 본래의 비 정상적인 비행 자세를 수정하도록 하는 탭의 일종으로 지상에서 정비시에 필요한 만큼 적절히 구부려서 비행기의 자세를 수정하게 된다.

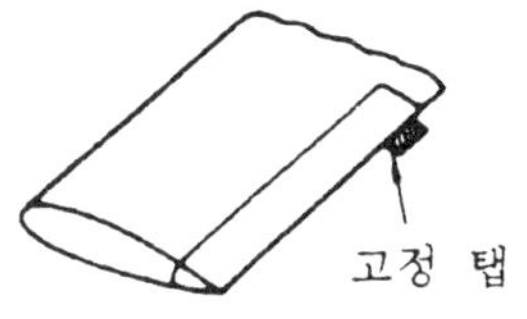

29. 트림 탭(Trim Tab)에 대해 설명하시오.

〔풀이〕 그림과 같이 트림 탭은 비행기가 임의의 속도로 비행을 할 때 비행중에 발생하는 불균형 상태를 주조종 면에 변위를 가하지 않고 탭을 조작하여 정상 비행을 유지하도록 조종하는 장치로서 주조종면 트레일링 에이지에 작은 탭을 붙인 것이다.

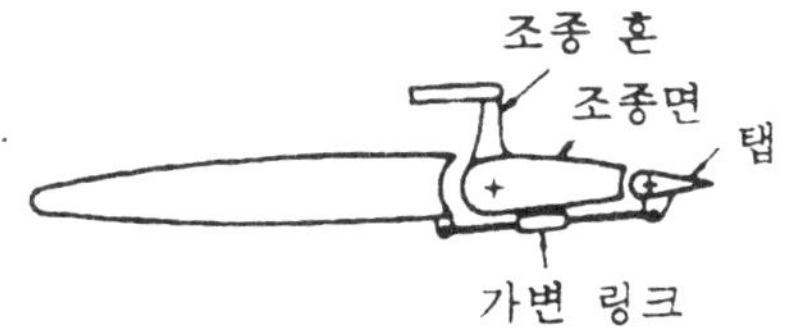

30. 날개 구조에서 스포일러(Spoiler)의 역할은?

〔풀이〕 스포일러는 대형 항공기에서는 날개 안쪽과 바깥쪽에 설치되어 있으며 비행중 날개 바깥쪽의 플라이트 스포일러(Flight Spoiler)의 일부를 좌우 따로 움직여서 항공기의 자세를 조종하거나 같이 움직여서 비행 속도를 감소시키며, 착륙 활주중 그라운드 스포일러(Ground Spoiler)를 수직에 가깝게 세워서 항력을 증가시켜 줌으로서 활주 거리를 짧게 하는 브레이크 삭용을 한다.

31. 날개 구조에서 슬랫(Slat)의 역할은?

〔풀이〕 슬랫은 날개 리딩에이지 부분
의 일부를 그림과 같이 앞으로 밀어내서
본체와 사이에 간격을 만든 것인데 이 간
격을 슬롯(Slot)이라 한다. 슬롯을 통하
여 날개 아랫면의 높은 압력이 날개 윗면
으로 흘러서 윗부분에 운동 에너지를 공
급하여 박리를 저지함으로서 비교적 저속
의 항공기 속도에서 항공기의 실속을 방
지하고 양력을 증가시키는 역할을 한다.

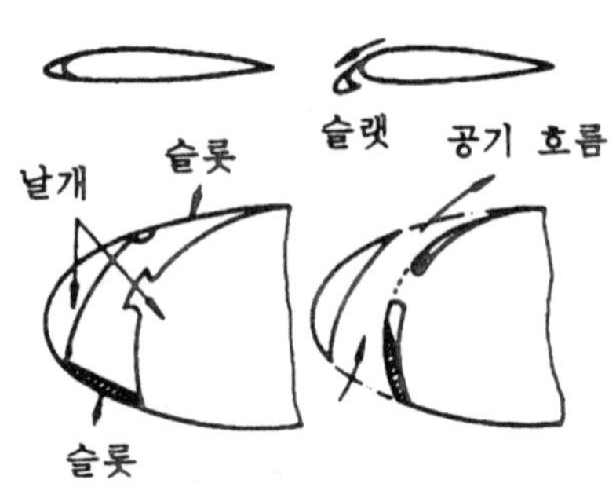

32. 날개 구조에서 보조 날개(Aileron)의 역할은?

〔풀이〕 날개에는 항공기를 오른쪽이나 왼쪽으로 경사지게 하는, 즉 롤
링 운동(Rolling)을 하게 하기 위하여 오른쪽과 왼쪽 날개 트레일링에이지
부분에 위아래로 움직일수 있는 보조
날개가 설치되어 있다. 보조 날개는
통상 날개의 바깥쪽에 붙어 있고 플랩
은 안쪽에 붙어 있다.

그림에서와 같이 대형 항공기에서는
보조 날개가 좌우에 각각 2개씩 있는
것도 있는데 저속에서는 모두 작동하
고 고속에서는 안쪽 것만 작동한다.
왼쪽 날개의 보조 날개와 오른쪽 날개
의 보조 날개는 서로 반대 방향으로
작동하며 비행 조종 계통과 연결되어
있다.

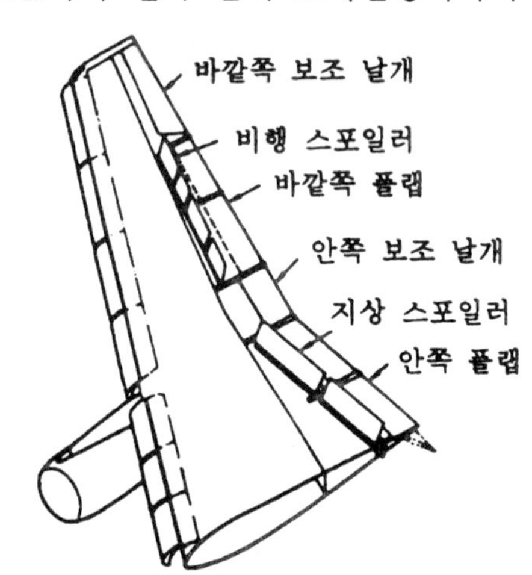

33. 비행기 플랩의 종류는 어떠한 것들이 있는가?

〔풀이〕 ① 리딩에이지 플랩 : 가변 캠버 플랩, 크루거 플랩
② 트레일링에이지 플랩 : 단순 플랩, 분할 플랩, 슬롯 플랩, 화울러 플
랩, 재프 플랩

34. 날개 구조에서 압축 리브(Compression Rib)의 역할은?

〔**풀이**〕 날개에 작용하는 하중을 날개 스파에 전달하는 역할을 한다.

35. 날개 구조에서 플랩(Flap)의 역할은?

〔**풀이**〕 플랩은 항공기가 이·착륙할 때 날개의 리딩에이지 또는 트레일링에이지를 가동식으로 하여 아래로 내림으로서 날개의 면적을 증가시키거나 날개의 형상, 즉 캠버(Camber)를 증가시켜 줌으로서 양력을 증가시키는 장치를 말한다. 플랩은 그림과 같이 여러가지 형식이 있다.

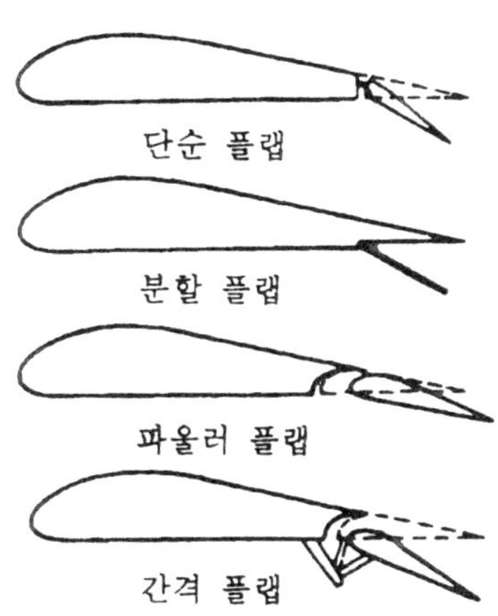

36. 날개 구조에서 스트링거(Stringer)의 역할은?

〔**풀이**〕 스트링거는 날개의 굽힘 각도를 크게 하고 날개의 비틀림에 의한 버클링(Buckling)을 방지하기 위하여 날개의 길이 방향으로 적당한 간격으로 리브 둘레에 리벳으로 고정시켜 배치한다.

37. 비행기에 플랩이 사용되는 목적은?

〔**풀이**〕 날개의 면적을 넓혀 줌으로서 양력을 증가시켜주며 실속되지 않고 속도를 낮출 수 있게 한다.

38. 날개 구조에서 리브(Rib)의 역할은?

〔**풀이**〕 리브는 날개의 단면이 공기 역학적인 에어포일을 유지할 수 있도록 날개의 모양을 형성해 주는데 날개 스킨에 작용하는 하중을 날개보에 전달하는 역할을 한다.

39. 응력 스킨형 날개 구조가 받는 하중은?

〔풀이〕 전단력과 굽힘 모멘트는 날개보(Spar)가 담당하고 비틀림 모멘트는 스킨이 받는다. 일반적으로 2~3개의 날개보(Spar)를 설치한 다음 스킨에 의해 그림과 같이 사각형의 상자 구조로 되어 있기 때문에 상자형 구조(Box Structure)라고도 한다.

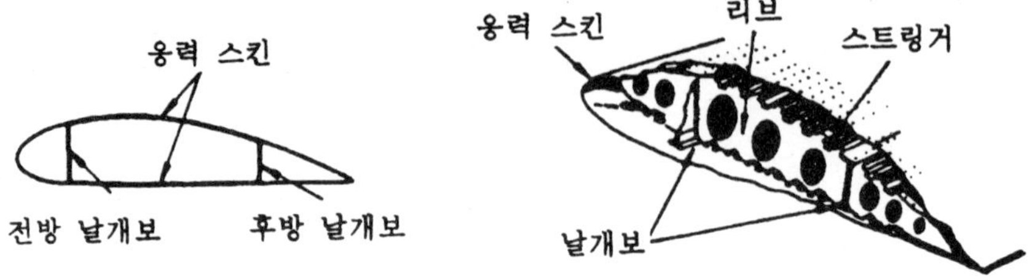

40. 외팔보(Cantilever) 날개란 어떤 날개인가?

〔풀이〕 날개 바깥쪽으로 날개를 받쳐주는 지지대(Bracing)가 전혀 없는 날개

41. 오일 캐닝(Oil Canning)이 발생하는 원인은 무엇인가?

〔풀이〕 두 리브 또는 스트링거(Stringer) 사이의 스킨이 헐거워지는 것에서 발생한다.

42. 응력(Stress)이란?

〔풀이〕 물체에 외력이 작용하는 내부에서는 이에 저항하려는 힘이 생기는데, 이것을 내력이라 하며 단위 면적당의 내력의 크기를 응력이라 한다. 임의의 단면에서의 응력은 다음과 같이 나타낸다.

$$\sigma = \frac{W}{A}$$

여기서 σ : 인장 응력 (kg/cm²)
W : 인장력 (kg)
A : 단면적 (cm²)

43. 변형률(Strain)이란?

〔풀이〕 재료는 하중을 받으면 변형을 일으킨다. 인장력을 받는 봉의 경우, 늘어난 길이와 원래의 길이의 비를 변형률이라 한다. 변형률은 다음과 같이 나타낸다.

$$\alpha = \frac{\delta}{L}$$

여기서 α : 변형률
δ : 늘어난 길이
L : 원래의 길이

44. 날개의 종횡비(Aspect Ratio)란 무엇을 말하는가?

〔풀이〕 날개 가로 길이(Span)와 세로 길이(Chord)의 비
AR＝Span/Chord

45. 응력-변형률 곡선을 설명하시오.

〔풀이〕 그림에서 원점 O로부터 점 A까지를 비례 한도라 한다. 비례 한도에서는 응력이 제거되면 변형률도 제거되어 원래의 상태로 돌아오는데 재료의 이와 같은 성질을 탄성이라 한다. 탄성 영역을 넘으면 소성 영역이 된다.

소성 영역의 점 C에서 응력을 제거하면 변형은 OA에 나란한 선 CD를 따라 회복되다가 최후의 변형률 OD를 가지는 잔류 변형을 남긴다. 점 B에서는 응력이 증가하지 않아도 변형이 저절로 증가하게 되는데, 이 점을 항복점(Yield Point)이라 하고 이때의 응력을 항복 응력(Yield Stress) 또는 항복 강도(Yield Strength)라 한다. 점 G는 재료가 받을 수 있는 최대 응력으로서 이를 극한 강도(Ultimate Strength) 또는 인장 강도(Tensile Strength)라 한다.

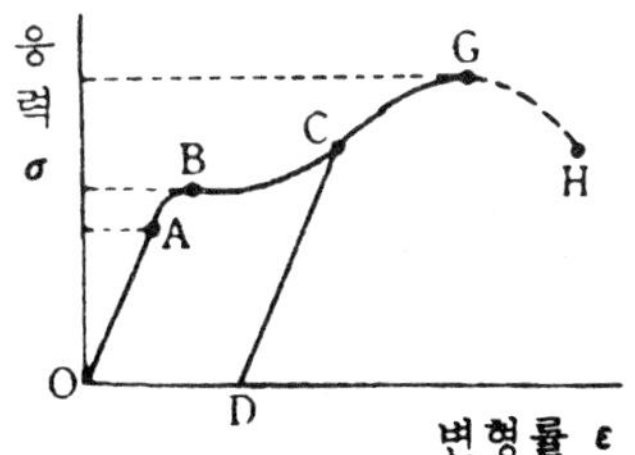

46. 트러스 날개 구조에서 전단력, 굽힘 모멘트, 비틀림 모멘트를 담당하는 것은?

〔풀이〕 날개 스파와 리브

47. 항공기의 양력 중심(Center of Lift)이란 무엇을 말하는가?

〔풀이〕 날개로 인해 만들어지는 양력의 중심점, 보통 항공기 자체의 무게 중심(Center of Gravity)보다 약간 뒤쪽에 위치하도록 설계한다.

48. 제한 하중 배수(Limit Load Factor)란?

〔풀이〕 기체에 작용하는 하중의 크기는 V-n 선도의 하중 배수로 나타내며 정상 수평 비행 상태, 즉 1g 상태에서 작용하는 자체 무게의 배수로 나타낸다.

하중 배수는 항공기의 기종에 따라 제한되어 있는데, 이것을 제한 하중 배수라 한다. 잘 훈련된 전투기의 조종사가 견딜 수 있는 최대 가속도는 +8g에서 -3g로 알려져 있다. 따라서 전투기의 제한 하중 배수는 약 8g에서 -3g이다. 다음은 항공기의 유형에 대한 제한 하중 배수이다.

민간 항공기	한계 하중 배수		군용기	한계 하중 배수	
	(+)	(-)		(+)	(-)
보통기(N)	3.8	-1.5	전투기(군용)	8.67	-3.00
실용기(U)	4.4	-1.76	연습기	7.33	-3.00
곡예기(A)	6.0	-3.0	연락기	4.00	-2.00
수송기(T)	3.8	-1.0	수송기	3.00	-1.00

49. 크리프(Creep)란?

〔풀이〕 일정한 응력을 받는 재료가 일정한 온도에서 시간이 경과함에 따라 하중이 일정하더라도 변형률이 변화하는 현상을 말한다. 이러한 현상은 크리프—파단 시험에서 얻어지는 시간-변형률 곡선으로부터 설명할 수 있다. 이 곡선은 일정한 온도에서 일정한 인장 응력을 받는 시험편의 변형률을 시간의 경과에 따라 나타낸 시험 결과이다.

그림과 같이 곡선의 처음 부분을 크리프 1단계 또는 초기 단계라 하는데, 이것은 **탄성 범위 내의 변형**으로서 하중을 제거하면 원래의 상태로 돌아온다.

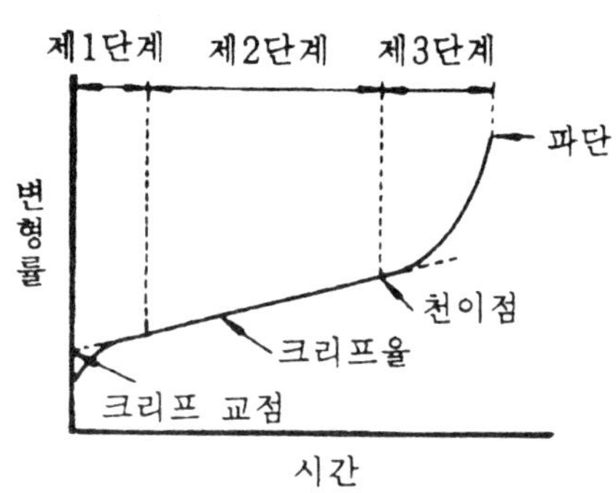

제2단계는 변형률이 직선으로 완만하게 증가한다. 그리고 제3단계에서는 변형률이 급격히 증가하여 결국 파단이 생긴다.

제2단계와 제3단계의 중계점을 천이점이라 하고 이 이전까지의 직선의 기울기를 크리프율(Creep Rate)이라 한다. 크리프율을 알면 적은 인장 응력이 작용하게 함으로서 그 구조가 무한 시간까지 안전할 수 있도록 설계할 수 있다.

50. 설계 하중이란?

〔풀이〕 설계 하중은 제한 하중에 안전 계수를 곱하여 나타낸다.

설계 하중＝제한 하중×안전 계수

설계 하중을 극한 하중(Ultimate Load)이라고도 한다. 따라서 설계 하중 배수를 극한 하중 배수(Ultimate Load Factor)라고 한다. 일반적으로 기체 구조의 설계에서 안전 계수 S는 1.5로 한다.

51. 피로(Fatigue)란?

〔풀이〕 항공기의 여압 동체와 같이 반복 하중을 받는 구조는 극한 강도보다 훨씬 낮은 응력 상태에서 파괴될 수 있는데, 이것을 피로 파괴라 하고 이와 같이 반복 하중에 의하여 재료의 저항력이 감소되는 현상을 피로라 한다.

피로의 원인은 주로 재료 내부의 결함(Crack)이 있을 때 이 주위에서 응력 집중이 발생하여 점차적으로 응력이 확산하여 파괴가 일어나는 것이다. 피로에 의하여 파괴될 때의 강도를 피로 강도라 한다. 구조를 설계할 때는 이 피로 강도를 넘지 않도록 해야 한다.

52. 취부각을 조절하는 방법은?

〔풀이〕 후방 스파(Spar)와 항공기의 동체가 맞닿는 부분에 캠(Cam)이 있는데, 이 캠을 조절함으로써 취부각을 바꿀 수 있다.

53. 점검창은 항공기의 어디에 위치해 있나?

〔풀이〕 날개 아래쪽, 조종면, 엔진 카울링, 동체 하부 등 작동 부품이 장착되어 있거나 주기적으로 점검을 요하는 부분에 마련되어 있으며, 강도를 튼튼하게 하기 위해서 스파, 리브, 스트링거 주변에 부착되어진다.

1. 동체 구조에 관하여 틀린 것은?
   가. 굴곡이 심한 곳은 고응력에 견딘다.
   나. 동체 미부의 스킨과 프레임은 두껍게 한다.
   다. 피로 파괴 방지를 위해 페일 세이프 구조를 한다.
   라. 응력 스킨 구조의 스킨은 비틀림 모멘트도 담당한다.

〔풀이〕 (가)는 굽힘 반경을 작게 하면 응력 집중을 초래하고 반복 응력을 받으면 동일 조건에서 굽힘 반경이 큰 것과 비교하면 조기에 파괴된다. 따라서 동체 구조에 한하지 않고 항공기 구조에서는 가능한 한 굽힘 반경을 크게 하는 것이 일반적이다.
   (나)는 미부가 지면에 접지시에 하중을 받으면 비틀림 하중은 동체 중앙부나 미부의 가는 부분에 똑같이 작용하므로 가는 부분의 구조 부재의 두께를 크게 하거나 하중 강도가 높은 재료를 사용하여 하중에 견디는 설계를 한다.

2. 다음에 기술한 것 중 맞는 것은?
   가. 항공기의 구조 부재중 압축 하중을 받는 부분은 좌굴(Buckling)
       되는 경향이 있기 때문에 주의를 해야 한다.
   나. 좌굴은 과도한 인장 응력 때문에 발생한다.
   다. 항공기의 구조 부재는 강도/비중이 크기 때문에 항공기의 구조는
       응력 집중을 피해야 한다.
   라. 과도한 응력 집중은 좌굴을 수반하기 때문에 항공기의 구조는 응력
       집중을 피하도록 설계하여야 한다.

3. 좌굴에 대한 맞는 설명은?
   가. 압축 하중을 받는 것은 좌굴될 우려가 있다.
   나. 큰 인장 하중을 받는 것은 좌굴될 우려가 있다.
   다. 항공기에는 전부 인장 하중이 걸리므로 좌굴은 관계 없다.
   라. 제한 하중을 초과하여 선회하면 좌굴을 일으킨다.

〔풀이〕 ① 좌굴(Buckling)이란 부재에 압축 응력이 걸렸을 때 허용 압축 응력 이하에서 부재가 구부러지는 현상으로 압축 하중을 받는 곳에서 발생한다.
   ② 항공기 동체는 굽힘 하중을 받으면 인장 응력과 압축 응력이 발행하여 압축 쪽에 좌굴이 발생할 염려가 있다.

---

1. (가)   2. (가)   3. (가)

③ 항공기는 안전 여유를 가지고 설계되어 있으므로 제한 하중을 넘어도 버클링를 일으키지 않아야 한다.

4. 주익의 구성 요소는?
   가. 스파(Spar), 리브(Rib), 스트링거(Stringer)
   나. 스파(Spar), 론저론(Longeron)
   다. 스파(Spar), 리브(Rib), 스트링거(Stringer), 스킨(Skin)
   라. 스파(Spar), 리브(Rib), 스트링거(Stringer), 스킨(Skin), 론저론(Longeron)

5. 응력 외피 구조(세미모노코크 구조)의 날개 스파와 동체 스트링거는 어떤 힘을 담당하는가?
   가. 날개의 굽힘과 동체의 굽힘
   나. 날개의 전단력과 동체의 비틀림
   다. 날개의 굽힘과 동체의 인장
   라. 날개의 비틀림과 동체의 비틀림

〔풀이〕① 스파(Spar)
날개 스파는 주로 굽힘 모멘트를 담당하는 것으로 굽힘 강도가 높은 상태로 제작한다. 일반적으로는 판재로 된 웨브(Web) 상하에 T형 또는 Hat형 (⊓ , ⊔) 등을 붙인 것이 많다. 이 형재는 스파 캡(Spar Cap) 또는 스파 붐(Spar Boom)이라고 부른다.
② 동체 스트링거(Stringer)
그림과 같이 동체의 보강재로 사용되며, 스트링거와 론저론의 배치 관계를 나타낸다. 스트링거와 론저론은 동체의 전후 방향에 걸쳐서 굽힘 하중을 받게 된다. 론저론은 스트링거보다도 강력한 구조이고 일반적으로 동체의 4모퉁이에 배치하거나 창, 화물실 등의 이음매 부분을 보강하는데 사용한다.

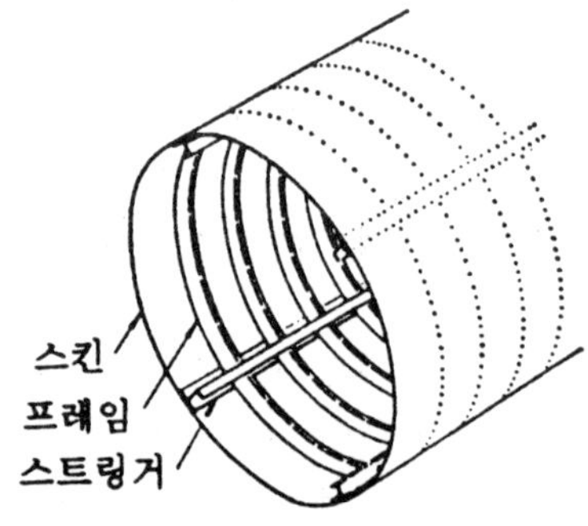

---

6. 스트링거(Stringer)와 관계깊은 사항은?
   가. 전단 하중
   나. 비틀림 하중
   다. 압축 하중
   라. 버클링 현상

7. 주익에 걸리는 굽힘력을 견디는 것은 주로 어느 부재인가?
   가. 스킨(Skin)
   나. 스파 플렌지(Spar Flange)
   다. 스파(Spar)
   라. 스파 웨브(Spar Web)

8. 동체의 구조 형식중 응력 외피 구조에 대한 설명으로 틀린 것은?
   가. 주구성 부재는 벌크헤드, 링, 스트링거, 론저론, 스킨이다.
   나. 세로 방향의 주부재는 스파다.
   다. 스킨이 전단 하중을 담당한다.
   라. 외피의 좌굴을 방지하기 위해 스트링거가 있다.

9. 날개의 길이 방향으로 날개 스킨에 부착되는 것으로 날개의 굽힘 강도를 크게 하는데 사용되는 부재는?
   가. 스트링거
   나. 스킨
   다. 날개보
   라. 리브

10. 비행중 날개 구조에 걸리는 곡선 모멘트로 바른 것은? 이때 연료의 중량이란 날개 내 탱크의 연료 중량이다.
   가. 날개의 양력 − (날개의 중량 + 연료의 중량)
   나. 기체의 총중량
   다. 기체의 총중량 − 날개의 양력
   라. 날개의 양력 − (날개의 중량 − 연료의 중량)

---

6. (라)　　　7. (다)　　　8. (나)　　　9. (가)　　　10. (라)

11. 기체 구조 형식중 응력 외피 구조에 대한 설명중 맞는 것은?
　가. 스킨의 두께가 얇은 편이다.
　나. 스킨이 대부분의 하중을 담당한다.
　다. 주하중을 벌크헤드가 담당한다.
　라. 주구성 부재가 링, 벌크헤드, 론저론 등으로 되어 있다.

12. 비행중 비행기에 걸리는 하중은 어느 것인가?
　가. 압축, 전단, 비틀림, 인장
　나. 압축, 전단, 비틀림, 인장, 굽힘
　다. 압축, 항력, 비클림, 굽힘
　라. 양력, 항력, 추력, 중력

13. 구조부에 균열이 생기면 그 균열의 끝에 스톱 홀(Stop Hole)을 뚫는데 그 목적을 2개 간단히 쓰시오.

　〔풀이〕① 일반적으로 균열 끝은 1개의 선으로 금속 단면에 존재하는데 그 균열에 대해 진동이나 횡방향의 인장 하중 등이 걸리면 금속 재료의 성질상 균열 끝이 연장된다.
　　스톱홀은 균열 끝을 1개의 선이 아니라 면으로 바꾸어 하중의 분산을 도모하여 균열이 더이상 진전되는 것을 방지한다.
　② 눈으로 볼 수 있는 균열 끝의 주위에 보이지 않는 금속 입자간의 파괴된 부분이 존재한다고 생각하여 그 부분을 제거하기 위한 것이다.

14. 세미모노코크 동체의 강도에 관계 없는 것은 다음중 어느 것인가?
　가. 론저론과 프레임
　나. 스트링거
　다. 벌크헤드와 론저론
　라. 에로페널(Aeropanel)

　〔풀이〕세미모노코크 구조의 경우 (가), (나), (다)의 부재가 합쳐져서 동체 하중을 부담한다.

---

11. (나)　　　12. (나)　　　13. 풀이 참조　　　14. (라)

15. 항공기 동체에 작용하는 전단 하중을 담당하는 부재는?
    가. 론저론
    나. 벌크헤드
    다. 스트링거
    라. 스킨

16. 모노코크(Monocoque) 구조란?
    가. 금속의 스킨, 프레임, 스트링거 등의 강도 부재를 접합하여 만든
        구조
    나. 스킨 만으로 되어 있는 구조
    다. 강관의 골격에 천을 씌운 구조
    라. 강관의 골격에 알루미늄 스킨을 씌운 구조

17. 날개 구조에서 세미모노코크 구조에 대한 설명중 틀린 것은?
    가. 스킨은 전단 하중 만을 담당한다.
    나. 날개 수직 **방향**으로는 리브와 웨브가 있다.
    다. 날개 길이 **방향**으로 스킨의 좌굴을 방지하도록 스트링거가 있다.
    라. 날개 길이 방향으로 굽힘력을 담당하는 주날개보와 스트링거가 있다.

18. 세미모노코크 구조로 바른 것은 어느 것인가?
    가. 비틀림에 대해서는 스트링거가 받는다.
    나. 인장력은 스킨이 받는다.
    다. 굽힘 하중에 대한 압축은 스트링거가 받는다.
    라. 굽힘 응력은 스킨과 프레임이 받는다.

〔**풀이**〕 항공기가 지상에 있을 때 동체의 밑부분에는 굽힘 모멘트가 작용하고 동체의 상부에는 인장력이 걸려 스킨과 스트링거가 담당한다. 동체 밑부분에는 압축력이 걸려 주로 스트링거가 담당한다. (스킨은 버클링을 일으키기 때문) 비틀림 응력은 동체 스킨에서 담당한다.

19. 세미모노코크 구조의 동체에서는 응력의 일부는 스킨 자체가 담당하며
    굽힘 하중은 스킨 이외에도 다음 어느 것이 담당하는가?

---

15. (라)   16. (나)   17. (가)   18. (다)   19. (다)

가. 스트러트
나. 벌크헤드
다. 스트링거
라. 프레임

〔풀이〕 동체 구조로 가장 많이 사용되는 것이 세미모노코크 구조로서 이것은 스킨, 프레임, 스트링거로 되어 있다.

항공기가 지상에 있을 때 굽힘 하중에 의해 아래로 굽는 모멘트가 작용하며, 이때 동체 상부에는 인장이 걸려 스킨과 스트링거가 담당한다. 동체 하부에는 압축이 걸리며 주로 스트링거가 담당한다. (스킨은 버클링을 일으킴)

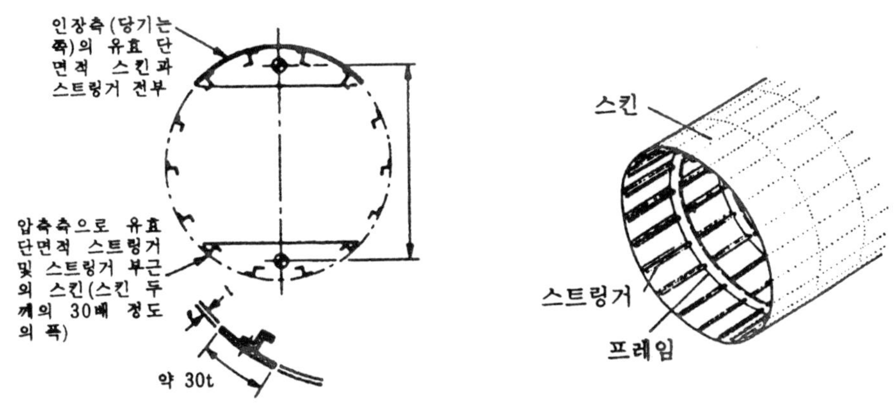

20. 세미모노코크 (Semi-monocoque) 설명중 맞지 않는 것은?
가. 공간 마련이 쉽다.
나. 구조가 복잡하다.
다. 금속제 항공기는 대부분이다.
라. 정역학적으로 정적이다.

21. 세미모노코크 구조에 대한 설명이 아닌 것은?
가. 경비행기에 사용된다.
나. 공간 마련이 용이하다.
다. 하중 분산이 용이하다.
라. 구조가 간단하다.

20. (라)   21. (라)

22. 세미모노코크 구조 동체에 대한 설명중 틀린 것은?

　가. 트러스 구조에 비해 유리한 점은 하중을 각구성 부재로 균등히 분배할 수 있다.

　나. 벌크헤드는 강도가 커서 날개, 착륙 장치 등을 부착한다.

　다. 동체의 세로 방향으로는 스트링거, 론저론, 프레임을 배치한다.

　라. 동체 수직 방향으로 벌크헤드, 링, 정형재를 배치한다.

23. 페일 세이프 구조에서 백업(Back up)구조의 설명은 어느 것인가?

　가. 많은 부재로 되어 있고 각각의 부재는 하중을 고르게 분담하도록 되어 있는 구조

　나. 하나의 큰 부재를 사용하는 대신 2개 이상의 작은 부재를 결합하여 1개의 부재와 같은 또는 그 이상의 강도를 지닌 구조

　다. 규정된 하중은 좌측 부재에서 담당하고 우측 부재는 좌측 부재가 파괴되었을 때 그 부재를 대신하는 구조

　라. 단단한 보강재를 대어 해당량 이상의 하중을 이 보강재가 분담하는 구조

　　〔**풀이**〕 페일세이프 구조의 기본 방식으로는 리던던트, 더블, 백업, 로드 드롭핑이 있다.

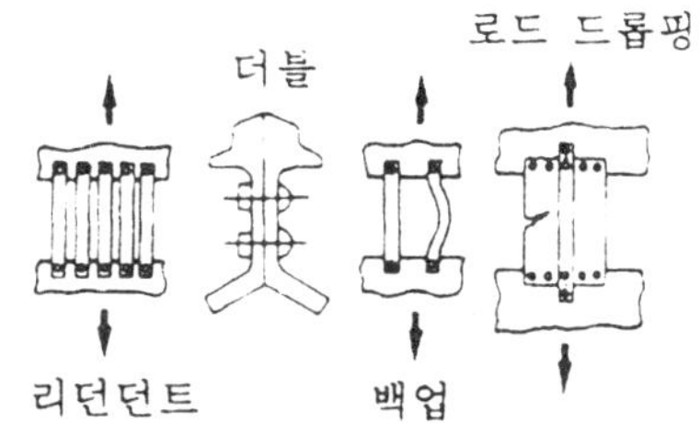

24. 페일 세이프 구조에서 리던던트의 설명으로 바른 것은?

　가. 부재에 균열이 생겨도 다른 하나의 부재가 그 부재를 대신한다.

　나. 하나의 부재가 파괴되어도 다른 많은 부재가 하중을 분담하여 담당한다.

　다. 2개 이상의 부재를 결합하여 하나의 부재보다 강도가 크게 하여 균열은 하나의 부재로 방지한다.

　라. 보강재를 대어 할당량 이상의 하중에 견딜수 있게 되어 있다.

---

22. (다)　　　23. (다)　　　24. (나)

[**풀이**] (가)는 백업의 설명이다.
(다)는 더블
(라)는 로드 드롭핑(Load Dropping)

25. 페일 세이프 구조의 하나로 로드 드롭핑 구조 방식이란 무엇인지 설명하시오.

[**풀이**] 로드 드롭핑 구조 방식이란 부재에 단단한 보강재를 댄 구조로 부재가 파괴되기 시작하면 그 부재가 받는 하중이 전부 단단한 보강재로 이행되어 파괴의 진전을 방지할 수 있다.

26. 페일 세이프 구조로서 적당치 못한 것은?
　　가. 종류에는 하중 경감 구조, 다경로 하중 구조, 백업 구조, 이중 구조가 있다.
　　나. 대부분의 트러스형 항공기에 적용한다.
　　다. 어느 부분이 파괴되더라도 나머지 구조가 하중을 담당하여 위험을 방지하는 구조
　　라. 2차 구조로서 파괴되더라도 안전에 지장을 주지않는 구조

27. 조종석에 조종간 잠금 장치인 조종 락크가 있는 이유는?
　　가. 돌풍이 불 때 조종간을 고정하기 위해
　　나. 장거리 비행시 조정간을 고정하기 위해
　　다. 조정면의 운동 범위를 제한하기 위해
　　라. 조종면의 급격한 조작을 방지하기 위해

28. 조종면을 수리할 때 힌지 라인 후방에 중량을 가하면 어떠한 결함이 생기는지 다음중 옳은 것은?
　　가. 플러터(Flutter)를 일으키는 원인이 된다.
　　나. 기수 하강 경향이 생긴다.
　　다. 속도가 감소하는 경향이 생긴다.
　　라. 기수 상승 경향이 생긴다.

---

25. 풀이 참조　　　　26. (나)　　　27. (가)　　　28. (가)

〔풀이〕 조종면은 구조상 힌지 라인 후방에 중심이 오게 되므로 균형을 유지하려면 조종면의 리딩에이지에 중량을 추가하여 플러터를 방지해야 한다. 이것을 매스 밸런스라 한다. 조종면의 수리에서 힌지 라인 후방 뒤에 중량이 가해진 경우는 플러터를 방지하기 위해 반드시 밸런스 검사를 실시할 필요가 있다.

29. 다음중 항공기의 주조종면은?
    가. 승강타, 방향타, 보조날개
    나. 승강타, 방향타, 플랩
    다. 보조 날개, 승강타, 플랩
    라. 방향타, 스포일러, 승강타

30. 페일 세이프(Fail Safe) 구조에 대한 설명중 맞는 것은?
    가. 많은 부재로 되어 있으며 각각의 부재가 하중을 분담하여 만든 구조를 더블 구조라고 한다.
    나. 한쪽이 하중을 담당하고 있다가 그 부재가 파괴되었을 때 다른 한쪽의 부재가 하중을 담당하는 구조를 백업 구조라고 한다.
    다. 견고한 보강재를 이용한 구조로 균열이 생긴 경우에 이 견고한 재료가 하중을 담당하게 되는 구조를 리던던트 구조라고 한다.
    라. 1개의 주부재를 사용하는 대신 작은 2개 이상의 부재를 사용함으로써 한쪽에 균열이 생겨 강도를 잃게 되면 다른 부재가 하중을 담당하는 구조를 로드 드롭핑 구조라고 한다.

〔풀이〕 (가)는 리던던트(중복) 구조의 설명
(다)는 로드 드롭핑(하중 경감) 구조
(라)는 더블 구조

31. 정상 수평 비행중 기수 처짐이 생기는 이유중 옳은 것은?
    가. 무게중심이 전방 한계 앞에 있기 때문
    나. 조종면이 중립 위치에 있지 않고 아래로 처져있기 때문
    다. 승강타의 트림 탭이 잘못 조절되어 있기 때문
    라. 엔진의 회전으로 자이로 효과가 생겨서

---

29. (가)　　　30. (나)　　　31. (라)

32. 조종면 수리후 밸런스 검사를 하는 이유로 바른 것은?
가. 중량이 증가하면 비행기의 중량도 증가하므로 수리 후의 중량을 검
사한다.
나. 중심 위치가 변화하지 않았음을 확인하고, 또 변경되었을 경우는
수리해야 한다.
다. 수리에 의해 에어포일이 변하므로
라. 중량이 증가하면 단순히 힌지에 가해지는 중량이 커지기 때문에 수
리 후의 중량을 측정한다.

〔풀이〕조종면의 중심 위치는 흔히 힌지 라인의 아주 가까운 부분에 한정되어 있다.
(가)는 그렇게 큰 수리가 필요하면 조종면 어셈브리를 교환하게 된다.
(다)는 에어포일이 변하는 점을 밸런스 검사로는 발견할수 없다.
(라)는 (가)와 같이 힌지에 걸리는 하중이 염려되는 수리는 하지 않는다.

33. 오일 탱크의 온도 상승에 의한 팽창에 대한 여유 공간은?
가. 2%
나. 5%
다. 10%
라. 15%

〔풀이〕오일 탱크 여유 공간은 다음 구성에 적합해야 한다.
① 피스톤 발동기에 사용하는 오일 탱크에 있어서는 탱크 용량의 10% 또는 1.9 l
(0.5gal) 중에서 큰 쪽 이상이어야 하고 또는 단발 발동기에 사용하는 오일 탱크는
탱크 용량의 10% 이상의 여유 공간을 가져야 한다.
② 발동기에 직접 연결되지 않은 예비 오일 탱크는 탱크 용적의 2% 이상의 여유 공
간을 가지야 한다.
③ 오일 탱크의 여유 공간은 비행기가 정상인 지상 자세로 있을 때 부주의하게 채워
질 위험이 없는 것이어야 한다.

**34. 동체 기준선에 대한 주익의 각도와 동체 기준선에 대한 수평 안전판의
각도 사이에 각의 차이를 무엇이라 하는가?**
가. 세로축 상반각

---

32. (나)   33. (다)   34. (나)

　　나. 데커레이지
　　다. 가로축 받음각
　　라. 케노드 램각

35. 응력 스킨 날개의 조그마한 구멍을 수리할 때 첫째로 고려하여야 할 사항은?
　　가. 수리에 사용할 재질의 전단 강도
　　나. 근처 리벳팅한 것과 똑같은 연거리를 사용하는 것
　　다. 이질 금속 부식을 방지하기 위하여 스킨이 잘 접촉되었나를 확인하는 것
　　라. 원래 스킨 두께의 2배인 재료 사용

36. 비행시 날개에는 굽힘이 작용하는데, 이때 웨브(Web)에 작용하는 하중은?
　　가. 압축력
　　나. 전단력
　　다. 인장력
　　라. 비틀림

37. 샌드위치 구조는 보강재를 댄 스킨과 비교해 보면 일반적으로?
　　가. 강성이 크고 가볍다.
　　나. 강성이 작고 가볍다.
　　다. 강성을 같게 하면 무겁게 된다.
　　라. 강성을 같게 하면 스킨은 두껍게 해야 한다.

　　〔풀이〕 일반적으로 샌드위치 구조는 2개의 스킨에 심재를 끼워 샌드위치 모양으로 만든 구조로 중량이 가볍고 강도 및 강성이 크고 국부적인 버클링이나 국부적인 피로에도 강한다.

38. 날개 장착 방법중 지주식 날개의 스트러트는 어떤 하중을 주로 받는가?
　　가. 압축력
　　나. 굽힘력

---

35. (가)　　　36. (나)　　　37. (다)　　　38. (가)

다. 인장력
라. 전단력

39. N류의 항공기 기체 혹은 날개의 연료 탱크의 주입구 부근의 표시는?
　가. 연료의 최저 옥탄가와 탱크의 사용 가능 용량
　나. 연료의 최저 옥탄가와 탱크의 사용 가능 용량과 '연료'라고 하는
　　문자
　다. 연료의 최저 옥탄가와 '연료'라고 하는 문자
　라. 연료의 최저 옥탄가와 '연료'라고 하는 문자와 사용 불능 연료를
　　포함한 연료 용량

　〔풀이〕 N류의 비행기의 연료 주입구는 다음과 같다.
　① 연료의 주입구에는 캡의 윗쪽 또는 그 부근에 다음 사항을 표시한다.
　　ⓐ '연료'라고 하는 문자
　　ⓑ 피스톤 발동기를 장비한 비행기는 연료 최저 등급(참고 : 옥탄가)
　　ⓒ 터빈 발동기를 장비한 비행기에 있어서는 허용되는 연료 규격
　　ⓓ 가압식 연료 보급 계통을 장비하는 경우에는 허용 최대 연료 보급 압력 및 허용
　　최대 연료 배출 압력
　② 오일 주입구에는 캡의 윗쪽 또는 그 부근에 '오일'이란 문자를 표시해야 한다. 이
　규정은 T류의 비행기 및 회전익 항공기도 같다.

40. 킬빔(Keel Beam)에 대해 쓰시오.

　〔풀이〕 동체 바닥 구조의 용골에 해당하는 구조 부재로 압출 형재로 되어 있고 여
기에 프레임, 벌크헤드, 스킨등이 결합되어 주로 랜딩기어 베이의 구조 하중을 담당한
다. 또 동체 착륙시 완충작용을 하여 동체와 주구조부를 보호한다.

41. 수직 안정판에 안테나를 장착할 때 첫째로 생각하여야 할 것은?
　가. 결합 장치를 사용하여야 한다.
　나. 수평으로 장착하여야 한다.
　다. 항공기 구조부에 하중이 전달되지 않도록 장착
　라. 진동과 플러터

---

39. (다)　　　40. 풀이 참조　　　41. (라)

42. 날개 스트러트(Wing Strut)가 있는 단엽기(Monoplane)에 대한 다음 설명중 옳은 것은?
　　가. 받음각(Angle of Attack)은 후방 스트러트에 의해서 조절된다.
　　나. 워시 인(Wash in)은 전방 스트러트에 의해서 조절된다.
　　다. 취부각(Angle of Incidence)은 전방 스트러트에 의하여 조절한다.
　　라. 상반각(Dihedral)은 전방 스트러트에 의하여 조절된다.

43. 조종면의 매스 밸런스의 목적으로 바른 것은?
　　가. 조타력의 경감
　　나. 보타력의 경감
　　다. 키의 성능 향상
　　라. 조종면의 진동 방지

　　〔풀이〕 추를 조종면의 리딩에이지에 붙이거나 전방으로 돌출시켜 조종면 전체의 중심을 가능한 한 힌지축 부근에 가깝게 하여 조종면의 진동을 방지한다.

44. 볼텍스 제너래터의 목적으로 맞는 것은?
　　가. 익단 실속을 방지한다.
　　나. 층류를 난류로 바꾸어 박리를 지체시킨다.
　　다. 소용돌이를 만들어 양력을 감소시킨다.
　　라. 충격파를 발생시켜 양력을 늘린다.

　　〔풀이〕 날개 위에 부착된 에어포일은 하나의 작은 돌기물로서 이것에 의해 공기 흐름을 층류에서 난류로 하여 박리를 지체시킨다.

45. 항공기의 조종면을 수리했을 때는?
　　가. 조종면 후면의 소수리는 밸런스 검사가 불필요하다.
　　나. 수리한 조종면은 밸런스의 유지를 위하여 힌지선의 전방에 카운트 웨이트를 장착한다.
　　다. 수리한 동익은 필히 밸런스 검사를 한다.
　　라. 밸런스 검사는 필히 오버홀 공장에서 행하여야 한다.

---

42. (라)　　　43. (라)　　　44. (나)　　　45. (다)

46. 항공기 차동 조종 장치(Differential Control)와 관계가 있는 것은?
　가. 트림 탭(Trim Tab)
　나. 보조날개(Ailerons)
　다. 퍼룰(Ferrules)
　라. 승강타(Elevator)

47. 소형 항공기 보조 날개의 날개 각도의 작동 범위를 제한하는 것은?
　가. 케이블에 있는 스톱 링에 의한다.
　나. 밸런스 탭의 가동 범위에 의한다.
　다. 밸크랭크부의 스톱 볼트에 의한다.
　라. 조종 계통의 스톱 링에 의한다.

　〔풀이〕 주조종 장치(보조날개, 방향타, 승강타)의 스톱퍼는 일반적으로 조종면의 가동 범위를 제한하는 1차 스톱퍼와 조종 계통의 작동 범위를 제한하는 2차 스톱퍼가 설치되어 있다. 1차 스톱퍼는 날개 또는 안정판의 고정 구조부와 그 가동 타면 사이에 설치되든가 혹은 그 가동 타면에 가장 가까운 조타력의 전달 기구(밸크랭크 등)에 설치된다. 또 2차 조종 장치(트림 탭 혹은 스태빌라이저 트림)의 스톱퍼는 주조종 장치와 거의 같은 방법을 많이 사용하는데 소형기에서는 조종 케이블 자체에 스톱퍼 또는 스톱 링을 설치한다. 또 이외에 전동 모터에 의한 장치를 장비하는 것으로 가동 범위의 제한은 제한 스위치로 전기적으로 작동한다.

48. 나셀에 대한 설명중 틀린 것은?
　가. 나셀은 정비시 손쉽게 제거하여 정비한다.
　나. 나셀의 구조는 스트링거, 벌크헤드, 링, 정형재 등으로 만들어진다.
　다. 외피, 카울링, 방화벽, 엔진 마운트로 구성되어 있다.
　라. 엔진의 공기 역학적 외형을 유지한다.

49. 일반적으로 보조 날개는 날개의 끝에 장착되는데 그 이유는?
　가. 날개의 구조, 강도 때문에
　나. 익단 실속을 지연시키기 위해
　다. 나선 회전을 방지하기 위해
　라. 보조 날개의 효과를 높이기 위해

---

46. (나)　　　47. (다)　　　48. (가)　　　49. (라)

〔**풀이**〕 보조 날개는 좌우가 서로 반대로 작동하고 앞쪽 보조 날개의 힌지 모멘트의 양이 조타력이 되어서 비행중의 기체에 롤링 모멘트를 일으킨다. 또 그 타면 구조는 방향타와 승강타와 기본적으로는 다르지 않지만 보조 날개는 날개에 장착될 때 길이를 길게 할 수 없고 스파의 높이도 충분하지 않다. 따라서 경량 소형, 또 강성이 높은 것을 필요로 하므로 같은 조종력으로 같은 롤링 모멘트의 **효과**를 얻기 위해서는 익단 쪽에 설치하면 유리하게 된다.

50. 다음중 항공기의 방향 안전성을 확보해주는 것은?
    가. 방향키
    나. 승강키
    다. 수직 꼬리 날개
    라. 수평 꼬리 날개

51. 조타력을 경감시키는 목적인 서보 탭(Servo Tab)에 대해 설명하시오.

〔**풀이**〕 조타력이 직접 탭을 작동시켰을 때 탭에 발생하는 공기력이 조종면 힌지 모멘트를 만들어서 조종면을 간접적으로 움직이는 것이다. 탭을 직접 움직인다는 점에서 **콘트롤 탭**이라고도 한다. 조타력은 탭을 움직일 만큼의 힘(탭 힌지 주위의 모멘트와 균형을 이루는 힘) 만으로도 조종면을 움직일 수 있으므로 조종사는 힘을 크게 들이지 않아도 되며, 인력 조종 장치를 택하고 있는 대형기나 또는 고속기에 사용되거나 동력 조종 장치를 사용한 비행기에서는 동력을 사용할 수 없게 되었을 때 보조적으로 사용한다.

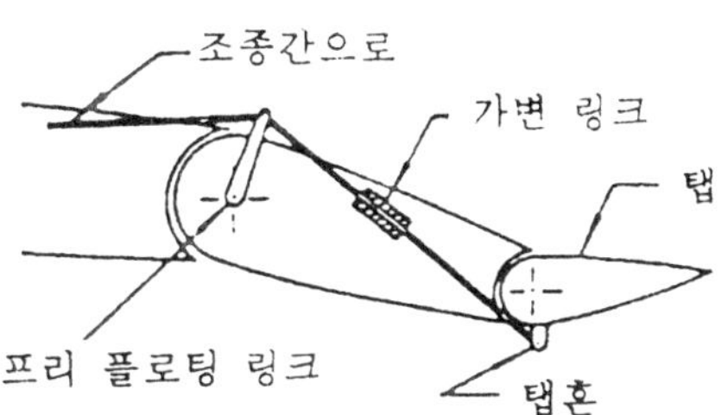

52. 대형기에 일반적으로 이용되는 스포일러의 역할로 잘못된 것은?
    가. 보조 날개와 함께 가로 조종에 이용된다.
    나. 공중에서 에어 브레이크로 이용된다.
    다. 익단 실속을 방지한다.
    라. 고속 **활주중** 랜딩기어 휠 브레이크의 효과를 좋게 한다.

---

50. (다)   51. 풀이 참조   52. (다)

〔풀이〕스포일러(Spoiler)는 날개 윗면 혹은 밑면에 좌우 대칭 위치에서 돌출되는 일종의 공기 저항판이다. 날개 위에서 스포일러를 뻗치면 그 후방에서 공기 흐름에 박리가 생기고 크게 압력이 줄고 항력이 증가한다. 이 효과의 이용 방법에 따라서 플라이트 스포일러 혹은 그라운드 스포일러라고 부른다.

플라이트 스포일러(Flight Spoiler)는 비행중 좌우 날개가 비대칭으로 돌출되어 보조날개 작용을 도와주는 경우와 좌우 스포일러를 동시에 돌출시켜 돌출량의 가감에 의해서 스피드 브레이크(Speed Brake)와 강하각 제어를 할 수 있다.

한편 그라운드 스포일러(Ground Spoiler)는 지상에서 좌우 스포일러를 동시에 전개시키고 공기 저항에 의해 활주 거리를 단축시킴과 동시에 날개 양력을 감소시키고 기체 중량에 의한 휠의 접지 마찰력을 크게 하여 휠 브레이크의 효과를 높이는 작용을 한다.

53. 토큐 튜브(Torque Tube)란 다음 어느것인가?

　　가. 조종간(Control Wheel)의 별명
　　나. 회전 운동을 전달하기 위해 사용하는 강성 부재
　　다. 약간 큰 크레비스 핀
　　라. 벨크랭크를 조종면에 연결하는 조종 계통의 일부

〔풀이〕회전 운동을 전달하는 강성 부재를 토큐 튜브라고 말한다. 벨크랭크를 조종면에 연결하는 부재로 토큐 튜브를 사용하기도 하는데 일반적인 정의는 위와 같다. 압축 또는 인장 하중을 담당하는 부재는 푸쉬풀 로드이다.

54. 날개 루트에 있는 필렛(Fillet)의 작용으로 올바른 것은?

　　가. 날개 루트에 과도한 응력이 작용하는 것을 방지한다.
　　나. 응력 집중에서 생기는 피로를 방지한다.
　　다. 실속 부근에서 양력 손실을 방지한다.
　　라. 유해한 비행 특성 및 꼬리 부위에 버펫팅이 생기는 것을 방지한다.

〔풀이〕2개 이상의 구조 결합부를 매끈한 곡면으로 성형하고 있는 부분을 필렛이라 한다. 날개와 동체의 결합부는 동체 표면을 흐르는 기류와 날개 윗면을 흐르는 기류가 서로 간섭하여 새로운 유해 항력을 생기게 한다. 이것은 받음각이 커질수록 증가되며 이 간섭에 의해 생긴 박리된 후류가 소용돌이가 되어 꼬리 날개에 부딪혀 버펫팅을 일으킨다. 이것을 막는 목적으로 필렛이 부착된다.

---

53. (나)　　　54. (라)

55. 항공기가 피칭 운동을 시작한 뒤 피칭이 증가한다. 이때 생각하여야
할 점은?
   가. 종안정이 좋다.
   나. 횡안정이 나쁘다.
   다. 종안정이 나쁘다.
   라. 횡안정이 좋다.

56. 플랩을 내리면?
   가. 에어포일의 캠버가 증가한다.
   나. 취부각이 감소한다.
   다. 받음각이 증가한다.
   가. 위 전부 아니다.

57. 비행기가 오른쪽으로 롤링하는 좋지 않은 상태에 있을 경우 수정으로
바른 것은 어느 것이가?
   가. 승강타 탭을 올린다.
   나. 방향타 탭을 오른쪽으로 굽힌다.
   다. 오른쪽 보조날개의 고정 탭을 올린다.
   라. 오른쪽 보조날개의 고정 탭을 내린다.

   〔풀이〕 비행기가 오른쪽으로 롤링한다는 것은 우측 보조날개가 중립으로부터 약간
올라갔다고 볼 수 있다. 따라서 고정 탭을 올려주면 힌지 모멘트에 의해서 보조날개는
탭에 상당한 공기력 만큼 내려간다.
   고정 탭은 소형 항공기의 보조날개와 방향타에 많이 사용된다. 기체의 제작시에 좌우
의 불균형 등을 수정하는데도 사용된다.
   조정은 시험 비행 후에 지상에서 하고 그후의
비행의 상황을 봐서 필요하면 착륙후 더 수정을
한다.

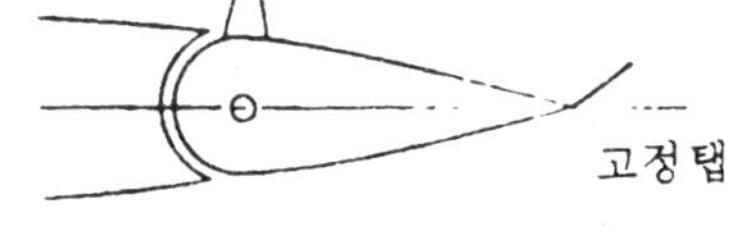

58. 승강타 트림 탭의 조절은 어느 축에 대하여 항공기에 영향을 주는가?
   가. 종축
   나. 횡축

---

55. (다)　　　　56. (가)　　　　57. (다)　　　　58. (나)

다. 수직
라. 수평

59. 조종사가 스틱을 후방 좌측으로 움직이면 우측 보조익과 승강타는 어
    떻게 움직이는가?
    가. 보조 날개는 위로 승강타도 위로
    나. 보조 날개는 아래로 승강타도 아래로
    다. 보조 날개는 아래로 승강타는 위로
    라. 보조 날개는 위로 승강타는 밑으로

60. 테일 스키드(Tail Skid)란 무엇인가?
    가. 정전기를 방전하는 방전기
    나. 뒷바퀴식 착륙 장치중 뒷바퀴
    다. 동체 꼬리 부분의 파손을 막기 위해 동체 꼬리에 달아놓는 것
    라. 스키식 착륙 장치

61. 카울링 플랩이란?
    가. 엔진의 결빙을 방지하기 위한 장치
    나. 엔진의 냉각을 조절한다.
    다. 엔진으로 유입되는 공기 흐름을 조절한다.
    라. 고양력 장치중의 하나로 이륙, 착륙시 사용된다.

62. 비행기가 비행중에 오른쪽으로 편향하는 경향이 있다. 이것을 수정하
    는 가장 좋은 방법은 어느 것인가?
    가. 오른쪽의 보조날개를 내린다.
    나. 왼쪽의 보조날개를 내린다.
    다. 방향타 탭을 오른쪽으로 구부린다.
    라. 방향타 탭을 왼쪽으로 구부린다.

〔풀이〕 오른쪽으로 편향하는 것은 기수가 오른쪽으로 기우는 것인데, 이때는 방향타
로 수정한다. 즉 방향타 탭을 오른쪽으로 구부리면 그 공기력은 방향타 전체를 약간 좌측
으로 가게 하여 기수를 왼쪽으로 향하게 하는 모멘트가 생겨 편향의 수정을 할 수 있다.

59. (다)   60. (다)   61. (나)   62. (다)

63. 감항류별 N류의 비행기의 실속 속도는 70km/h이다. 이 비행기가 130km/h의 수평 비행중 급히 조종간을 뒤로 잡아당겼을 때, 이때의 비행기의 하중 배수는 얼마인가?

〔풀이〕 3.45

$$W = \frac{1}{2} C_{L\max} \rho V_{S1}^2 S$$

$$L = \frac{1}{2} C_{L\max} \rho V_A^2 S \quad \text{에서}$$

$$n = \frac{L}{W} = \left(\frac{V_A}{V_{S1}}\right)^2 = \left(\frac{130}{70}\right)^2 = 3.45$$

64. 제3종 내화성 재료란?
　가. 고압에서는 연소하나 저압에서는 연소하지 않는 재료
　나. 점화했을 경우, 심하게 연소하지 않는 것
　다. 판이나 구조 부재로 쓰일 경우, 알루미늄과 같은 정도의 내화성이 있는 것
　라. 내화원을 제거했을 때 위험한 정도로 연소하지 않는 재료

　〔풀이〕 제1종 내화성 재료란 강과 같은 정도 또는 그 이상의 열에 견딜 수 있는 재료이다. 발동기 방화벽은 제1종이다. 제2종 내화성 재료란 알루미늄 합금과 같은 정도 또는 그 이상의 열에 견딜 수 있는 재료이다. 화물실의 내장은 제2종이다. 제3종 내화성 재료란 발화원을 제거했을 경우에 위험한 정도로 연소하지 않는 재료이다. 승무원실 객실 내장재는 제3종이다. 제4종 내화성 재료란 점화했을 때 심하게 연소하지 않는 재료이다.

65. 전방 카울링에 기화기를 통하여 엔진으로 흡입되는 공기 통로의 입구는?
　가. 파일론
　나. 슬롯
　다. 공기 스쿠프
　라. 꼬리 날개 리딩에이지

---

63. 풀이 참조　　　　64. (라)　　　　65. (다)

66. 정상 선회중의 비행기에 가해지는 하중 배수 n의 크기는?

가. $n = \dfrac{1}{\sin \theta}$

나. $n = \sqrt{\dfrac{1}{\sin \theta}}$

다. $n = \sqrt{\dfrac{1}{\sin \theta}}$

라. $n = \dfrac{1}{\cos \theta}$

〔풀이〕 $W = L\cos\theta, \qquad L = W/\cos\theta$

$$n = \frac{L}{W} = \frac{W / \cos \theta}{W} = \frac{1}{\cos \theta}$$

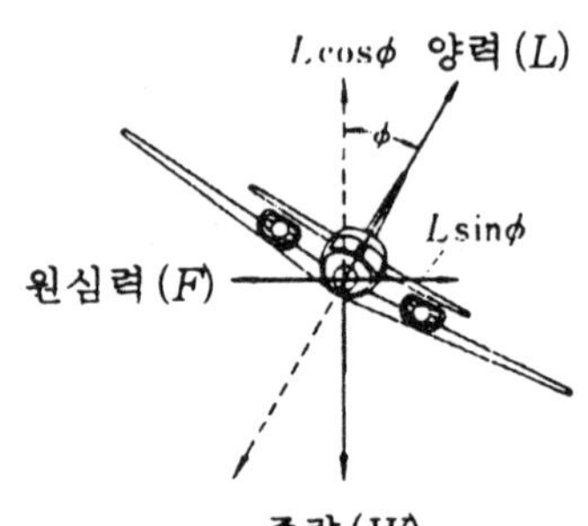

67. 엔진 마운트란 무엇인가?
   가. 엔진의 냉각을 조절하는 장치
   나. 엔진을 기체에 장착하는 장착대
   다. 엔진을 보호하는 덮개
   라. 엔진의 정비시 손쉽게 장탈할 수 있는 장치

68. 날개에 엔진 장착시 영향으로 틀린 것은?
   가. 공기 역학적 성능 저하
   나. 파일론이 있으므로 무게가 증가
   다. 날개의 강도 증가
   라. 저항 증가

---

66. (라)   67. (나)   68. (다)

69. 날개 면적 23m², 항공기 중량 2,300kg인 비행기가 60° 뱅크시 날개
   가 받는 하중은?

   〔풀이〕 4,600kg
   선회중의 하중 배수는 다음과 같다.

$$W = L\cos\theta \quad L = W / \cos\theta$$

$$n = \frac{L}{W} = \frac{W / \cos\theta}{W} = \frac{1}{\cos\theta}$$

   60° 뱅크시의 하중 배수는 다음과 같다.

$$n = \frac{1}{\cos 60°} = \frac{1}{0.5} = 2$$

   따라서 날개에 가해지는 하중은 2,300kg×2=4,600kg

70. 방화벽(Fire Wall)의 기능은?
   가. 엔진의 냉각을 조절하는 기능
   나. 엔진의 열이나 화염을 차단하는 기능
   다. 엔진의 진동을 감쇠하는 기능
   라. 엔진의 소음을 차단하는 기능

71. 화재 차단 밸브(Fire Shutoff Valve)는 어느 곳에 위치하고 있는가?
   가. 위치에 관계 없다.
   나. 주륜 휠(Wall) 내부
   다. 방화벽의 앞쪽
   라. 방화벽의 뒷쪽

72. 후퇴날개에서 배유 작업(Defueling)을 할 때 일반적으로 옳바른 순서
   는 어느 것인가?
   가. 바깥쪽 윙탱크부터
   나. 동시에 전체 탱크에서 향한다.
   다. 동체 탱크를 제일 마지막에 한다.
   라. 안쪽 윙탱크부터 한다.

---

69. 풀이 참조   70. (나)   71. (라)   72. (가)

〔**풀이**〕 안쪽 탱크부터 배유할 경우, 굽힘 하중이 증가하고 무게 중심의 후방 이동으로 인한 항공기의 미부가 지면에 접촉될 수 있으므로 일반적으로 바깥쪽 윙 탱크부터 행한다.

73. 날개 안의 포머(Former)의 설명으로 맞는 것은?
　가. 힌지부에서 집중 하중을 분산한다.
　나. 스트링거, 스파 등의 총칭
　다. 토션 박스가 평행사변형으로 변형되지 않게 한다.
　라. 연료 탱크를 형성한다.

〔**풀이**〕 포머라 불리우는 정형재가 날개 바깥쪽의 곡률을 유지하기 위해 사용되는 경우가 있지만, 포머는 날개 안에 연료 탱크 등을 수용하기 위한 리브(Rib)같은 것을 사용할 수 없을 때 사용한다.

74. 인테그럴 탱크의 가장 큰 장점은?
　가. 용량이 감소
　나. 누설이 적다.
　다. 무게가 가볍다.
　라. 화재의 위험이 적다.

75. 승강타 트림 탭을 내리면?
　가. 기수 상승
　나. 좌선회
　다. 우선회
　라. 피칭

76. 뱅크각 45°에서 정상 선회중의 비행기에 부과되는 하중 배수는?
　가. 1.12
　나. 1.41
　다. 1.75
　라. 2.0

73. (라)　　　74. (다)　　　75. (가)　　　76. (나)

77. 동체에 걸리는 힘에 대해 설명한 글에서 (   )에 들어갈 적당한 어구를 보기에서 골라 쓰시오.

「동체는 수평 비행중, 중앙부를 주익으로 지탱하고 전후에는 동체의 중량과 (가)이 걸리므로 (나)로 구부러진다. 그 (다)은 주익이 있는 곳에서 (라)가 된다. 따라서 동체 구조는 (마) 부근은 (바)에 대해 튼튼하게 해둘 필요가 있다」

〈보기〉 여압 하중, 수평 꼬리날개의 공기력, 수직 꼬리날개의 공기력, 위, 아래, 좌우, 인장, 굽힘 모멘트, 선단, 최소, 0, 최대, 기수, 주익 부착부, 꼬리 날개

〔풀이〕 (가) 수평 꼬리 날개의 공기력
.(나) 아래
(다) 굽힘 모멘트
(라) 최대
(마) 주익 부착부
(바) 굽힘 모멘트

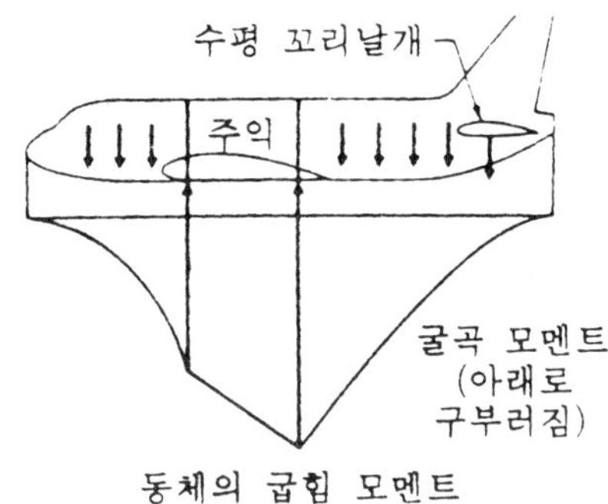

78. 다음 탭 중 조종력을 0으로 환원하는 탭은?
가. 스프링 탭
나. 밸런스 탭
다. 트림 탭
라. 서보 탭

79. 엠페네이지(Empennage)는 다음중 어느 부분으로 구성되어 있는가?
가. 플랩, 보조익, 승강타, 수직판
나. 방향타, 수직핀, 승강타, 수평 안정판
다. 플랩, 트림 탭, 방향타, 수평 안정판
라. 보조익, 플랩, 방향타, 수평 안정판

---

77. 풀이 참조   **78.** (다)   **79.** (나)

80. 다음중 인테그럴 탱크(Integral Tank)에 대한 설명중 옳은 것은?
가. 동체에 장착하며 동체 구조 사이의 공간을 그대로 활용한다.
나. 합성 고무로 탱크를 만든 것이다.
다. 날개보 사이의 공간을 그대로 활용하여 날개 전체에 걸쳐 몇개로 나누어 제작한다.
라. 날개보 사이에 공간을 그대로 사용하여 날개 전체에 걸쳐 하나로 제작한다.

81. 항공기 세로축에 대한 운동을 무엇이라 하는가?
가. 롤링(Rolling)
나. 피칭(Pitching)
다. 요잉(Yawing)
라. 옆미끄럼(Side Slip)

82. 다음중 항공기 가로축에 대한 운동을 무엇이라 하는가?
가. 롤링(Rolling)
나. 피칭(Pitching)
다. 요잉(Yawing)
라. 옆미끄럼(Side Slip)

83. 항공기 수직축에 대한 운동을 무엇이라 하는가?
가. 롤링(Rolling)
나. 피칭(Pitching)
다. 요잉(Yawing)
라. 옆미끄럼(Side Slip)

84. 비행기의 기체는 모양이 비슷하여 3부분으로 구분한다. 그 구분은?
가. 날개, 동체, 꼬리 날개
나. 날개, 동체, 방향타
다. 날개, 동체, 수평 안전판
가. 모두가 정답이다.

---

80. (라)   81. (가)   82. (나)   83. (다)   84. (가)

85. 설계 운용 속도 V_A, 하중 배수 n, 실속 속도 V_S의 관계는?

가. $V_A = V_S + \sqrt{n}$

나. $V_A = V_S + n$

다. $V_A = V_S\sqrt{n}$

라. $V_A = nV_S$

〔풀이〕 W : 하중, S : 날개 면적, ρ : 공기 밀도
C_L : 양력 계수로 했을 때의 하중 배수는

$$n = \frac{C_{L\,max} \times 1/2 \times \rho \times V_A^2 S}{C_{L\,max} \times 1/2 \times \rho \times V_S^2 S} = \frac{V_A^2}{V_S^2}$$

따라서 설계 운용 속도 V_A는

$$V_A = V_S\sqrt{n}$$

86. N류 비행기의 좌석을 장착할 때 부착하는 강도는 얼마인가?

〔풀이〕 N류 항공기는 다음의 종극 관성력에 견디는 구조 강도가 필요하다.
　　　　상방 : 3. 0G
　　　　전방 : 9. 0G
　　　　측방 : 1. 5G
한 사람의 중량은 77kg(170 lb)으 표준으로 한다.
　　　　상방 : 77×3＝231kg
　　　　전방 : 77×9＝693kg
　　　　측방 : 77×1. 5＝115. 5kg
이들 3방향의 하중에 견디는 강도가 좌석의 구조부에 요구된다.

87. 감항분류 A, N, U류에 대한 설명으로 맞는 것은?
　　가. 강도에 관한 구조는 종극 하중에 대해 파괴되지 않고 견디는 것으
　　로 어떠한 변형도 생겨서는 안된다.
　　나. 방화벽은 적어도 제2종 내화성 재료여야 한다.

---

85. (다)　　　　86. 풀이 참조　　　　87. (다)

다. 케이블 계통에서 케이블 안내 장치 부착시 케이블이 3° 이상 편향
되어서는 안된다.
라. 프로펠러의 끝과 지면과의 간격은 전륜식의 비행기는 최소 상태로
25.4cm(10in) 이상이어야 한다.

[풀이] ① 구조는 종극 하중에 대해 적어도 3초간 파괴되지 않고 견디는 것이어야
한다.
② 방화벽은 제1종 내화성 재료로 제작하여 화재에 대해 보호해야 한다.
③ 전륜식 비행기의 지면 사이의 틈은 18cm(7in), 미륜식인 경우는 23cm(9in) 이
상되어야 한다.

88. 동력 조정 장치에서 인공적으로 조종간에 조종력을 전달하는 장치는?
　　가. 유압 부스터
　　나. 수동 감각 장치
　　다. 인공 감각 장치
　　라. 자동 감각 장치

89. 수평 안정판의 기준선(Reference Line)은?
　　가. 표면 전단 빔(Surface Shear Beam)
　　나. 전방 스파(Front Spar)
　　다. 리딩에이지(Leading Edge)
　　라. 후방 스파(Rear Spar)

90. 조종 계통에 대한 설명으로 맞는 것은?
　　가. 케이블의 결점은 초장력(Break Out)이 크다는 것이다.
　　나. 공간 활용의 관점에서 볼 때 로드식보다 케이블이 유리하다.
　　다. 케이블에 비해 코드식이 중량면에서 유리하다.
　　라. 케이블을 S자로 사용하는 경우, 풀리 간격은 조작하는 거리보다 작
　　　　게 해야 할 필요가 있다.

[풀이] ① 케이블에는 미리 어떤 일정한 장력을 주는데 장력이 커지면 풀리에 큰
반력이 생겨 마찰력, 초장력이 늘어서 조종성과 역행하게 된다.

---

88. (다)　　　　89. (다)　　　　90. (가)

② 중량면에서 케이블이 가벼워 유리하다. 그러나 케이블은 원칙적으로 왕복으로 설치해야 하며 비행중의 진동을 생각하면 1개의 케이블이 로드(Rod)보다 큰 공간을 필요로 하므로 공간면에서는 불리하다.

③ 케이블을 S자형으로 사용하는 경우에 풀리 간격이 조작하는 거리보다 짧아지면 케이블은 반굽힘 하중을 반복하여 받게 되므로 수명이 경감되므로 설계시에 충분한 주의가 필요하다.

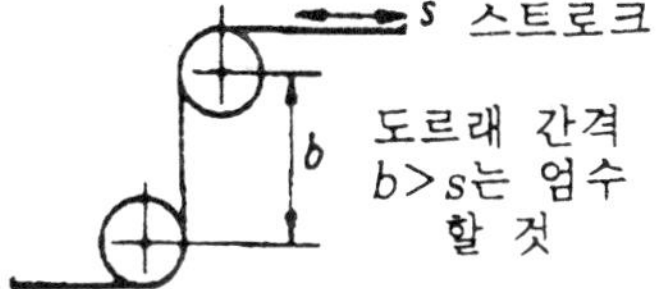

91. 그림과 같이 기체 중량 1,100kg인 비행기가 하중 배수 $n=6$으로 비행하고 있을 때 전방 스파와 후방 스파에 걸리는 최대 하중을 구하시오.

MAC=1.5m

W=1,100kg

전방 스파 위치 MAC 25%

후방 스파 위치 MAC 78%

CG : MAC 30%

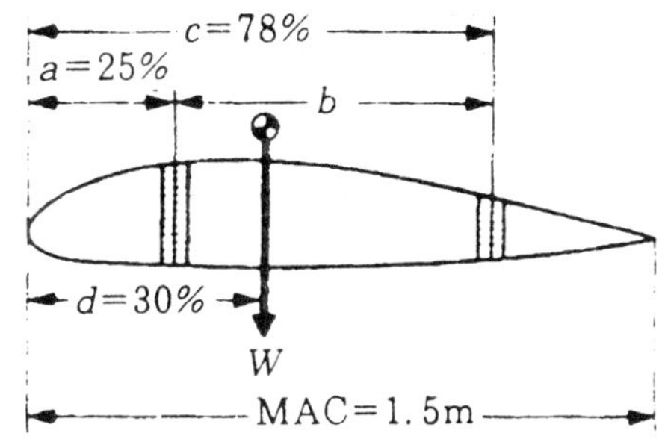

〔풀이〕 전방 스파 5,977kg, 후방 스파 623kg

전방 스파 위치	$a=1.5\times0.25=0.375$m
후방 스파 위치	$c=1.5\times0.78=1.17$m
스파간 간격	$b=1.17-0.375=0.795$m
CG 위치	$d=1.5\times0.3=0.45$m
최대 날개 하중	$P_w=6\times1,100=6,600$kg
전방 스파 하중	$P_1=6,600\times(1.17-0.45)/0.795=5,977$kg
후방 스파 하중	$P_2=6,600\times10.45-0.375/0.795=623$kg

92. 감항류별 "A"류의 민간항공기에 해당되는 항공기의 제한 하중 배수는?

　가. 3

　나. 4

　다. 6

　라. 1

---

91. 풀이 참조　　　　92. (다)

93. 수평 비행중 비행기에 작용하는 중력 가속도(g=9.8m/sec²)는?
　가. 1.7g
　나. 1g
　다. 0.5g
　라. 0g

94. 수평 비행시의 날개의 하중 배수는?
　가. 0.5
　나. 1
　다. 1.5
　라. 2

95. 다음중 보통기(N)의 제한 하중 배수는?
　가. 3.0
　나. 3.8
　다. 4.4
　라. 6.0

96. 허용 인장 응력 1,000kg/cm²인 볼트가 10,000kg의 하중에 견디려면 직경을 얼마로 해야 하는가?

〔풀이〕 3.57cm

A : 단면적

σ : 허용 인장 응력

W : 인장 하중이라 하면 　　$A = \dfrac{W}{\sigma}$　 가 성립된다.

$$A = \frac{W}{\sigma} = \frac{10,000}{1,000} = 10\text{cm}^2$$

$$A = \frac{\pi}{4}d^2 \quad \text{에서}$$

$$\text{직경}\quad d = \sqrt{\frac{4}{\pi} \times A} = \sqrt{\frac{4}{\pi} \times 10} = 3.57$$

---

93. (나)　　　94. (나)　　　95. (나)　　　96. 풀이 참조

97. 전기선이 가연성 연료 라인 근처를 지날 때는?
　가. 연료 라인 위로 지나게 한다.
　나. 기체 구조에 클램프로 고정하지 않아야 한다.
　다. 적어도 2″ 정도 분리 유치하여야 한다.
　라. 연료 라인 밑으로 지나게 한다.

98. 케이블 장력 조절기는?
　가. 저온을 수정한다.
　나. 고온을 수정한다.
　다. 일정한 케이블 장력을 유지한다.
　라. 동절기에는 케이블이 늘어나도록 조절한다.

99. 다음 그림은 제한 운동 포위 곡선이다.
　가. X-X′의 종축은 무엇을 나타내는가?
　나. Y-Y′의 횡축은 무엇을 나타내는가?
　다. (a)는 무엇을 나타내는가?
　라. (b)는 무엇을 나타내는가?
　마. (c)는 무엇을 나타내는가?

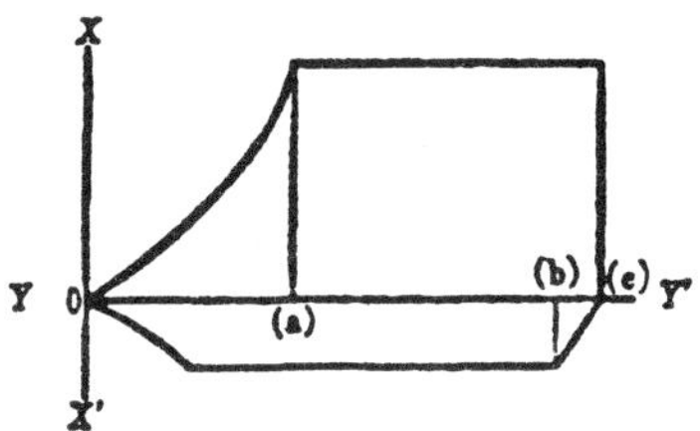

　〔풀이〕 (가) 하중 배수(n) : 0점을 통하는 횡축을 기준으로 위쪽이 +, 아래쪽이
　－ 하중 배수이다.
　(나) 대기 속도(V) : 정확하게는 등가 대기 속도(EAS)이다.
　(다) 설계 운용 속도(V_A) : 플랩 등의 고양력 장치를 사용하지 않고 아무리 상승해도
　＋하중 배수를 초과하지 않는 한계 속도
　(라) 설계 순항 속도(V_C) : 항공기 감항성상 기준이 되는 순항 속도에서 등가 대기
　속도로 나타낸다.
　(마) 설계 급강하 속도(V_D) : 항공기의 설계상 기체 강도, 안정성, 조종성을 보증하
　는 허용 최대 급강하 속도

100. 전기 케이블에 터미널을 장착할 때 터미널 연결부의 강도는?
　가. 케이블 강도의 50%
　나. 케이블 강도의 90%

---

97. (가)　　　98. (다)　　　99. 풀이 참조　　　100. (라)

다. 케이블 강도의 75%
라. 케이블 강도의 100%

101. 하드랜딩 또는 오버웨이트 랜딩에서 나타나는 징후를 쉽게 발견할 수
있는 것은?
가. 윈드쉴드 또는 윈도우의 균열
나. 날개 하부 스킨의 주름
다. 알루미늄 합금의 날개 스파의 마그나 플럭스 검사
라. 랜딩기어 휠의 파손 또는 균열

102. 다음 V-n 선도에 있어서 선 0-A가
나타내는 것으로 바른 것은?
가. $+C_{NAmax}$로 가능한 비행 범위
나. +의 최대 비행 하중 배수 곡선
다. -의 실속시 비행 하중 범위
라. V_{Dmin}에서의 운동 제한 범위

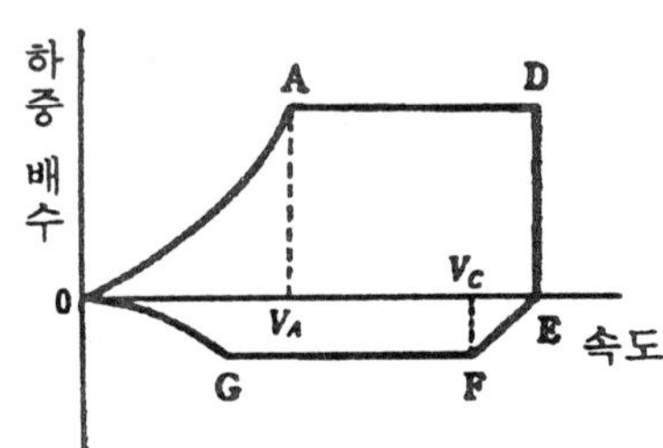

[**풀이**] 선 0-A는 최대 양력선으로 +실속시의 비행 하중 범위를 나타내고 그 계수
를 C_{NAmax} 또는 C_{Nmax}로 나타낸다.

낮은 속도에서는 날개가 실속하
고 양력이 나오지 않으므로 최대
양력선 이상의 하중 배수는 되지
않는다.

계수 C_{NAmax}는 최대 수직 공
기력 계수 혹은 최대 법선 분력
계수라고 부르고 플랩을 올린 최
대 양력 계수 C_{Lmax}가 이용된다.

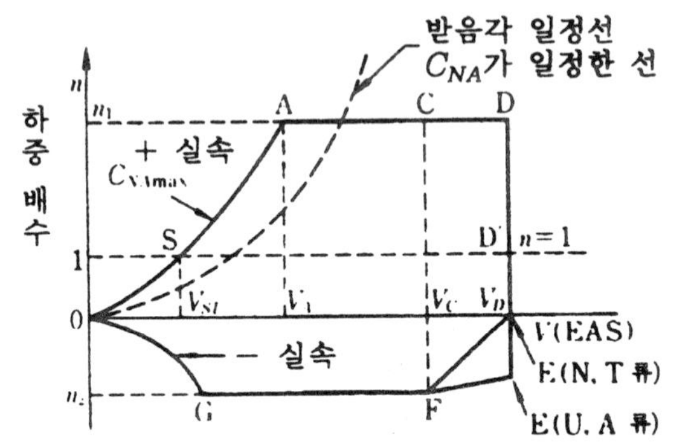

103. 다음중 옳은 것은 어느 것인가?
가. SAE 2330은 몰리브덴강이다.
나. 조종간을 우측으로 돌리면 우측 보조 날개는 올라가고 좌측은 내려
간다. 이때는 좌선회이다.

---

101. (나)   102. (가)   103. (다)

다. 기체에 장착된 조종 케이블의 장력은 고온시 한냉시보다 강하게 장
력을 조절한다.

라. 고 유압 파이프의 압력은 상용 압력의 2배까지 상승시켜 시험한다.

104. 조종면에 정적 균형추의 사용 목적은 무엇인가?

가. 드룹을 주기 위하여

나. 플러터를 방지하기 위하여

다. 비행중 유선형을 형성하기 위하여

라. 트림 탭을 제거하기 위하여

105. 특히 고성능 항공기의 방향타를 수리한 후 정비사는 다음 무엇을 행
하여야 하는가?

가. 제작자의 명세에 맞게 평형을 잡아야 한다.

나. 종적인 균형을 잡아야 한다.

다. 횡적인 균형을 잡아야 한다.

라. 위 전부를 할 필요가 없다.

106. 항공기 기체에 Station #137의 위치는?

가. 앞에서 뒤 137피트

나. 엠피네이지의 앞쪽 137 골격 부분

다. 버톡선의 뒤

라. 고정 기준점의 뒤 137인치

107. 스파를 고정시키고 있는 볼트 구멍이 넓어지고, 또는 균열이 나타난
경우의 처리로 바른 것은 어느 것인가?

가. 보강재를 대어서 정규 구멍을 새로 뚫는다.

나. 부싱을 넣는다.

다. 그 볼트의 사이즈보다 큰 볼트를 사용한다.

라. 새로운 부재를 만들어 정규의 구멍을 새로 뚫는다.

〔풀이〕 넓어진 구멍 수리 방법이 FAA에 의해 승인되어 있는 경우를 제외하고 넓
어진 볼트 구멍 혹은 볼트 구멍 부근에서의 균열에 관해서는 새로운 위치에서 그 부분

---

104. (나)   105. (가)   106. (라)   107. (라)

올 맞붙일 수 있는가를 검토하여 볼트 접합 위치를 새로운 곳에 잡아야 한다. 많은 경우에 있어서 볼트 위치를 바꾸는 경우는 특히 그 부위의 외면에 항공기용 합판을 사용하여 새로운 부분에 겹치는 것이 좋다.

108. 날개를 이루고 있는 구조부가 아닌 것은?
   가. 론저론
   나. 프레임
   다. 리브
   라. 날개보

109. 다음중 바른 것은 어느 것인가?
   가. 조종간을 좌로 밀면 좌측 보조날개는 내려간다.
   나. 조종간을 앞으로 밀면 승강타는 올라간다.
   다. 경금속제 기체의 조종 케이블 장력은 온도에 따라서 변화하지 않는다.
   라. 승강타 트림탭 핸들을 기수 상승 방향으로 돌리면 트림탭은 내려간다.

〔풀이〕 (가) 조종간을 좌로 밀면 좌측 보조날개가 올라가서 좌측 날개의 양력이 감소하고 좌선회가 가능하게 된다.

(나) 조종간의 전방 조작으로 승강타가 내려가고 수평 꼬리 날개에 양력이 늘고 기수 하강 모멘트가 작용한다.

(다)의 금속 항공기의 케이블 장력 및 온도의 관계는 항공기 자체가 Al 합금제이고 케이블은 강이므로 온도에 의한 선팽창 계수로 비교하면 Al은 23.9×10^{-6}, 강은 11.7×10^{-6}로 Al은 강의 거의 2배이고 온도에 따라서 장력의 변화를 알 수 있다.

(라)에서 승강타 트림 핸들을 기수 상승 방향으로 돌리면 트림 탭은 내려간다.

110. 다음 설명중 맞는 것에는 ○, 틀린 것에는 ×표를 하시오.
   가. 드릴 작업에서 드릴의 선단부의 날끝이 어느 정도 긴 것이 잘 든다.
   나. 리머 작업에서 절삭유를 사용하는 목적은 리머의 냉각보다는 윤활에 있다.
   다. 그라인더 작업에서 피절삭물을 빈번히 냉각하는 것은 변질을 촉진시키므로 좋지 않다.

---

108. (나)   109. (라)   110. 풀이 참조

〔풀이〕 (가) — ×, (나) — ○, (다) — ×

① 날끝은 잘린 부스러기가 열과 압력 때문에 잘린 날에 밀착하여 점차 크고 딱딱하게 되어 결국에는 잘린 날을 덮어버리므로 잘 들지 않는다.

② 리머 작업에서 절삭유를 쓰는 주목적은 잘린 조각들을 절삭날에서 떼어내는 것으로 냉각성보다 윤활성이 높은 것을 사용한다.

③ 절삭물을 계속 물로 냉각하는 것은 발열로 인한 재질의 변화를 방지하는데 있다.

111. 조종면의 밸런스 테스트에 관하여 가장 옳은 것은?

　가. 조종면이 원래 구조와 동일하면 밸런스 테스트를 할 필요는 없다.

　나. 조종면의 중심 위치는 항상 힌지 전방에 있을 것

　다. 조종면의 중심 위치는 항상 힌지 후방에 있을 것

　라. 보수한 조종면은 반드시 밸런스 체크를 한다.

〔풀이〕 보조날개, 승강타, 방향타 및 탭 등의 조종면은 플러터 및 진동을 방지하고 조타력의 경감에 의해 원활한, 그리고 확실한 조작을 하기 위해 밸런스 웨이트에 의해서 조종면을 정적으로 밸런스시킬 필요가 있다.

조종면 제조시 혹은 수리 등으로 오차가 생기면 타면 밸런스 모멘트의 변화량을 밸런스 웨이트 량으로 조정한다.

일반적으로는 그림과 같이 밸런스 웨이트는 힌지 라인에서 리딩에이지측으로 증감된다.

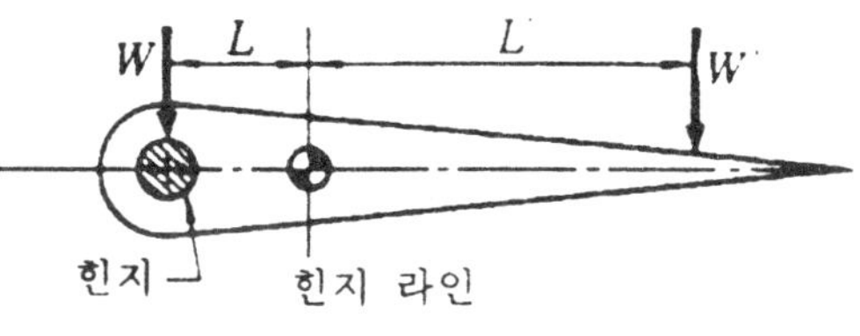

W : 보정해야 할 중량

L : 웨이트를 보정하는 위치, 리딩에이지측 암

W' : 수리 등에 의해서 변화한 중량

L' : W'의 암

밸런스 모멘트는 다음 식과 같다.

$$W \times L = W' \times L'$$

112. 초음속기 등에서 비행중 스킨에 버펫팅 (Buffeting)이 생기면?

　가. 폐기 처리를 취해야 한다.

　나. 착륙후 별점검이 필요치 않다.

---

111. (라)　　　112. (나)

　　다. 착륙후 곧 강도 시험을 해야 한다.
　　라. 착륙후 꼭 표피의 교체가 필요하다.

113. 좌측 보조 날개의 고정 탭을 윗쪽으로 굽히면 후방에서 보아서 어떠한 현상이 되는가?

　　가. 좌측 보조 날개는 올라가고 우측으로 돌아서 롤링 모멘트가 일어난다.
　　나. 좌측 보조 날개는 내려가고 좌측으로 돌아서 롤링 모멘트가 일어난다.
　　다. 우측 보조 날개는 올라가고 우측으로 돌아서 롤링 모멘트가 일어난다.
　　라. 우측 보조 날개는 내려가고 좌측으로 돌아서 롤링 모멘트가 일어난다.

　　〔풀이〕 좌측 보조 날개의 고정 탭을 윗쪽으로 굽히면 그 공기력은 보조 날개를 내려가게 하여 좌측 날개의 양력이 증가하고, 또 우측 보조 날개는 반대로 조작되어 올라가게 되어 양력은 감소한다. 이러한 움직임이 우측 날개를 내리는 오른쪽 롤링 모멘트를 만든다.

114. 스태빌라이저 트림을 노스 업(Nose up)에 세트했을 때의 설명으로 맞는 것은?

　　가. 수평 꼬리 날개 리딩에이지는 내려가고 승강타도 내려간다.
　　나. 수평 꼬리 날개 리딩에이지는 내려가고 승강타는 올라간다.
　　다. 수평 꼬리 날개 리딩에이지는 올라가고 승강타도 올라간다.
　　라. 수평 꼬리 날개 리딩에이지는 올라가고 승강타는 내려간다.

　　〔풀이〕 스태빌라이저 트림은 수평 안정판의 받음각을 변화시킨다. 노스 업(기수 상승) 트림을 행하는 것은 수평 꼬리 날개의 양력을 줄이기 위해서 수평 안정판의 받음각을 작게 하는 방향으로 작동시킨다. (리딩에이지가 내려간다) 이때 승강타는 수평 안정판 뒷쪽에 붙어 있으므로 올라가게 된다.

115. 항공기가 가장 경제적으로 비행할 수 있는 속도는?

　　가. 실속 속도
　　나. 설계 기동 속도
　　다. 설계 순항 속도
　　라. 설계 강하 속도

---

113. (다)　　　114. (나)　　　115. (다)

116. 주기된 항공기의 연료 탱크에 연료 보급을 하다 날개 위에 연료를 흘
렀을 때 갑자기 날씨가 추워져 눈이 내린다. 맞는 답은?
   가. 연료 혼적에 염산을 스프레이(Spray)한다.
   나. 글리콜(Glycol)을 연료 혼적 위에 분사한다.
   다. 흘린 연료를 마른 헝겊으로 닦는다.
   라. 항공유이기 때문에 방치해도 무방하다.

117. 악기류 속을 비행하는 경우 조종사는 속도를 줄일 필요가 있다. 이
속도는?
   가. 속도 V_B까지 줄인다.
   나. 속도 V_C까지 줄인다.
   다. 속도 V_A까지 줄인다.
   라. 속도 V_{si}까지 줄인다.

118. 실속 속도 80mph, 설계 제한 하중 배수 4인 비행기가 아무리 급격
한 공중 조작을 해도 구조 역학적으로 안전한 속도 한계는?
   가. 160mph
   나. 80mph
   다. 120mph
   라. 320mph

119. 동체를 이루고 있는 골격이 아닌 것은?
   가. 스킨
   나. 론저론
   다. 리브
   라. 프레임

120. 항공기의 속도 종류중 가장 큰 값은 어떤 것인가?
   가. 설계 기동 속도
   나. 설계 순항 속도
   다. 설계 하중 속도
   라. 실속 속도

---

116. (다)　　117. (다)　　118. (가)　　119. (다)　　120. (나)

121. 비행기가 비행중 조금 왼쪽으로 편향하는 경향이 있다. 이것을 수정하는 최량의 방법은?
　가. 방향타 탭을 오른쪽으로 굽힌다.
　나. 방향타 탭을 왼쪽으로 굽힌다.
　다. 좌측 날개의 받음각을 늘린다.
　라. 우측의 방향타 페달의 리턴 스프링의 장력을 늘린다.

　〔풀이〕 왼쪽으로 편향하는 것은 기수가 좌로 쏠리는 것으로, 이 경우 방향타로 수정한다. 즉 방향타 탭을 좌로 굽히면 그 공기력은 방향타 전체를 약간 우측으로 위치하게 하여 균형이 맞도록 작용하고 기수를 우로 향하게 하는 모멘트가 생기고 편향의 수정을 할 수 있다.

122. 하중 배수 설명중 틀린 것은?
　가. 돌풍 효과에 대한 하중배수가 비행 속도에 영향을 준다.
　나. 수평 비행시의 하중 배수는 "T"류에 있어서는 그 값이 2 정도이다.
　다. 모든 항공기는 수평 비행시의 하중 배수는 1이다.
　라. 비행중 날개에 작용하는 수직 분력과 항공기 총무게와의 비이다.

123. 엔진 마운트의 강도 시험에는 여러 요소를 고려해야 되지만, 이중에 포함되지 않는 것은?
　가. 꼬리 날개 균형 하중
　나. 프로펠러의 자이로 모멘트
　다. 카울링에 가해지는 공기력
　라. 착륙 완충 하중

　〔풀이〕 엔진 마운트와 그 지지 구조에 작용하는 하중을 고려하여 시험할 수 있다.
　① 동력 장치에 가해지는 관성력
　② 프로펠러의 추력과 엔진의 토크
　③ 카울링에 가해지는 공기력
　④ 프로펠러의 자이로 모멘트
　⑤ 엔진에 발생하는 진동

---

121. (나)　　　**122.** (나)　　　**123.** (가)

124. 금속제 항공기의 비행 조종 계통의 케이블 시스템에 사용되고 있는
   장력 조절기의 주요 기능은 다음중 어느 것인가?
   가. 한냉 상태에서 케이블 장력을 감소시킨다.
   나. 한냉 상태에서 케이블 장력을 증가시킨다.
   다. 세트된 장력을 유지한다.
   라. 비행시 케이블 장력을 변화시킨다.

   〔풀이〕 장력 조절기는 알루미늄 합금의 기체 구조와 강 케이블의 팽창률의 차에 의
한 케이블 장력의 변화를 막고 항상 이미 설정된 케이블 장력을 자동적으로 유지하도록
설계되었다.

125. 기체의 구조에 속하지 않는 것은?
   가. 트러스
   나. 세미모노코크
   다. 세미트러스
   라. 모노코크

126. 다음은 하중 배수에 대한 설명이다. 옳은 것은 어느 것인가?
   가. 구조물이 하중에 대하여 안전성을 가지도록 부여한 계수
   나. 날개의 하중을 자기 중량으로 나눈 값
   다. 한계 하중과 극한 하중과의 비
   라. 항공기 자중을 날개 면적으로 나눈 값

127. 항공기를 옥외 계류할 경우의 주의사항을 쓰시오.

   〔풀이〕 ① 기수를 바람 방향으로 한다.
   ② 메인 랜딩기어에 초크를 댄다. (강풍시에는 전후 랜딩기어를 로프로 묶는다) 파킹
      브레이크를 OFF로 한다.
   ③ 조종간의 락크핀 및 러더 페달을 고정시킨다. 또 엘리베이터 탭을 중립 위치에 둔다.
   ④ 마스터 스위치는 OFF, 플랩 0°를 확인한다.
   ⑤ 조종면은 고정 장치 및 계류용 로프 등으로 고정한다.
   ⑥ 계류 작업이 완료되면 각종 커버를 씌운다.

---

124. (다)   125. (다)   126. (가)   127. 풀이 참조

128. 다음 V-n 선도의 ①~⑦에 적당한 어구를 넣어라.

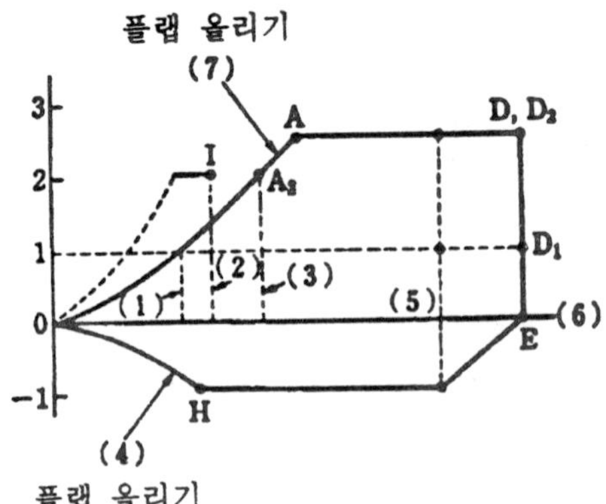

〔풀이〕 ① V_{S1}(설계 실속 속도)

② V_F(설계 플랩 내림 속도)

③ V_A(설계 운동 속도)

④ $-C_{NAmax}$(−의 주익과 꼬리날개의 최대 양력 계수의 합)

⑤ V_C(설계 순항 속도)

⑥ EAS(등가 대기 속도)

⑦ $+C_{NAmax}$(+의 주익과 꼬리날개의 최대 양력 계수의 합)

129. 토션 박스의 설명으로 맞는 것은?

　가. 토션 박스는 테두리형 구조를 상자형으로 맞추어 강도를 높인 것을 말한다.

　나. 토션 박스는 동체의 화물실을 형성할 목적으로 듀랄루민판을 상자형 구조로 한 것인데, 탑재 화물이 동체 구조부에 파손이나 손상을 주는 것을 방지한다.

　다. 토션 박스는 날개에서 전후 스파와 상하 외판으로 둘러쌓인 구조로 강성이 우수하다.

　라. 토션 박스란 전차륜, 주차륜을 동체에 격납하기 위해 동체의 일부분을 상자형으로 잘라 동체의 강도가 극단적으로 내려가는 것을 막는 구조이다.

---

128. 풀이 참조　　　129. (다)

제2장. 랜딩기어

1. 시미 댐퍼(Shimmy Damper)의 역할은?

〔풀이〕 시미 현상을 감쇠, 방지하기 위한 장치로서 완충 장치의 피스톤과 연결되어 있다. 여기서 시미 현상이란 노스 랜딩기어 및 메인 랜딩기어 장치가 지상 활주중 지면과 타이어 사이의 마찰에 의한 타이어 밑면의 가로축 방향의 변형과 바퀴의 선회축 둘레의 진동과의 합성된 진동이 좌우 방향으로 발생하는데, 이러한 진동을 시미라 한다. 이러한 현상은 노스 랜딩기어 장치에서 특히 많이 발생한다.

2. 타이어에 있는 퓨즈 플러그(Fuse Plug)의 역할은?

〔풀이〕 바퀴에는 보통 3~4개의 퓨즈 플러그가 설치되어 있어 과도한 브레이크의 사용으로 과열되어 타이어 내부의 공기 압력 및 온도가 지나치게 높아졌을 때 퓨즈 플러그가 녹아서 구멍이 생기게 함으로써 공기 압력이 빠져나가게 하여 타이어가 터지는 것을 방지해준다.

3. 항공기의 랜딩기어에서 토우 인(Toe in)이란?

〔풀이〕 토우 인은 좌우의 바퀴가 평형이 아니고 바퀴의 앞쪽이 뒤쪽보다 약간 좁게 되어 있는 상태를 말한다. 반대로 뒤쪽보다 앞쪽이 좁은 것을 토우 아웃(Toe out)이라 한다.
　토우 인을 주게 되면 옆방향으로의 미끄러짐과 타이어의 마멸을 방지할 수 있다. 즉 바퀴는 그림의 c선상과 같이 안쪽으로 굴러가려 하기 때문에 캠버에 의해서 바깥쪽 b선으로 굴러가려는 힘과 상쇄되어 바퀴가 미끄러지지 않고 똑바로 굴러가게 된다.

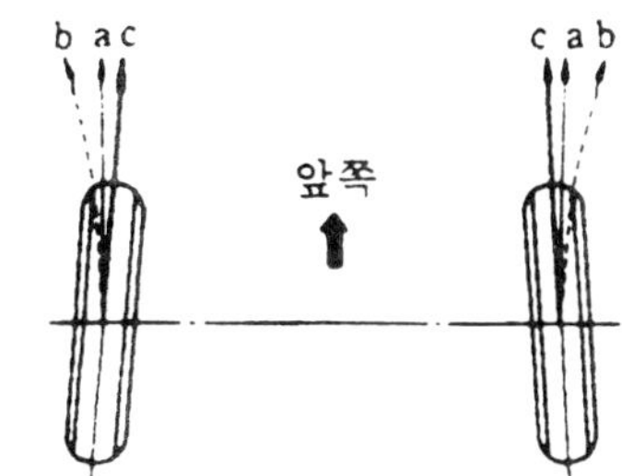

4. 랜딩기어의 쇽크 스트러트(Shock Strut)를 검사할 때 어디를 중점적으로 검사하는가?

〔풀이〕 작동유가 새는 곳이 있는지 보고, 또 쇽크 스트러트의 팽창 정도가 알맞은가 본다. 또 피스톤이 노출된 부분은 매 비행후 깨끗이 닦아주어야 한다.

5. 랜딩기어 리트렉션 점검(Retraction Check)은 언제 하는 것이 좋은가?

〔풀이〕 1년에 한번씩 또는 랜딩기어의 부품을 바꿨을 때, 만약에 착륙할 때 활주로에 심하게 부딪혔다면 그때도 이 테스트를 할 필요가 있다.

6. 랜딩기어에서 캠버란?

〔풀이〕 캠버란 바퀴와 지면이 이루는 수직 중심선을 기준으로 기울어진 정도를 말하며, 단위는 각도로 표시한다. 캠버의 측정은 그림과 같이 캠버 측정기로 측정하여 0을 지시할 때를 0 캠버, 위쪽이 아래쪽보다 넓을 때를 (+) 캠버, 위쪽이 아래쪽보다 좁을 때를 (−) 캠버라 한다.

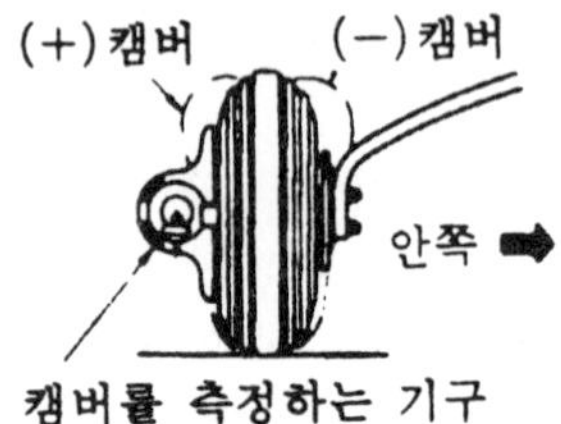

7. 오레오 타입(Oleo Type)의 랜딩기어 쇽크 스트러트(Shock Strut)는 무엇으로 채워지나?

〔풀이〕 고압의 공기(질소)와 유압유(MIL-H-5606)

8. 유압식 시미 댐퍼(Hydraulic Shimmy Damper)의 역할은 무엇인가?

〔풀이〕 비행기의 앞바퀴가 착륙, 이륙 또는 택싱할 때 진동하지 않도록 한다.

9. 파워 브레이크 시스템에 있는 셔틀 밸브(Shuttle Valve)의 역할은 무엇인가?

〔풀이〕 정상 브레이크 계통에 이상이 생겼을 때 비상 브레이크 계통으로 바꿔주는 역할을 한다.

10. 공압(Pneumatic) 계통은 주로 비행기의 어느 곳에 쓰이는가?

〔풀이〕 브레이크, 랜딩기어실 문(Wheel Well Door)의 열리고 닫힘, 시동, 펌프 작동, 역추력 장치, 그리고 비상시 작동하는 기구들

11. 랜딩기어의 바퀴가 중심 위치가 아닌 상태에서 접히는 것을 방지하는
　　장치는?

　　〔풀이〕 센터링 장치(Centering Device) : 쇽크 스트러트 내부에 있는
센터링 캠(Cam)에 의해 바퀴가 지면에서 떨어지면 바퀴를 똑바로 해준다.

12. 타이어에 어느 정도의 공기가 필요한지 알아보는 방법은?

　　〔풀이〕 타이어에 얼마 만큼의 공기를 넣는지는 타이어의 크기, 외기
온도, 그리고 비행기의 무게에 의해 결정된다. 이 정보는 운용자 교범이나
항공기 정비 교범에서 찾을 수 있다.

13. 공압 계통에서 사용된 공기는 어디로 가는가?

　　〔풀이〕 대기중으로 내보낸다.

14. 착륙 장치의 안티스키드(Anti-skid) 시스템의 목적은 무엇인가?

　　〔풀이〕 착륙후 브레이크를 밟았을 때 타이어 회전이 정지되어 지면에
끌려서 국부적으로 마모되거나 터지지 않도록 하며, 또한 미끄러짐을 방지
하면서 비행기의 속도를 줄여주기 위한 것이다.

15. 랜딩기어를 접고 펼 때 그 힘은 어디로부터 오는가?

　　〔풀이〕 조종실의 조작에 의한 전기 또는 유압의 힘

1. 착륙 장치의 완충 스트러트에 장착되어 있는 센터링 캠의 목적중 바른 것은?

　가. 지상에서 랜딩기어가 접히지 않게 하기 위해
　나. 조종 장치가 고장났을 경우 노스 기어를 정면으로 향하게 하기 위해
　다. 정지하면 맞물려서 스티어링 장치를 중립 위치로 하기 위해
　라. 노스기어 완충 스트러트가 펴지면 맞물려서 노스기어 타이어를 정면으로 향하게 하기 위해

　〔풀이〕랜딩기어가 리트랙트되는 완충 스트러트 구조로 스티어링(Steering) 장치를 가지는 비행기에 있어서 노스기어(Nose Gear)를 올리고 내리고 할 때에 타이어가 정면을 향하지 않으면 타이어가 랜딩기어 배이(Landing Gear Bay)의 가장자리에 부딪혀 구조 부재를 파손하거나 랜딩기어를 올리는 도중에 정지해 버리는 일이 있다. 특히 방향타와 연동하는 스티어링 장치인 것은 측풍 이륙시에 타이어가 바르게 정면으로 향하지 않을 수 있으므로 노스기어의 완충 스트러트 내의 바깥 실린더 밑부분에 밑에서 위로 향하게 한 캠이 있고, 내부 실린더에는 위에서 밑을 향한 캠산이 있어 완충 지주가 뻗으면 일치하게 되고 타이어는 똑바로 정면을 향하도록 하고 있다.

2. 항공기용 바퀴 및 타이어에 대한 설명중 틀린 것은?

　가. 타이어 내부의 온도가 지나치게 높아지면 퓨즈 플러그에서 찬 공기가 들어와 타이어를 냉각시킨다.
　나. 타이어는 고무, 철사, 인견포로 여러겹 적층되어 있다.
　다. 일반적으로 튜브리스 타이어를 사용한다.
　라. 바퀴에는 스플릿형, 플랜지형, 드롭센터 고정 플랜지형 등이 있다.

3. 유압으로 작용하는 랜딩기어가 접힐 때 오른쪽이 좌측(정상)보다 상당히 천천히 접히는 것을 알 수 있다. 그 원인중 적절한 것은 어느 것인가?

　가. 계통의 압력이 낮다.
　나. 오른쪽 랜딩기어의 리트렉트 작동 실린더 내의 시일에서 작동유의 누출
　다. 계통의 릴리프 밸브의 설정이 너무 높다.
　라. 좌측의 리트렉트 작동 실린더가 바르게 장착되어 있지 않다.

---

1. (라)　　　　2. (가)　　　　3. (나)

〔**풀이**〕(가)는 압력이 너무 낮고 작동 유량이 부족하면 좌우 양쪽에 똑같이 영향을 미치게 된다. 또 릴리프 압력이 너무 높아서 작동 속도가 너무 빠른 것은 있어도 정상보다 늦을 수는 없다.

4. 브레이크에 관한 설명중 옳은 것은 어느 것인가?

　　가. 일반적으로 파킹 브레이크 계통은 정상적인 브레이크 계통과는 독립되어 있다.

　　나. 마스터 실린더 내의 유량이 부족하면 계통 내에 공기를 흡수하는 원인이 된다.

　　다. 브레이크 계통 내의 누출 검사는 최대 운용 압력의 1.5배인 압력을 가해 모든 배관의 검사를 한다.

　　라. 유압 브레이크 계통의 브리딩(Bleeding)이란 계통중의 유압을 빼내는 작업이다.

〔**풀이**〕파킹 브레이크는 정상적인 유압 브레이크 계통의 한 계통이다. 이 기구의 조작 장치는 조종실에 있는데, 먼저 브레이크 페달을 밟고 파킹 브레이크 래버를 손으로 당기면 브레이크는 ON의 상태로 된다. 또한번 브레이크 페달을 밟으면 브레이크는 느슨해져 OFF가 된다.

리저버(Reservoir)는 작동유 탱크로 소량의 누출을 보충하는 작동유를 보관한다. 리저버에는 에어벤트 라인(Air Vent Line)이 부착되어 리저버 내의 유면에 항상 대기압이 작용하여 계통으로의 작동유의 보급이 원활해진다. 이 때문에 리저버 내의 유면이 정상보다 낮으면 브레이크 계통에 공기를 흡수하는 원인이 된다.

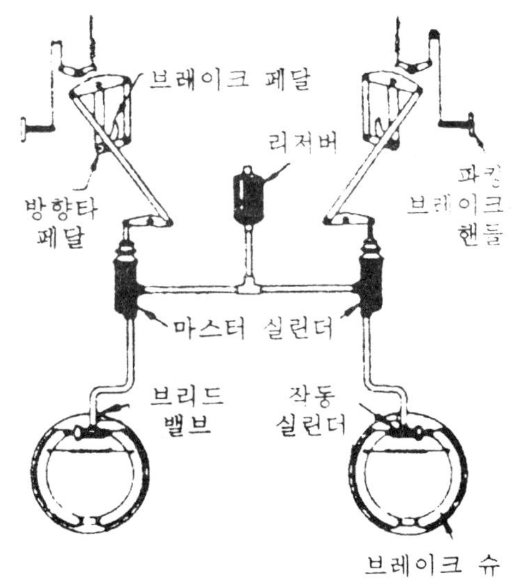

5. 무리한 착륙을 한 후나 혹은 정기점검을 할 때 강착 장치에서 특히 유의해서 점검할 곳은?

---

4. (나)　　　　5. (가)

가. 강착 장치를 동체에 장착하는 언저리
나. 타이어
다. 제동 장치
라. 차륜 허브

6. 오레오 완충 장치의 서비싱을 한 결과, 공
   기 압력과 오레오 길이의 관계가 도표의 ×
   위치에 있다. 생각되어지는 원인은 무엇인가?
   가. 공기 압력이 너무 낮다.
   나. 서비싱시보다 기체 하중이 증가했다.
   다. 오레오 내의 작동유의 양이 작다.
   라. 오레오 내의 작동유의 양이 많다.

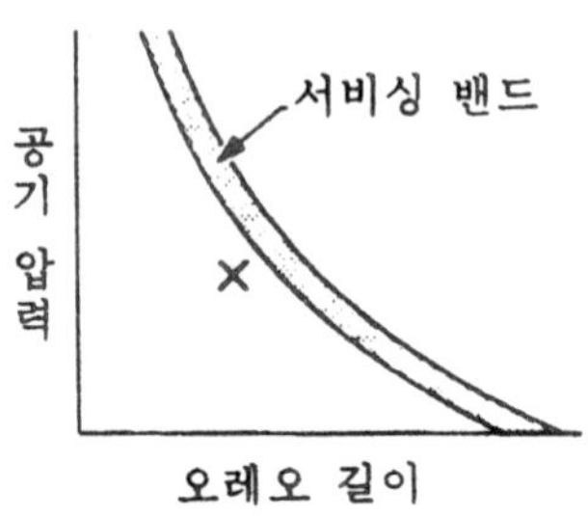

〔풀이〕 그림은 B767용이다. 측정치가 서비싱 밴드 속에 들어가면 작동유의 양이 적정한 것이다. 만약 측정치가 밴드의 좌측(× 표시)에 들어갈 것 같으면 작동유의 양은 너무 작다. 측정치가 밴드의 우측(○ 표시)에 들어갈 것 같으면 작동유의 양이 너무 많다.

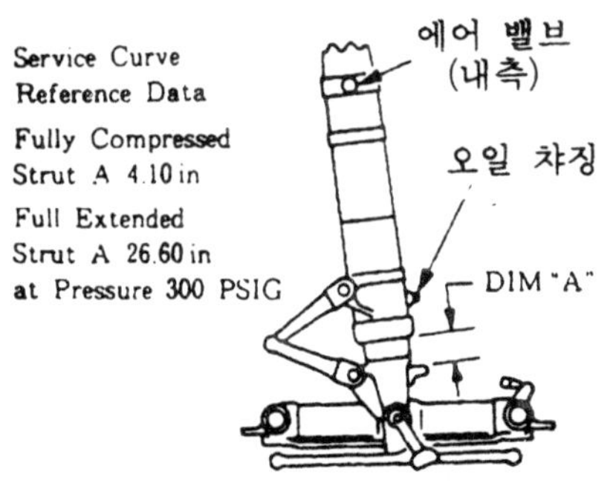

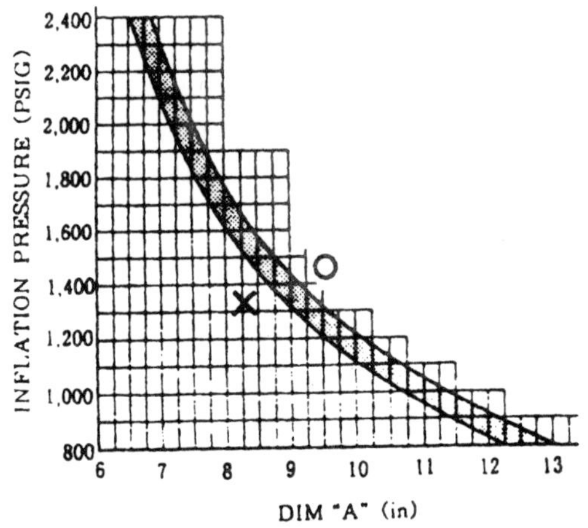

7. 다음중 대형 항공기용 브레이크 장치는?
   가. 원심력식
   나. 싱글 디스크식

---

6. (다)   7. (라)

　　다. 팽창 튜우브식
　　라. 멀티 디스크식

8. 랜딩기어 휠 어셈브리의 밸런싱을 취하는 주된 목적은?
　　가. 기체의 중량 배분을 정상으로 유지함
　　나. 브레이크의 작용을 유지함
　　다. 타이어의 심한 국부적 마모를 막고 진동을 작게 함
　　라. 타이어의 심한 마모와 진동을 방지함

9. 삼륜식 비행기에서 브레이크를 설치할 경우 그 위치는?
　　가. 전차륜 아니면 주차륜
　　나. 전차륜과 주차륜
　　다. 주차륜
　　라. 전차륜

10. 대형 항공기의 착륙 장치의 오레오식의 완충 효율은?
　　가. 25%
　　나. 50%
　　다. 75%
　　라. 75% 이상

11. 앞바퀴 형식의 장점이 아닌 것은?
　　가. 이착륙 성능이 우수하다.
　　나. 무게가 가볍다.
　　다. 급브레이크시 전복 위험이 적다.
　　라. 승객에 안락감을 주고 조종사의 시야가 양호하다.

12. 번지 스프링의 역할은?
　　가. 랜딩기어의 Down 락크를 돕는다.
　　나. 랜딩기어의 Up 락크를 돕는다.
　　다. 지상에서의 공진을 방지한다.
　　라. 랜딩기어 Up 작동을 돕는다.

---

8. (다)　　　　9. (다)　　　　10. (라)　　　　11. (나)　　　　12. (가)

　　〔**풀이**〕 리트랙트식 착륙 장치(인입식 착륙 장치)에서 랜딩기어를 내릴 때, 작동 실린더의 힘으로 드래그 링크(Drag Link)가 일직선으로 신장하는 방향으로 작용하지만, 번지 스프링(기종에 따라서는 어시스트 스프링이라고도 부른다)도 드래그 링크를 신장시키는 방향으로 작용한다.

　이 작용에 의해서 다음과 같은 역할을 한다.

　① 드래그 링크가 일직선으로 뻗는 작용을 확실히 한다.

　② 다운 래치(또는 다운 락크 포크)의 작동을 가능하게 하고 다운 락크를 한다.

　③ 기체가 지상 정지중 작동유 압력이 없는 경우에 드래그 링크를 일직선으로 유지하고 랜딩기어가 접히는 것을 방지한다.

13. 유압식 스티어링 장치에서 스티어링 핸들을 돌리면 그 회전량에 비례하여 노스 랜딩기어의 스티어링 각도가 정해지는데, 이것은 어떤 작용 때문인가?

　　가. 센터링 캠

　　나. 스티어링 작동 실린더(스티어링 실린더) 내의 콘트롤 밸브

　　다. 추종 기구(Follow up Mechanism)

　　라. 스티어링 작동 실린더에 걸리는 작동유 압력과 타이어와 지면간의 마찰력

　　〔**풀이**〕 스티어링 핸들을 돌리면 콘트롤 밸브 또는 미터링 밸브가 기계적으로 움직여 유압 회로가 바뀌어 스티어링 실린더에 유압이 걸리고 노스기어의 방향이 변한다. 이때 콘트롤 밸브의 열림 정도에 따라 노스기어의 스티어링 작동시간은 제한되지만 열린 채로 놓아두면 작동 범위의 끝가지 움직여서 정상적인 작동 각도를 얻을 수 없다. 그래서 노스기어의 방향을 바꾸면 이 움직임이 추종 기구를 매개로 콘트롤 밸브의 밸브를 닫는 방향으로 작동시켜 핸들의 조작량에 맞는 만큼 노스기어의 방향이 변한다. 그러면 콘트롤 밸브는 중립 위치로 돌아가 지금까지 열려있던 유로를 닫는다. 따라서 이 추종 기구가 없으면 임의의 각도에서 노스기어를 조작할 수 없다.

　(가)는 기계적인 것으로 쇽크 스트러트(Shock Strut)가 신장되어 기체가 지면으로부터 떨어지면 강제적으로 중립이 되게 하는 것이고 지상에서 이 기구가 움직이면 위험하다. (나)는 조작시에 움직이며 추종기구의 피드백 신호에 의해 닫히는 것은 위에서 설명한 대로이다. (라)는 일반적으로 캐스터의 원리에 의한 복원력의 설명이다.

---

13. (다)

14. 압력이 144psi인 마모된 타이어에 하이드로 플레닝(Hydroplaining) 현상이 일어나는 한계 속도는 몇 kt인가?

〔풀이〕 108kt

하이드로 플레인 한계 속도를 V_H(kt), 타이어 내압을 P(psi)라고 하면 다음 관계가 된다.

$$V_H = 9\sqrt{P} = 9\sqrt{144} = 108\text{kt}$$

15. 착륙 장치 작동 순서중 옳지 않는 것은?
　가. 착륙 조정 레버를 올림 위치에 놓으면 문이 닫힌다.
　나. 착륙 장치가 내려온 후 다운 락크가 잠겨진다.
　다. 먼저 업 락크가 풀리고 착륙 장치가 내려간다.
　라. 착륙 장치를 내릴 때는 먼저 착륙 조정 레버를 내림 위치에 놓는다.

16. 대형 항공기의 제동 계통에서 서멀 릴리이프 밸브의 목적은 무엇인가?
　가. 과도한 제동 압력의 경감
　나. 디브스터 계통에 압력을 경감
　다. 안티-스키드 계통에서 마스터 실린더에 압력을 경감하기 위함
　라. 열 팽창을 경감

17. 착륙중에 충격으로 공기 유압식 쇽크 스트러트의 외부 실린더가 내부 실린더의 밑부분 스커트(Skirt)를 쳤다. 이것은 어떤 상태를 나타내는가?
　가. 공기가 작동유와 섞였다.
　나. 피스톤이 마모되었다.
　다. 스프링이 주저앉았다.
　라. 작동유량이 적다.

〔풀이〕 착륙시의 충격 하중의 대부분은 작동유가 바깥 실린더에 있는 오리피스와 내부 실린더의 미터링 핀에 의해서 제한된 통로를 통하는 것과 액체 마모에 의해 운동 에너지를 열 에너지로 바꾸어 흡수해야 되므로 유량이 작으면 내부 실린더의 하부 끝과 외부 실린더가 전부 밀려서 부딪치는 상태가 된다.

---

14. 풀이 참조　　　　15. (가)　　　　16. (라)　　　　17. (라)

18. 착륙 장치에 링식(Ring Type) 브레이크는?

　가. 유압 또는 페달의 직접 조작에 의해 링 기구를 열고 브레이크 라이닝으로 휠을 꽉 조여서 제동을 건다.

　나. 휠방향으로 이동할 수 있도록 휠 내부와 휠 축에 몇개의 강으로 된 디스크를 두고 유압 피스톤으로 측면에서 제동력을 가하여 마찰력으로 제동한다.

　다. 중공의 관을 공기 또는 작동유의 압력으로 팽창시켜 제동판을 휠에 밀착시켜 제동을 건다.

　라. 휠과 함께 회전하는 강으로 된 디스크를 유압에 의한 스폿의 마찰에 의해 제동한다.

　〔풀이〕 (가) 링식 브레이크

(나) 멀티디스크식 브레이크

(다) 익스팬더 튜브 브레이크

(라) 싱글 스폿 디스크 브레이크

19. 쇽크 스트러트 안과 밖의 실린더는 다음중 무엇에 의해서 자유로이 회전하는 것을 방지하는가?

　가. 토션 링크

　나. 실린더 원주에 있는 슬롯트

　다. 피스톤 패킹의 마찰

　라. 스랫트 안의 유압

　〔풀이〕 토션 링크는 토큐 링크 혹은 토큐 암 등 그 기종에 따라서 명칭은 다르지만 같은 작용을 한다.

20. 휠로부터 타이어까지 색 표시를 무엇이라 하는가?

　가. 진동 마크

　나. 점검 마크

　다. 평형 마크

　라. 스립 페이지 마크

---

18. (가)　　　**19.** (가)　　　**20.** (라)

21. 착륙 장치 경보음(Warning Horn)은 다음 상태에서 작동한다.
　가. 랜딩기어를 Up으로 한 상태에서 스로틀을 닫았을 때 경보를 울린다.
　나. 랜딩기어를 Down으로 한 상태에서 스로틀을 전개했을 때 경보를 울린다.
　다. 랜딩기어가 Up, Down 어떤 상태라도 스로틀을 닫힘으로 했을 경우에 경보를 울린다.
　라. 랜딩기어를 Up, Down 어떤 상태라도 스위치를 누르지 않고 스로틀이 닫힐 때 경보를 울린다.

　〔풀이〕 ① 육상 항공기에는 착륙 장치가 바른 내림 위치에 고정되지 않은 채 1개 이상의 스로틀 밸브를 닫으면 연속적으로 작동하는 청각 경보기를 갖추어야 한다.
　② 위 ①에 규정한 경보기에 수동 차단 장치가 있을 경우는 해당 경보 장치는 1개 이상의 스로틀 밸브를 닫은 후에 경보가 정지된 경우에 있어서 그후 어느 것이든 스로틀 밸브를 착륙 진입 위치 이하로 했을 때 경보기가 다시 작동하도록 설계되어야 한다.
　③ 육상 항공기에는 착륙 장치가 내린 위치로 고정되지 않은 채로 플랩을 규정에 의해 결정된 진입시의 최대 내림 위치 이상으로 내리면 연속적으로 작동하는 청각 경보기를 갖추어야 한다.
　이 경보기에는 수동 차단 장치를 갖추어야 한다. 플랩 위치 수감부는 비행기의 적당한 위치에 장비해도 된다. 이 장치 시스템은 위의 ①에서 요구되는 장치의 시스템(청각 경보기 포함)의 일부를 이용한 것이 된다.

22. 시미(Shimmy)란?
　가. 날개의 후류에 의해 꼬리날개에 일어나는 불안전한 진동이다.
　나. 항공기 속도가 어떤 일정치에 도달했을 때 급격히 일어나는 날개의 진동이다.
　다. 활주중 노스 랜딩기어에 일어나는 불안전한 진동이다.
　라. 발동기의 진동이 기체에 미치는 진동이다.

23. 시미의 이상 진동 현상에 대해 관계 없는 것은 다음중 어느 것인가?
　가. 지상 활주 속도
　나. 지면과 타이어 사이의 마찰

---

21. (가)　　　22. (다)　　　23. (마)

　다. 이중 차륜
　라. 브레이크 조작
　마. 전각 지주의 오레오 압력 부족

　〔풀이〕 전륜의 이상 진동 현상이란 주행중 전륜이나 미륜에 발생하는 차륜의 목이 흔들리는 운동이다. 이것은 지면과 타이어 사이의 마찰에 의한 타이어 밑면의 횡방향의 변화와 차륜의 선회축 주위의 목진동의 자유도의 연성 진동 상태로서 대형기의 전륜(이중 차륜)에 자주 일어난다.
　전각 지주의 오레오 압력은 기체의 상하 움직임을 완충하는 것으로 전륜의 진동 현상과는 관계가 없다.

24. 항공기 타이어를 오랫동안 저장할 때는 다음 어느 곳에 놓아두어야 하는가?
　가. 서늘하고 건조한 곳
　나. 축축하고 서늘한 곳
　다. 건조하고 더운 곳
　라. 축축하고 더운 곳

25. 오레오 완충 스트러트의 공기 충진 상태 점검시 어떤 것을 측정하는가?
　가. 완충 스트러트 내의 압력과 신장된 길이
　나. 완충 스트러트의 작동 유량
　다. 기체의 중량
　라. 외기 온도

　〔풀이〕 오레오 완충 스트러트에 충전하는 작동유 또는 공기량은 완충 스트러트 내의 기체의 압력과 스트러트의 신장 길이를 측정하여 행한다. 이 압력과 신장의 길이는 비행기의 중량에 의해 변화하고 중량이 증가하는 만큼 압력은 높아지고 신장은 감소한다. 그림은 내부 압력과 신장의 길이 관계를 나타낸 그림으로 정비 매뉴얼 등에 정해져 있고 그림의 2개의 선 중앙으로 들어가도록 충전하고 완충 스트러트가 가장 많이 신장되었을 때의 내압을 규정치로 한다.

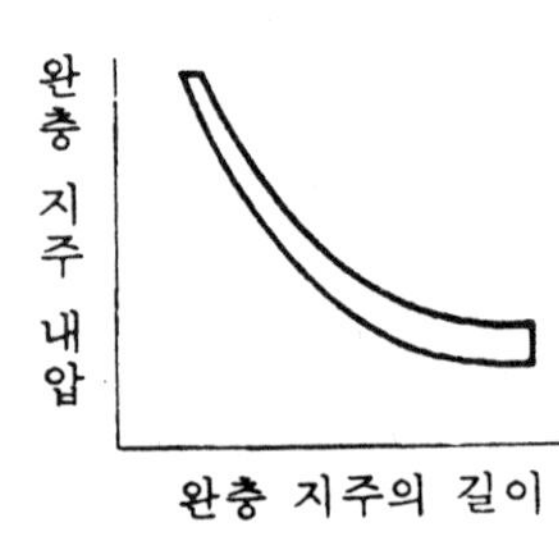

24. (가)　　　25. (가)

26. 경항공기에 사용되는 탄성 에너지에 의한 방법으로 충격 에너지를 흡수하는 강착 장치의 완충 효율은?

   가. 30%

   나. 40%

   다. 50%

   라. 70%

27. 접개 강착 장치(Retractable Landing Gear)를 장비한 항공기의 설명중 옳은 것은?

   가. 강착 장치를 뻗는 비상 장치가 있어야 한다.

   나. 강착 장치를 접는 비상 장치가 있어야 한다.

   다. 강착 장치를 접고 뻗히는 비상 장치가 있어야 한다.

   라. 비상 장치가 꼭 필요한 것은 아니다.

28. 오레오 완충 스트러트의 완충 작용은?

   가. 작동유의 압축성에 의해 충격을 **완화**한다.

   나. 공기와 작동유가 섞이는 경우의 열에너지로 충격을 **흡수**한다.

   다. 공기의 압축성과 작동유가 오리피스를 이동하는 것에 의해 충격을 **흡수**한다.

   라. 공기의 압축성과 작동유의 압축성에 의해 바깥 실린더가 상하로 완충한다.

〔**풀이**〕 그림과 같이 윗쪽 챔버에 고압 공기, 밑의 챔버에 작동유가 들어 있다. 착륙시의 충격은 윗쪽 챔버의 공기가 단열 압축하는 것으로 흡수되고 그후에 생기는 침하 에너지는 아래 챔버의 작동유가 오리피스를 통하여 윗쪽 챔버에 흘러들어갈 때의 유체의 마찰에 의해서 신축 운동이 완화되고 하중과 윗쪽 챔버의 공기 압력이 균형이 맞을 때까지 신축한다. 따라서 반대로 이륙시 오레오에 하중이 없어지면 공기압에서 급격히 신장하려는 힘이 가해져도 오리피스를 통하는 작동유가 그 힘을 완화한다.

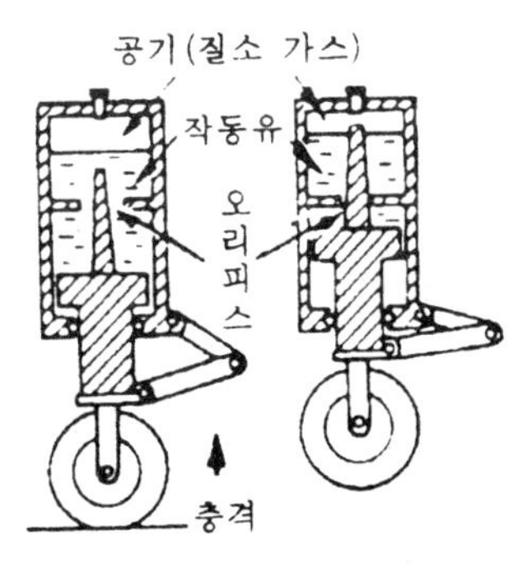

26. (다)   27. (가)   28. (다)

29. 완충 스트러트에 사용되는 작동유의 형식을 무엇으로 결정하는가?
    가. 항공기의 최대 전체 무게
    나. 미터링 핀에 사용된 금속의 형식
    다. 스트러트에 사용된 시일의 재질
    라. 항공기가 올라갈 수 있는 고도

30. 완충 장치에 대한 설명중 틀린 것은?
    가. 가장 구조가 간단한 것은 공유압식이다.
    나. 종류에는 고무 완충식, 평판 스프링식, 공유압식 등이 있다.
    다. 충격 에너지를 흡수하는 장치이다.
    라. 가장 효율이 좋은 것은 공유압식이다.

31. 오레오 스트러트(Oleo Strut)가 밑바닥에 가라앉았을 때 예상되는 원
    인은 어느 것인가?
    가. 작동유가 과도하기 때문이다.
    나. 작동유가 부족하기 때문이다.
    다. 공기압이 너무 높기 때문이다.
    라. 공기압이 낮다.

32. 실린더 한쪽으로부터 다른 쪽까지 유류를 공급하기 위하여 사용되는
    크로스피드 밸브는 일반적으로 어느 곳에 사용하는가?
    가. 제동 계통
    나. 플랩 계통
    다. 강착 장치 계통
    라. 카울 플랩 계통

33. 착륙시 강착 장치에 걸리는 하중으로 스프링 백(Spring Back) 하중
    이란?
    가. 수직 하중
    나. 뒤로 향한 수평 하중
    다. 앞으로 향한 수평 하중
    라. 측방 하중

---

29. (다)   30. (가)   31. (라)   32. (다)   33. (가)

34. 다음 설명중 맞는 것은 어느 것인가?
  가. 타이어의 공기압이 규정대로인지는 타이어의 모양을 보고 판정할
     수 있다.
  나. 장기간 주기할 경우, 타이어의 위치를 가끔 바꾼다.
  다. 차륜의 슬립 마크가 많이 벗어나 있을 때는 차륜을 분해하여 다시
     조립하여 재사용할 수 있다.
  라. 타이어의 공기압 점검은 비행 직전에 해야 한다.

  〔풀이〕 타이어의 규정 공기압의 확보는 타이어의 안전 및 수명을 길게 하기 위해
가장 중요한 정비 작업이다. 또 압력 점검 간격은 항공기에 따라 다르나 1주일에 1~2
번 이상의 빈도로 확실한 게이지를 사용하여 점검한다. 장기간(3일 이상) 주기할 때는
스폿 플랫을 일으키므로 타이어의 위치를 가끔 바꿀 필요가 있다.

35. 협소한 격납고 내에서 항공기 랜딩기어 스트러트(Landing Gear
  Strut)를 잭(Jack)으로 들어올리기 전에 취하여야 할 안전 조치중 맞는
  것은?
  가. 항공기 주위의 물건을 치우고 바퀴에 초크를 한다.
  나. 수리 공구를 작업하기 전에 준비한다.
  다. 수리할 수 있는 작업대를 준비한다.
  라. 랜딩기어 스트러트(Landing Gear Strut)에 괴일 받침목을 준비
     한다.

36. 브레이크 마스터 실린더에 붙어 있는 콤팬세이팅 포트의 역할은 무엇
  인가?
  가. 피스톤 로드의 길이를 조절하기 위해
  나. 항상 균일한 브레이크 압력을 유지하기 위해
  다. 브레이크를 급속히 늦추기 위해
  라. 열에 의한 작동유의 팽창률을 보상하기 위해

  〔풀이〕 마스터 실린더의 형식에서 컴팬세이팅 포트(Compensating Port)에는 여
러가지 구조가 있지만 그 목적은 열에 의해 작동유가 팽창하여 압력이 생겨서 브레이크
가 가해지는 것을 방지하는 것이다.

---

34. (나)   **35.** (가)   **36.** (라)

37. 브레이크 페달을 밟았을 때 리저버의 작동유에 거품이 생기는 것을 보
   았다. 가장 먼저 생각할 수 있는 것은?
   가. 마스터 실린더에서 피스톤이 새고 있다.
   나. 브레이크 라인이 새고 있다.
   다. 휠 실린더가 고착되었다.
   라. 리저버 내의 작동유량이 과다하다.

   〔풀이〕 문제에서 브레이크 계통 내에 공기의 혼입을 살핀다. 계통중에 공기가 들어
오는 원인은
   ① 유압 브레이크 라인이 벗어나 있거나 새고 있다.
   ② 마스터 실린더 리저버로의 작동유 공급 부족을 생각할 수 있다.
   브레이크 라인의 공기 브리딩(Bleeding) 방법은 기종에 따라 다르지만 일반적으로는
계통중에 공기를 리저버로 모으고 리저버로 공기를 브리딩하는 방법을 취한다. 이렇게
하면 계통 내에 혼입한 공기는 리저버로 되돌아온다.

38. 브레이크 장치에서 디부스터(Debooster)의 목적은 무엇인가?
   가. 온도 변화의 원인이 되는 브레이크 압력 상승을 방지한다.
   나. 계통 압력을 감소시키며 정압력을 유지한다.
   다. 계통 압력을 감소시키며 브레이크 릴리스를 돕는다.
   라. 위 전부이다.

39. 착륙 비행시에 착륙 장치에서의 균열로 볼트에
   발생하기 쉬운 곳은 어디인가? 2개를 고르시오.

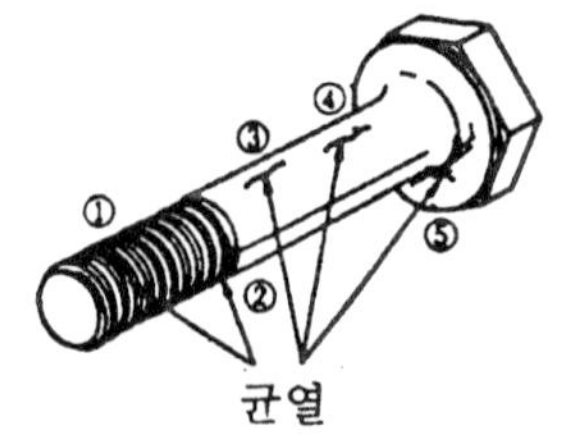

   〔풀이〕 ②, ⑤
   볼트로 가장 영향을 받기 쉬운 부분은 볼트 머리와 너트
부분이 접속하는 위치이다. 이유는 착륙시의 이 두 곳에 주
로 전단력이 집중하여 가해지기 때문이다.

---

37. (나)   38. (라)   39. 풀이 참조

40. 일반적으로 제동 고장은 페달로서 제동 작동이 잘 되지 않는 것인데 무슨 원인인가?

　　가. 저장기에 유압유가 있다.

　　나. 마스트 실린더와 제동 실린더 사이에 공기가 있다.

　　다. 가용성 제동 라인이 퇴화되었다.

　　라. 제동 라이닝이 허용 한계 이상으로 마모되었다.

41. 브레이크 드럼의 표면 균열에 허용 한계는?

　　가. 드럼의 끝부분까지 확대되지 않는 균열

　　나. 길이로 1/2″보다 적어야 하고 드럼의 끝부분으로 확대되지 말아야 한다.

　　다. 길이로 1″보다 적어야 하고 드럼의 끝부분으로 확대되지 말아야 한다.

　　라. 허용 한계가 없다.

42. 멀티디스크식 브레이크의 비행기에서 「브레이크의 성능이 좋지 않고 단속적」이라는 리포트가 있었다. 취할 조치로 맞는 것은 어느 것인가?

　　가. 브레이크의 공기를 뺀다.

　　나. 브레이크 클리어런스를 좁힌다.

　　다. 오토매틱 어져스터를 분해해서 손질한다.

　　라. 리트랙터 스프링을 교환한다.

43. 비행기가 지상 활주중에 시미를 일으켰다. 그 원인과 대책을 쓰시오.

〔**풀이**〕 ① 원인

　　노스 랜딩기어 스트러트가 전방으로 경사되어 있는 전방 캐스터가 있는 기체가 지상 활주중 메인 랜딩기어에 브레이크를 걸면 노스기어에 기체 중량이 걸려 노스기어는 기수를 좌우로 흔들리기 쉬운 불안정한 상태가 된다. 게다가 활주로에 울퉁불퉁한 것이 있으면 쉽게 방향을 바꾸게 된다.

　　방향이 바뀌면 타이어와 활주로의 마찰 반력에 타이어 접지 중심점을 변위시킨 길이에 공간 복원 모멘트가 작용하여 진행 방향으로 돌아온다. 즉 노스기어의 좌우 방향 진동과 타이어의 고속 회전 등이 합성하여 진동이 발생한다.

---

40. (나) (라)　　　　41. (다)　　　42. (다)　　　43. 풀이 참조

② 정비상의 원인
  ⓐ 시미 댐퍼 내의 O-링 불량에 의한 내부, 외부 누출에 의한 기능 불량
  ⓑ 스티어링 기구나 토큐링 마모에 의한 과도한 여유가 발생했을 때
  ⓒ 타이어의 한쪽 마모 등에 의한 랜딩기어의 불균형
③ 방지 대책
  ⓐ 소형기에서는 시미 댐퍼를 사용한다. 대형기에서는 스티어링 작동 실린더에 걸리는 유압을 사용한다.
  ⓑ 노스기어의 중앙에 넓은 홈이 있는 특수 타이어를 사용하든지 2개의 휠이 부착된 2중 휠로 한다.
  ⓒ 노스기어 스트러트를 수직으로 하든지 후방을 기울여 토우인을 준다. 이때 브레이크를 걸어 노스기어에 기체 중량이 걸리면 노스기어는 진행 방향에 안정되지만 스티어링 힘은 약간 무거워진다.

44. 앤티스키드 장치의 목적은 무엇인가?
  가. 휠 저항을 증가시키기 위하여
  나. 더 효과적인 제동을 위함
  다. 굴러갈 동안 휠 저항을 감소하기 위하여
  라. 위 사항 모두 맞다.

45. 재생 타이어의 판정 기준으로 바른 것은 어느 것인가?
  가. 타이어 중량점을 지시하기 위해서 비드 바로 위의 사이드 월에 적당한 크기의 황색점을 확실히 붙일 것
  나. 재생 타이어는 파열하는 일없이 적어도 규정 압력의 3배 압력에 견뎌야 된다.
  다. 통기 패턴의 변형은 정적 시험에 의해 실증할 것
  라. 재생 타이어의 R문자 다음 숫자는 후에 몇번 재생할 수 있는가를 나타낸다.

  〔풀이〕 (가) 중량점을 나타내는 것을 밸런스 마크라고 부르고(붉은 점) 오래된 표시를 새로이 고쳐서 정확한 위치에 확실히 표시한다.
  (다) 통기 패턴 변경은 동적 시험의 실증이 요구된다.
  (라) 재생한 회수를 R문자 다음에 표시한다.

---

44. (나)   45. (나)

46. 리트랙트식 장치에서 래치 장치에 대한 설명중 옳은 것은?

가. 착륙 장치가 접혀진 후 작동하는 것이 다운 래치이다.

나. 리트랙트식 장치가 펼쳐진 후 고정하는 역할을 한다.

다. 지상 접지시의 잡아당기는 하중을 담당한다.

라. 리트랙트식 장치가 펴질 때 사용한다.

47. 오레오 완충 장치의 원리를 설명하시오.

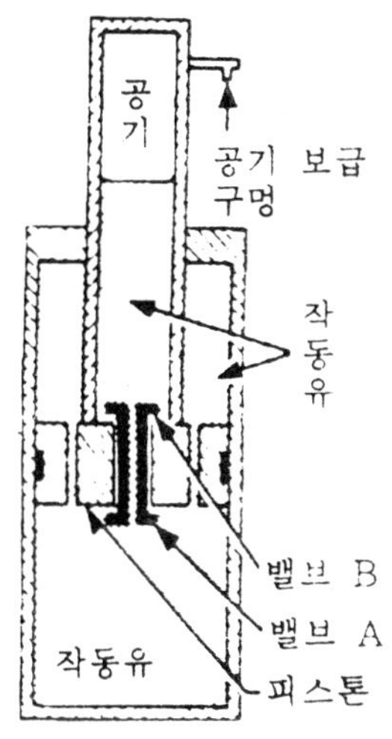

〔풀이〕 대부분의 항공기에 사용되는 완충 장치의 원리는 그림과 같이 착륙시에 아래서 위로 충격 하중이 작용하여 바깥 실린더가 위로 움직이면 작동유가 압축되어 밸브 B에 있는 작은 오리피스(Orifice)에서 상부 공기실로 가려 하지만 오리피스가 작동유의 유출량을 제한하고, 또 공기실에 침입한 작동유가 공기를 압축함으로 해서 충격 에너지를 흡수한다.

충격 하중이 제거되면 압축된 공기는 원래 상태까지 팽창하며 밸브 A에 있는 작은 오리피스를 지나 공기실에 들어간 작동유를 원래의 바깥 실린더로 보내고 바깥 실린더는 서서히 원래 위치로 돌아간다. 이 그림은 원리 만을 그린 것으로 실제의 기구는 더 복잡하다.

48. 앤티스키드 장치를 옳게 설명한 것은?

가. 지상 활주중 앞바퀴에 발생하는 불안정한 공진 현상을 줄이는 장치

나. 바퀴의 마찰력을 균등하게 조절해주는 장치

다. 브레이크 작동유의 유압차를 감지해서 작동한다.

라. 앞바퀴에 부착되어 있다.

49. 파킹 브레이크 셧오프 밸브는 브레이크 시스템상 어디에 있는가?

가. 어큐뮬레이터와 브레이크 미터링 밸브 사이

나. 브레이크 미터링 밸브와 앤티스키드 밸브 사이

다. 앤티스키드 밸브와 브레이크 사이

라. 브레이크 리턴 라인

---

46. (나)　　　47. 풀이 참조　　　48. (나)　　　49. (라)

　〔풀이〕 파킹 브레이크를 세트하면 브레이크 어큐물레이터의 압력이 브레이크에 걸려 그 리턴은 파킹 브레이크 셧오프 밸브가 닫힘에 따라 차단되어 브레이크는 걸려 있게 된다.

50. 착륙 장치의 오레오 스트러트(Oleo Strut)에서 실린더와 피스톤을 연결하는 토큐 링크의 목적으로 맞는 것은?
　　가. 휠 얼라인먼트를 바르게 유지한다.
　　나. 충격을 흡수하여 탄력을 작게 한다.
　　다. 스트러트의 위치를 바르게 유지한다.
　　라. 압축시의 행정을 제한한다.

　〔풀이〕 그림처럼 실린더와 피스톤을 회전하지 않게 하는 것은 토큐 링크(토션 링크라고도 함)이다.

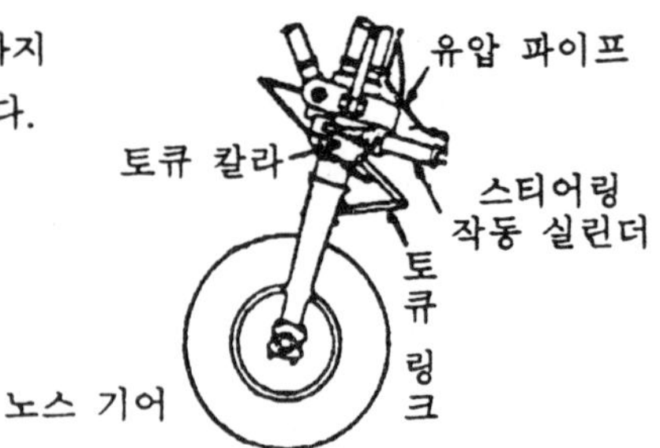

51. 강착 장치의 오레오(Oleo)가 활주하는 동안 정상적으로 올라와 있으나 착륙시 심하게 밑으로 내려온다. 가능한 원인은?
　　가. 스트러트가 이륙시 압축되었다가 착륙후 펴진다.
　　나. 유압유가 적다.
　　다. 공기가 적다.
　　라. 미터링 핀이 뒤로 장착된다.

52. 적당한 오레오 스트러트 신장도를 결정하는 가장 보편적인 방법은?
　　가. 프로펠러 팁 간격
　　나. 지면으로부터 날개의 어느 부분 브레이크까지 측정한다.
　　다. 스트러트의 유류의 정확한 측정치
　　라. 스트러트의 노출된 부분을 측정한다.

---

50. (가)　　　51. (나)　　　52. (라)

53. 타이어 압력의 점검은 흔히 비행후의 어느 정도 지나서 실시하는가?
   가. 1시간(여름은 2시간) 이상
   나. 2시간(여름은 3시간) 이상
   다. 3시간(여름은 4시간) 이상
   라. 4시간(여름은 5시간) 이상

54. 타이어의 표면에 표시된 숫자 $39 \times 13 - 16$은 무엇을 의미하는지 맞는 것은?
   가. 타이어 외경 in × 타이어 폭 in − 림 직경 in
   나. 타이어 외경 in × 타이어 내경 in − 타이어 폭 in
   다. 타이어 내경 in × 림 직경 in − 타이어 폭 in
   라. 타이어 내경 in × 타이어 폭 in − 림 직경in

55. 다음 설명중 맞는 것은 어느 것인가?
   가. 정상 상태에서의 타이어의 플랫 스폿은 지상 주행하면 없앨 수 있다.
   나. 타이어의 보관은 건조한 것보다 적당한 습기가 있는 것이 있다.
   다. 타이어의 재사용은 금지되어 있다.
   라. 신품 타이어를 휠에 장착할 때는 48시간 이상 경화하지 않으면 사용할 수 없다.

   〔풀이〕 ① 타이어의 보관은 건조하고 청결한 장소에서 보관한다.
   ② 타이어는 수리(재생)해서 재사용할 수 있다.
   ③ 일반적으로 신품 타이어를 휠에 부착한 뒤 24시간이면 사용한다.

---

53. (나)   54. (가)   55. (가)

제3장. 금속/비금속/복합소재

1. 오늘날의 민간 항공기 제조에 사용하는 금속은 주로 어떤 것인가?

　　〔풀이〕 민간 항공기에는 대개의 경우에 열처리된 알루미늄 합금이 쓰인다.

2. 알루미늄(Aluminum)의 성질을 설명하시오.

　　〔풀이〕 알루미늄은 지구상에서 규소 다음으로 많은 원소이다. 순수 알루미늄은 비중이 2.7로서 흰색 광택을 내는 비자성체이며 대기중에서 내식성이 강하고 가공성이 좋으며 전기 및 열의 전도율이 매우 좋은 재료이다. 알루미늄은 무게가 가볍고 660°C의 비교적 낮은 온도에서 용해되며 다른 금속과 합금이 쉽고 유연하며 전연성이 우수하다. 그러나 순수 알루미늄은 인장 강도가 낮기 때문에 구조 부분에는 사용할 수 없다. 따라서 알루미늄 합금을 만들어 사용한다.

3. 미국규격협회(ASTM)에서는 합금의 종별 기호 다음에 질별 기호를 붙여서 냉간 가공 상태, 열처리 상태 등을 표시한다. F, O, H, W, T의 의미를 쓰시오.

　　〔풀이〕 ① F : 주조한 그대로의 상태
　② O : 풀림 처리한 것
　③ H : 가공 경화한 것
　④ W : 담금질 후 시효 경화가 진행중인 것
　⑤ T : F, O, H 이외의 열처리를 받은 재질

4. 알루미늄 합금을 제조할 때 구리를 첨가하면 합금이 어떤 특징을 지니게 되는가?

　　〔풀이〕 구리를 첨가하면 연성과 가공성이 향상된다.

5. 2024-T4 합금에서는 몇 퍼센트의 구리를 함유하고 있는가?

　　〔풀이〕 2024 합금은 항공기 구조의 주된 재료이다. 4.5%의 구리를 함유하고 있는 알루미늄 합금이다.

6. 3030-0에서 나중의 "0"는 무엇을 나타내는가?

〔풀이〕 망간이 첨가된 합금인데 "0"는 합금의 제조후 가공 처리를 하지 않은 상태이거나 연화(Annealing)한 것을 나타낸다. 3××× 계열은 구조 부문이 아닌 카울링 등에 사용한다.

7. 알크래드(Alclad)란?

〔풀이〕 초강 알루미늄 합금은 강하지만 내식성이 나쁘며, 내식성이 좋은 합금은 시효성이 없거나 또는 적다. 따라서 초강합금의 표면에 내식성이 우수한 순알루미늄 또는 알루미늄 합금판을 붙여 사용한다. 이것을 알클래드라 하는데 이때 표면에 접착하는 두께는 원재료의 5~10% 정도로 압연하여 접착하고 표면에 Alclad라고 표시한다.

8. 다음의 SAE 2330이 뜻하는 것은 무엇인가?

〔풀이〕 SAE 2 3 30
            │ │ └ 탄소 함유량이 0.30%
            │ └ 니켈 함유량이 3%
            └ 니켈강을 나타낸다.

합금 번호	종 류
1×××	탄 소 강
1 3××	망 간 강
2×××	니 켈 강
2 3××	3% 니켈 합유
3×××	니켈-크롬
3 2××	1.75% 니켈, 1% 크롬
3 0 3×	내식, 내열강
4×××	몰리브덴강
5×××	크 롬 강
5 2××	중크롬강
6×××	크롬 바나듐강

9. 6AL-4V는 어떤 것을 나타내는 기호인가?

〔풀이〕 티타늄 합금으로 된 특수한 패스너이다. 여기에서 ″6AL″은 6%의 알루미늄을 나타내고 ″4V″는 4%의 바나듐을 나타낸다. 용해 온도가 강보다 높고 인장 강도는 강과 같으며 알루미늄의 두배이다.

10. 7050-T73에서 주된 합금 성분은 무엇인가?

〔풀이〕 7××× 계열은 아연 합금의 주성분인데 높은 강도가 필요한 부분에 사용한다.

11. 18-8로 부르는 금속의 다른 이름은?

〔풀이〕 불수강(스테인레스강)

12. 7050-T73 합금은 어디에 사용하는가?

〔풀이〕 알루미늄과 아연 그리고 마그네슘이 함유된 이 합금은 1979년에 개발된 것이다. 주로 솔리드 샹크 리벳 제조에 사용한다.

13. SAE 4130 합금강에서 숫자 4는 무엇을 의미하는가?

〔풀이〕 몰리브덴강이다.

14. 황동(Brass)은 어떤 합금인가?

〔풀이〕 구리에 아연을 첨가한 합금인데 그밖의 다른 원소도 포함되어 있다. 황동은 주조성과 가공성이 좋고 기계적 성질 및 내식성이 우수하며 귀금속 광택이 나기 때문에 항공기 객실용품에 쓰인다.

15. 2300강이란?

〔풀이〕 니켈강

16. 청동(Bronze)이란 어떤 합금인가?

〔풀이〕 구리와 주석의 합금이며, 이에 다른 원소도 첨가되어 있다. 청동은 강도가 크고 내마멸성이 좋으며, 주조성이 우수한 기계적 성질을 가지고 있어 주조용 합금으로 사용된다.

17. 티타늄 합금의 이점은 무엇인가?

〔풀이〕 티타늄이 첨가된 합금은 가볍고(강의 1/2) 800°F 이상의 온도에서도 견디는 힘이 강하기 때문에 제트 항공기에서 고온도가 발생하는 부분에 사용한다.

18. 크롬-몰리브덴 강은 항공기의 어디에 사용하는가?

〔풀이〕 엔진 마운트나 쇼크 스트러트에 사용한다. 4013으로 표시한다.

19. 알루미늄 합금 리벳을 리벳팅할 때 가능한 약한 두드림이 실용적인 이유는?

〔풀이〕 과도한 해머링은 리벳의 강도에 영향을 주고 작업을 어렵게 한다.

20. 노멀라이징(Normalizing)이란?

〔풀이〕 작업시 굽힘에 의해 생기는 모든 응력 집중을 제거시키는 방법

21. 알루미늄 합금을 양극 처리(Anodize)하는 목적은 무엇인가?

〔풀이〕 양극 처리에 의해 산화 피막을 입혀 표면을 보호하는 것이다.

22. 시효 경화(Age Hardening)란?

〔풀이〕 열처리후 시간이 지남에 따라 재료의 강도와 경도가 증가하는 성질을 말한다. 시효 경화의 방법에는 실온으로 방치하는 자연 시효와 실온보다 높은 100~160°C 정도에서 처리하는 인공 시효가 있다.

23. 알루미늄 합금의 알코아(ALCOA) 규격과 AA 규격을 설명하시오.

〔풀이〕

알코아 규격		AA 규격	
합금 번호	주합금 원소	합금 번호	주합금 원소
2S	상업용 순수 알루미늄	1×××	알루미늄(Al) 99% 이상
3S~9S	망간(Mn)	2×××	구리(Cu)
10S~29S	구리(Cu)	3×××	망간(Mn)
30S~49S	규소(Si)	4×××	규소(Si)
50S~49S	마그네슘(Mg)	6×××	마그네슘＋규소(Mg＋Si)
70S~79S	아연(Zn)	7×××	아연(Zn)
		8×××	그밖의 원소
		9×××	예비 번호

24. 플라스틱 유리(Plexinglass)에 드릴로 구멍을 뚫을 때 주의해야 할 점은?

　〔풀이〕 뒷면에 나무판으로 바치고 드릴이 밑으로 뚫릴 즈음에 속도를 낮춰준다. 여기에 쓰이는 드릴은 날끝 각도가 60°로 된 것을 쓰는 것이 좋다.

25. 플라스틱에 잔금(Craze)이 발생하는 이유는 주로 무엇인가?

　〔풀이〕 응력을 받았거나 해로운 화학약품과 접했을 때

26. 플라스틱을 닦을 때 사용하기에 적합한 것은?

　〔풀이〕 비누와 물

27. 풀림(Annealing)이란 무엇인가?

　〔풀이〕 금속의 기계적 성질을 개선하기 위하여 어느 정도의 온도까지 높혔다가 천천히 오븐에서 식히는 방법으로 완전 풀림, 연화 풀림 구상화 풀림, 항온 풀림, 응력 세거 풀림 등이 있다.

28. 금속판에 녹이 슬었을 경우 무엇을 사용하여 제거하는가?

  〔풀이〕 부드럽게 문지르는 연마 종이(Abrasive Paper)와 콤파운드

29. 알루미늄의 융점(Melting Point)은 어느 정도인가?

  〔풀이〕 1,200°~1,250°F

30. 강철의 융점은 어느 정도인가?

  〔풀이〕 2,700°F

31. 윈드쉴드를 교환할 때 찬넬(Channel)에서의 팽창은 최소 어느 정도
  인가?

  〔풀이〕 1/8 인치

32. A17ST의 또다른 재질 표시법은?

  〔풀이〕 AD

33. 윈드쉴드의 작은 긁힘을 덮고 조종사의 시야를 가리는 것을 방지하는
  가장 좋은 방법은?

  〔풀이〕 왁스를 얇게 바른다.

34. 아크릴릭 플라스틱을 위한 시멘트(Cement)로 사용되는 솔벤트는?

  〔풀이〕 2염화 에틸렌(Ethylene Dichloride)

35. 아크릴제 윈드쉴드(Acrylic Windshield)를 닦을 때 가장 좋은 세척
  제는?

  〔풀이〕 깨끗한 물

36. 아크릴 연결부(Acrylic Joint)의 열처리(Heat-Treating)는 무엇을 뜻하고 어떻게 연결부의 강도를 크게 할 수 있는가?

　〔**풀이**〕 열처리는 수리한 부위의 온도를 올려서 내부의 솔벤트가 재료 속으로 퍼지게 하는 것이다. 내부의 갇혀있는 솔벤트의 집중을 낮게 하면 재료의 강도는 커진다.

37. 아크릴 판을 접합시킬 때 압력을 가하는데 왜 평행 클램프(Parallel Clamp)나 C-클램프를 사용할 수 없는가?

　〔**풀이**〕 이 형태의 클램프는 솔벤트가 기화하면서 쿠션(Chusion)이 줄어들어 느슨해지기 때문에

38. 아크릴제 플라스틱에서 솔벤트에 의해 영향을 받지 않도록 보호 (Masking)하는 것은?

　〔**풀이**〕 접착성이 좋은 알루미늄 테이프

39. 아크릴용 드릴의 사잇각은 알루미늄에 사용하는 드릴의 사잇각과 비교해서 어느 것이 더 큰가?

　〔**풀이**〕 아크릴용 드릴

40. 톱으로 자른 아크릴 판이 더럽게 얼룩졌을 때, 이것은 무엇을 나타내는가?

　〔**풀이**〕 너무 빠르게 절단했거나 톱니 모양이 재질과 맞지 않는다.

41. 아크릴제 플라스틱을 너무 작은 반경으로 냉간 성형(Cold-form)하면 어떤 현상이 생기는가?

　〔**풀이**〕 균열(Craze)
　이 상태는 인장 응력에 의해 표면에 아주 작은 수천개의 균열이 생기는 것을 말한다.

42. 아크릴제 플라스틱을 드릴 작업할 때 가장 좋은 냉각제(Coolant)는?

　〔풀이〕 수용성 절삭유(Water Soluble Cutting Oil)

43. 투명한 플라스틱을 뜨거운 물이나 스팀으로 가열하는 것은 좋지 않은 데 이유는?

　〔풀이〕 아크릴을 유백색(Milky)이나 흐린(Cloudy) 상태로 만든다.

44. 아크릴 판을 자르는 원형 톱날은 작업후 어떻게 하는가?

　〔풀이〕 톱날은 옆면을 갈아야 한다. (Side-Dress)

45. 아크릴과 아세테이트 플라스틱(Acetate Plastic)을 구별하는 가장 쉬운 방법은?

　〔풀이〕 아세테이트를 아크릴에 문지르면 흰색으로 변하고 아세테이트 플라스틱은 물러진다. (Soften)

46. 대부분의 항공기 윈드쉴드(Windshield)에 사용되는 플라스틱의 형태는?

　〔풀이〕 아크릴

47. 담금질(Quenching)이란?

　〔풀이〕 강의 A_1 변태점($723°C$)보다 $20 \sim 30°C$ 정도 높은 온도에서 일정시간 가열한 후 물, 기름 등에서 급속 냉각시켜 경도가 가장 높은 마르텐사이트(Martensite) 조직을 얻는 방법을 담금질이라 한다.

48. 침탄법(Carburizing)이란?

　〔풀이〕 침탄법에는 고체, 액체, 가스 침탄법 등이 있다. 고체 및 가스 침탄법은 침탄로에 저탄소강을 넣고 목탄, 코크스와 같은 탄소로 구성된 침탄제나 프로판 가스, 부탄 가스, 메탄 가스와 같은 탄화수소계의 가스를

채운후 가열하면 강재 표면의 화학 변화에 의하여 탄소가 강재 표면에 침투되어 침탄층이 형성되므로 표면이 단단해진다. 침탄의 길이는 가열 온도 및 시간에 **비례하여** 증가하므로 강재의 사용 목적에 따라 가열 온도와 시간을 조절해야 **한다.**

49. 뜨임(Tempering)이란?

〔**풀이**〕 담금질한 강은 매우 단단하고 취약하며 강의 내부에 큰 응력이 생겨서 좋지 **않다.** 그러므로 이것에 적당한 강인성을 주거나 내부 응력을 제거하기 위하여 A_1 변태점 이하의 적당한 온도에서 가열하는 조작을 뜨임이라 한다.

50. 불림(Normalizing)이란?

〔**풀이**〕 **불림**이란 강의 열처리, 용접, 성형 또는 기계 가공 등으로 생긴 내부 응력을 제거하고 표면 조직인 오스테나이트를 얻기 위한 조작을 말한다. 항공기용으로 용접한 부품은 불림을 하여 인접 재료에 변형이 생기지 않도록 **해야** 한다.

51. 질화법(Nitriding)이란?

〔**풀이**〕 **질화법**은 암모니아 가스중에서 $520 \sim 550°C$로 $50 \sim 100$시간 가열하여 표면을 경화하는 처리법이다. 암모니아(NH_3)는 $500°C$ 정도에서 분해되어 발생기 질소를 발생한다. 이 발생기 질소는 철과 화합하여 쉽게 반응하므로 강재 표면에 질화물을 만들어 **내부로** 확산하면서 질화층을 만든다. 질화층은 경도가 대단히 크고 내마멸성과 내식성이 우수하다.

52. 허니콤 구조는 주로 어느 곳에 쓰이는가?

〔**풀이**〕 벌크헤드, 조종면, 동체 판넬, 날개 판넬, 미부 동체 스킨

53. 허니콤 구조에 주로 쓰이는 물질들은 **어떠한** 것들이 있는가?

〔**풀이**〕 스테인레스강, 티타늄, 마그네슘, 베니아판, 유리 나이론, 변

54. 접합된 허니콤 구조란 무엇인가?

〔풀이〕 각자 다른 성분을 가진 금속 판들을 겹겹히 겹쳐 만든 구조로 금속 판들이 각자 가지고 있는 유리한 성분 만을 절충한 것이다.

55. 균열이 있는 부분을 검사하는데 사용하는 확대경의 배율은 어느 정도가 적절한가?

〔풀이〕 10X

56. 금속 허니콤 구조의 수리에서 어떻게 부식(Corrosion)을 막을수 있는가?

〔풀이〕 수리한 모든 모서리를 부식 억제용 실란트(Sealant)로 씰링(Sealing)하고 판넬 내부는 공기로부터 차단할 수 있는 씰링을 한다.

57. 에폭시 수지를 사용할 때 혼합용 공구와 바르는 공구는 어느 것이 가장 좋은가?

〔풀이〕 테프론(Teflon)이나 염화비닐로 만든 것

58. 접착 수리(Bonded Repair)를 하기 위해서 표면을 깨끗이 닦을 때 가장 양호한 세척제는?

〔풀이〕 MEK(Methyl Ethyl Ketone)

59. 화이버글래스 수지를 수리 후에 덮을 수 있는 것은?

〔풀이〕 셀로판(Cellophane)이나 폴리비닐 알콜 필름(Polyvinyl Alcohol Film)

60. 레이돔(Radom) 수리에 알맞는 페인트는?

〔풀이〕 항공기 제작사가 지정한 것

61. 코어 부위에서 코어 손상의 직경이 약 1/2 인치 일때 이 곳을 채울수
　　있는 재료로 가장 알맞는 것은?

　　〔풀이〕 채우는 재료(Potting Compound)
　이것은 마이크로 벌룬(Micro-balloon)과 섞어서 알루미늄의 무게를 더
한다.

62. 채우는 것(Potting)으로 채울수 없는 큰 손상일 경우는?

　　〔풀이〕 발사 목재 플러그나 또는 같은 밀도의 허니콤 재료로 만들어진
플러그를 끼운다.

63. 화이버글래스의 얇은 층(Fiberglass Laminate)을 톱으로 자르는 것
　　보다 가위로 자르는 이유는?

　　〔풀이〕 가위로 자르는 것이 더욱 효과적이고 깨끗하다. 작은 알갱이의
유리를 포함하는 먼지를 만들지 않는다.

64. 가열등(Heat Lamp)을 사용해서 접착된 구조 수리의 경화(Cure)를
　　가속시키는데, 이때 주의 사항은　무엇인가?

　　〔풀이〕 등(Lamp)이 표면에 너무 가깝지 않게 해야 한다. 너무 가까
우면 수리 부위를 과열시켜서 폴리우레탄 판(Polyrthlene Sheet)에 손상
을 준다.

65. 접착 구조 수리(Bonded Structure Repair)부의 부식을 방지할 수
　　있는 방법은?

　　〔풀이〕 수리 부위 전체를 밀봉해서 습기가 들어갈 수 없게 한다.

66. 표면이 금속으로 된 허니콤 판넬에 찍힘이 있을 때 어떻게 강도를 유
　　지할 수 있는가?

　　〔풀이〕 이 부분에 덧판(Doubler)을 접착시키거나 리벳을 사용한다.

67. 화이버글래스 복합 소재 구조를 검사할 때 어떤 방법을 사용하는가?

〔풀이〕 페인트를 벗겨낸 후 밑에서 위쪽으로 불빛을 비추어 표면을 검사한다.

68. 허니콤 구조에서 어떤 패치가 주로 쓰이는가?

〔풀이〕 손상된 곳의 지름이 1인치 이내일 때는 겹치기형의 금속 앞면 패치(Overlap-type Metal Facing Patch)를 한다.

69. 화이버글래스 표면에 약간의 손상이 있을 때 어떤 방법으로 수리하는가?

〔풀이〕 채우는 재료(Potting compound) 를 사용한다.

70. 화이버글래스의 층(layer)에 주름이 가는 것을 방지하기 위해 쓰이는 방법은?

〔풀이〕 화이버글래스를 크게 하나로 쓰지 않고 짧은 여러 가지 조각으로 쓴다.

71. 항공기의 표면을 완전 통과하는 손상이 갔을 때 수리 방법이 있는가?

〔풀이〕 거품과 화이버글래스로 채운다.

72. 허니콤 안에 부식되는 것을 막기 위한 방지책은?

〔풀이〕 부식 억제재(Corrosion Inhibitor)를 사용하고 바깥 공기와 차단시킨다.

73. 결합 구조(Bonded Structure)에 해당되는 것은?

〔풀이〕 허니콤(Honeycomb), 화이버글래스(Fiberglass), 케블러(Kevlar)

74. 허니콤을 수리할 때 마이크로 벌룬(Micro-balloon)을 쓰는 목적은?

〔풀이〕 유연성을 높이고 밀도를 낮추기 위하여

75. 접합(Bonding) 제작의 장점은?

〔풀이〕 리벳과 용접의 필요성을 없앤다.

76. 직조 제품(Woven Product)과 로빙 제품(Roving Product) 과의 차이점은?

〔풀이〕 직조 제품은 꼬은 화이버(Twisted Fiber)에만있고 로빙 제품에는 없다.

77. 화이버 보강 (Fiber Reinforcement)에 의해 개선되는 기계적인 특성은?

〔풀이〕 인장 강도, 견고성, 충격 저항(Impact Resistance)

78. 평직조(Plain Weave), 트윌 직조(Twill Weave), 한방향 직조(Unidirectional Weave) 중에서 가장 큰 인장 강도를 주는 것은?

〔풀이〕 한방향 직조, 그러나 오직 한 방향에서만 그렇다.

79. 직조천(Woven Cloth)에 비해서 쪼개진 스트라우드 매트(Chopped Straud Mat)의 장점은?

〔풀이〕 사용하기가 쉽고 모든 방향으로 똑같은 특성을 갖고 있다.

80. 어떻게 직조 직물(Woven Fabric)을 사용하면 모든 방향에 똑같은 특성을 줄 수 있는가?

〔풀이〕 다른 방향으로 몇 겹(Layer)의 스트라우드(Straud)를 사용한다.

81. 허니컴 구조의 특성은?

〔풀이〕 강직성(rigidity), 강도(strength), 방음(sound proofing)

82. 글래스 화이버(Glass Fiber)에 비해서 카본 화이버(Carbon Fiber)와 케블러 화이버(Kevlar Fiber)의 장점은?

〔풀이〕 훨씬 강하고 딱딱하다.

83. 피부에 보강용 화이버가 접촉하면 어떤 현상이 나타나는가?

〔풀이〕 가렵고 발진이 생긴다.

84. 굳는 단계에서 중합체(Polymer) 분자는 어떻게 되는가?

〔풀이〕 교차 결합(Crosslink)되고 한 곳에 정지한다.

85. 폴리에스터(Polyeater)를 굳히는데(Cure)는 어떤 형태의 촉매제(Catalyst)를 사용하는가?

〔풀이〕 과산화수소

86. Pot-life란?

〔풀이〕 촉매제를 섞은 후에 수지를 계속 사용할 수 있는 동안의 시간

87. Self-life란?

〔풀이〕 크게 상하지 않고 수지를 저장할 수 있는 시간

88. 가속제(Accelerator)란?

〔풀이〕 수지에 섞어서 굳는 시간(Cure Time)을 가속시키는 것

89. 수지 화이버 비율이란?

〔풀이〕 주어진 무게에 화이버를 얇은 층(Laminate)으로 만들기 위해 필요한 수지의 무게

90. 압력 용기(Autoclave)에서 두가지 굳히는 조건(Curing Condition) 으로 조절하는 것은?

〔풀이〕 압력과 온도

91. 만약 혼합용 용기에 너무 많은 양의 수지가 섞이면 어떻게 되는가?

〔풀이〕 아주 뜨겁게 되고 발열성이 된다.

92. 수지를 취급할 때 피부에 접촉을 줄이기 위해서 주의할 사항은?

〔풀이〕 크림(Cream)을 바르고 1회용 장갑을 낀다.

93. 많은 무게를 증가 시키지 않고 어떻게 빔(Beam)을 만들수 있는가?

〔풀이〕 가벼운 무게의 코어와 함게 샌드위치 제작을 한다.

94. 항공기 샌드위치 제작에서 가장 혼한 코어 구조의 형태는?

〔풀이〕 허니콤

95. 항공기 복합 소재에 생기는 가장 혼한 손상은 무엇에 의해서 생기는가?

〔풀이〕 조류 충돌(Bird Strike), 공구를 떨어뜨릴 때, 발을 잘못 짚을 때

96. FRP 판넬을 수리하려고 할 때 주변 표면을 어떻게 준비하는가?

〔풀이〕 깨끗이 문지르고 그리스를 제거한다.

97. 수리하기 전에 손상을 입은 재료를 어떻게 제거하는가?

　〔풀이〕 루우터(Router)를 사용해서 제거한다.

98. 허니콤 코어를 위한 수리용 플러그의 크기는?

　〔풀이〕 준비된 구멍보다 1mm 이내에 있어야 한다.

99. 코어 형성에 사용하는 재질은?

　〔풀이〕 노멕스, 알루미늄, 케블러

100. 고열 접착 수리(Hot Bonded Repair)를 선호하는 이유는?

　〔풀이〕 강하고 신뢰성이 크기 때문이다.

101. 회생용층(Sacrificial Layer)의 목적은?

　〔풀이〕 표면을 매끈하게 하고 최종 모양을 만들기 위해서 갈아서 없앤다.

102. 에폭시 수지란?

　〔풀이〕 대표적인 열경화성 수지로서 성형후 수축률이 적으며 우수한 기계적 강도를 가진다. 뛰어난 접착 강도를 가지므로 항공기 구조물용 접착제나 도료의 재료로 사용된다. 전파 투과성, 내후성 및 높은 강도를 가지는 특성 때문에 레이돔(Radome), 동체 및 날개 등의 구조재용 복합 재료의 모재 수지로 사용된다.

103. 거칠게 짜여진 화이버글래스 천이 곱게 짜여진 것보다 얇은 층의 제작에 더 좋은 이유는?

　〔풀이〕 거칠게 짜여진 화이버 글래스 천이 곱게 짜여진 천보다 양호하게 수지를 받아 들이기 때문이다.

104. 화이버글래스의 제작 과정에서 모든 오일을 제거하는 올바른 이유는?

〔풀이〕 오일이 있으면 수지가 접착할 수 없으며 안쪽에 쌓여지는 글래스화이버의 표면에도 오일이 있어서는 안된다.

105. 같은 강도의 경우 **화이버글래스 매트**(Fiberglass Mat)와 **화이버글래스 천** (Fiberglass Cloth)중에서 어느 것이 무거운가?

〔풀이〕 화이버 글래스천

106. 폴리에스터 수지를 정상적으로 굳히는 방법은?

〔풀이〕 제작사의 지시에 따르고 한 제작사가 만든 제품을 사용한다. 다른 제품과 섞지 말 것

107. 페인트와 폴리에스터 수지(Polyester Resin)의 굳는 과정이 다른 점은 무엇인가?

〔풀이〕 페인트나 오일이나 솔벤트에 의해서 건조되거나 기화되지만 폴리에스터는 화학적 반응에 의해 이루어진다.

108. 폴리에스터 수지에 스티렌(Styrene)을 첨가하는 이유는?

〔풀이〕 스티렌이 폴리에스터 수지를 묽게 하고 취급하기 쉽게 만든다.

109. 폴리에스터 수지에 촉매제를 첨가하는 목적은?

〔풀이〕 촉매제가 억제제의 작용을 억제시키고 폴리에스터 수지가 고체 상태로 굳게 한다.

110. 폴리에스터 수지가 굳으면서 수축하는가, 팽창하는가?

〔풀이〕 수축한다.

111. 폴리에스터 수지의 얇은 층과 아주 두꺼운 층 중에서 어느 것이 먼저 굳는가?

　〔풀이〕 두꺼운 층

112. 폴리에스터 수지의 사용에 적당한 온도 범위는?

　〔풀이〕 $65°F \sim 85°F$

113. 접착으로 제작한 항공기 구조에 에폭시를 사용할 때 4가지 장점을 들면?

　〔풀이〕 ① 수축률이 낮다.
② 무게에 비해 강도가 크다.
③ 화학적 성질이 강하다.
④ 거의 예외 없이 모든 재질에 잘 접착한다.

114. 플라스틱 수지(Plastic Resin)의 씨오트로픽제(Thixotyopic Agent)의 목적은?

　〔풀이〕 씨오트로픽제는 수지의 몸체를 제공하고 온도가 높을 때 수지가 흐르는 것을 방지한다.

115. 얇은 층의 화이버글래스 위에 진공백을 올려놓는 이유는?

　〔풀이〕 수지의 공기를 제거하고 박판이 되도록 대기압으로 누른다.

116. 화이버글래스 부품을 만들때 사용하는 주조의 암수를 결정하는 것은 무엇인가?

　〔풀이〕 제작후 중요한 쪽에 따라서 주조의 모양이 다르다. 예를 들어 바깥쪽이 중요하면 이쪽 면에 오목면의 주조를 사용하고 안쪽이 중요하면 볼록면의 주조를 사용한다.

117. 분리용 재료(Parting Agent)의 목적은?

〔풀이〕 수지가 주조층에 달라붙는 것을 방지한다.

118. 구조재 판넬(Structural Panel)로 평평한 알루미늄 판(plain Aluminum Sheet)에 비해 알루미늄 합금 허니콤의 장점은 무엇인가?

〔풀이〕 허니콤 판넬이 더욱 단단하다.

119. 스테인레스강 허니콤에 스테인레스강 앞판(Stainless Steel Face Sheet)을 접착시킬 때 사용하는 것은?

〔풀이〕 퍼나스 브레이징(Furnace Brazing)

120. 현대 항공기의 구조재로 사용되는 발사 목재의 형태는?

〔풀이〕 얇은 박판으로 쪼갠 것으로 알루미늄 합금판이나 화이버글래스 사이에 샌드위치 형태로 끼워진다.

121. 얇은 층 구조(Laminated Structure)를 두들겼을 때 층이 분리된 부분은 어떻게 나타나는가?

〔풀이〕 정상적으로 접착된 부분은 두들겼을 때 맑은 소리(경쾌한 소리) 를 내고 분리된 곳은 둔한 소리를 낸다.

122. 접착 구조의 수리 작업에서 만약 구조의 단면적이 급격히 변하면 어 떤 현상이 생기는가?

〔풀이〕 응력이 집중되고 마침내는 결함이 발생한다.

1. 다음 그림은 인장 시험에서의 연강의 응력
   변형 선도이다. 1, 2, 6부분의 의미를 설명
   하시오.

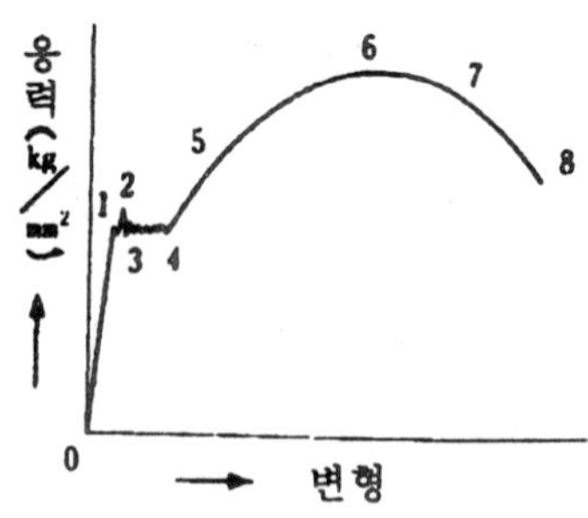

〔풀이〕 1 : 비례 한도, 2 : 항복점(탄성 한도), 6 : 인장 강도

인장 하중을 가한 최초의 지점부터 변형은 응력에 비례한다.

그림에서 0~1 사이는 1이 비례 한도이다. 이 범위에서는 하중이 증가하면 변형도 그에 비례하여 증가되고 하중을 제거하면 잔류 변형이 0이 된다. 또, 비례 한도를 넘으면 응력과 변형의 비례 관계가 없어져 하중을 제거했을 때 잔류 변형이 남지 않는 수가 있다. 그 상한을 탄성 한도라 한다.

탄성 한도 이하의 응력 σ과 변형과의 사이에는 $\sigma = E\epsilon$인 관계가 있고 E를 종탄성 계수 또는 영률이라고 한다. 탄성 한도를 넘으면 응력의 급격한 감소가 일어나 변형이 증가한다. 이와 같은 현상을 항복이라 하며 항복이 일어나는 응력을 항복점이라 한다. (그림의 2인 점) 항복점과 탄성 한도는 실제로 같게 취급하는 수가 많다. 항복 현상이 일어나 응력이 저하된 뒤에는 낮은 응력에서 변형의 발생이 계속되고 이 사이의 곡선은 톱날형으로 변형한다.

2. 금속 성질중 얇은 판으로 가공할 수 있는 성질은?
   가. 인성
   나. 전성
   다. 취성
   라. 연성

3. 외력을 가한 후 원래의 모양으로 되돌아오려는 성질은?
   가. 전성
   나. 탄성
   라. 연성
   라. 인성

---

1. 풀이 참조   2. (나)   3. (나)

4. 이종 금속의 접촉에서 다음중에 가장 부식이 일어나기 힘든 것은?
　　가. 아연과 니켈
　　나. 크롬과 알루미늄
　　다. 철과 아연
　　라. 알루미늄과 마그네슘

　〔풀이〕 철과 아연, 주석 및 그것의 합금(스테인레스강 제외)은 같은 그룹 내에서 각각의 금속의 전위가 거의 같아서 부식이 잘 일어나지 않는다.

5. 선이나 가는 관으로 늘릴 수 있는 금속의 성질은?
　　가. 인성
　　나. 취성
　　다. 전성
　　라. 연성

6. 부서지려는 금속의 성질은?
　　가. 인성
　　나. 취성
　　다. 전성
　　라. 연성

7. 플라스틱의 팽창 계수는?
　　가. 알루미늄과 거의 같다.
　　나. 알루미늄보다 작다.
　　다. 알루미늄이나 강철보다 크다.
　　라. 알루미늄 합금과 강철의 중간값을 갖는다.

8. 강재의 반복 응력에 대한 내구 한도를 늘리는 방법은?
　　가. 파커라이징
　　나. 경질 크롬 도금
　　다. 열처리
　　라. 숏피닝

---

4. (다)　　　5. (라)　　　6. (나)　　　7. (다)　　　8. (라)

〔**풀이**〕 숏피닝이란 냉간 가공의 일종으로 작고 단단한 강철구를 고속으로 금속재료의 표면에 충돌시켜 재료 표면을 두들겨서 표면층을 역성 변형시키는 것을 말한다.

표면층의 바로 밑층은 변형되지 않으므로 숏피닝으로 처리한 후 내부 조직은 신장된 외부 조직을 원래의 길이로 되돌리려는 힘이 가해져 그 줄과 표면에는 잔류 압축 응력, 내부에는 인장 응력이 작용한다. 재료의 피로에 의한 파괴는 압축보다도 인장 응력이 주요 원인이다. 따라서 숏피닝을 하는 것은 표면에 잔류 압축 응력을 생기게 하는 것으로 반복해서 인장 응력이 가해진 경우라도 결과적으로는 작은 인장 응력이 가해진 정도에 그치므로 실질적으로는 피로 강도가 증가된다.

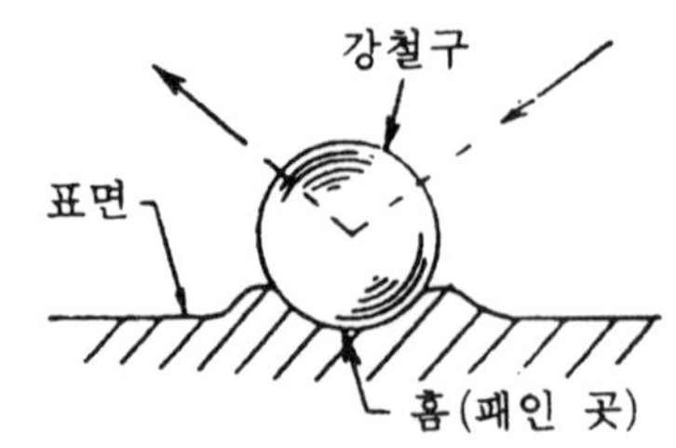

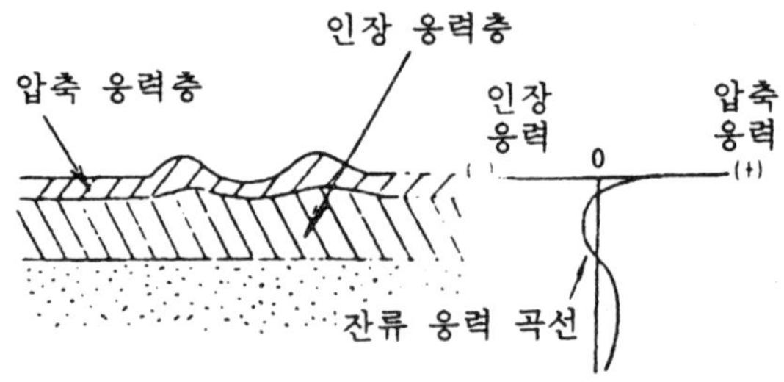

9. 금속 재료의 단단한 정도를 무엇이라 하는가?
    가. 연성
    나. 전성
    다. 경도
    라. 인성

10. 유리 섬유 하니컴 또는 적층유리 섬유 구조의 손상을 검사하는 방법으로 맞는 것은?
    가. 손상부를 초음파 탐상 검사를 한다.
    나. 손상부를 양쪽에서 와전류 탐상 검사를 한다.
    다. 손상 부분을 색소 침투 탐상 검사를 한다.
    라. 파손부의 페인트를 벗겨내고 내부를 강력한 라이트로 비추어 조사
       한다.

---

9. (다)   10. (라)

11. 드릴(Drill)로 구멍을 뚫을 때 고속 회전을 요하는 것은?
    가. 열처리된 경질의 금속
    나. 티타늄
    다. 스테인레스강
    라. 알루미늄

12. 하니콤 구조의 장점은?
    가. 음진동에 더욱 잘 견딜 수 있다.
    나. 무겁기 때문에 아주 강하다.
    다. 검사가 필요치 않다.
    라. 비교적 방화성이 있다.

13. 하니컴형 구조의 장점은?
    가. 고온에 저항력이 크다.
    나. 손상이 쉽게 발견된다.
    다. 같은 강도로 중량이 가벼우며 부식 저항이 있다.
    라. 같은 무게의 단일 두께 표피보다 단단하다.

14. 플라스틱의 플러그 팻치(Plug Patch) 수리 방법에서 두께는?
    가. 모재보다 얇다.
    나. 모재와 같다.
    다. 모재보다 두껍다.
    라. 어느 쪽이라도 된다.

〔풀이〕 플라스틱 구조물에 생긴 구멍을 수리하는 것으로 패치를 삽입하는 방법을 이용할 때에는 구멍을 완전한 원 또는 타원형으로 만들고 단면을 약간 사면으로 하는 것이며, 패치는 수리되는 부분의 두께보다도 두껍게 하고 단면을 조금 더 완만한 경사로 가공한다.

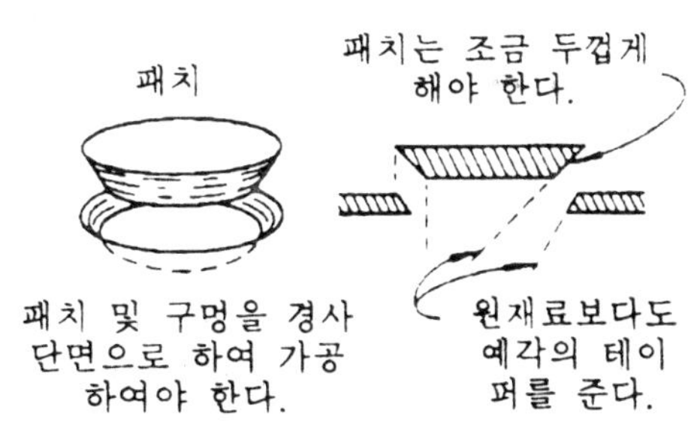

---

11. (라)   12. (가)   13. (다)   14. (다)

15. 다음중 유리 섬유 제품에 대해 맞게 설명한 것은?
　가. 면제품과 대체가 가능하다.
　나. 내화성이 있다.
　다. 섬유 제품과 대체가 가능하다.
　라. 유기물의 섬유로 만든다.

　〔풀이〕 흔히 무기 유리를 가는 섬유 상태로 한 것은 인장 강도가 강하고 유기 섬유와 달리 완전히 불연성이다.

16. 합금의 표면에 순수 알루미늄을 붙여 사용하는 알루미늄 합금은?
　가. 두랄루민
　나. 초두랄루민
　다. 알크래드
　라. 7075

17. 허니컴 구조에 대해 간단히 쓰시오.

　〔풀이〕 2개의 스킨 사이에 벌집 모양의 알루미늄 막 또는 FRP로 만든 심재를 직각으로 샌드위치 상태로 제작한 구조이다. 또 스킨으로 사용되는 재료에는 알루미늄 합금 또는 강력 플라스틱재가 사용된다. 장점은 강도, 강성이 강해 국부적으로 버클링이나 피로에 강하고 접착 구조이므로 진동에 강하고 응력 파괴에도 강하며 표면이 매끈하므로 공기 역학적으로도 유리하다.

18. 알루미늄 합금 리벳으로 2117-T4의 열처리에 해당되는 것은?
　가. 910~930°F로 담금질 후 찬물에
　나. 930~950°F
　다. 제작사에서 열처리되어 있어 사용전의 열처리가 불필요하다.
　라. 제작사에서 열처리했으나 사용전에 재열처리가 필요하다.

　〔풀이〕 열처리가 필요한 것은 2017(D), 2024(DD)이다. 다만 D리벳은 3/11 in 이상인 것을 재열처리하도록 정해져 있다.

---

15. (나)　　　16. (다)　　　17. 풀이 참조　　　18. (다)

19. 플라스틱 창을 교환할 때의 주의사항으로 틀린 것을 하나 고르시오.

　가. 장착 볼트는 너무 조이지 않도록 한다.

　나. 플라스틱에 가해지는 압력을 분산시키고, 또한 방수, 내진성을 갖게 하기 위해서 고무, 코르크 등의 가스켓을 이용하여 장착한다.

　다. 장착 구멍 지름은 기밀성을 좋게 하기 위해서 사용 볼트 또는 리벳 지름과 같이 한다.

　라. 판넬은 최소 깊이 1 1/8in, 또는 플라스틱과 채널재의 바닥과의 사이에 1/8in의 틈을 만들어 장치하는 것

〔풀이〕 볼트 또는 리벳을 포함하는 장치에 있어서 플라스틱을 통하는 구멍의 직경은 1/8in 만 오버 사이즈하고 구멍의 끝으로 플라스틱이 굽거나 갈라지지 않도록 중심을 잡아야 한다. 이유는 알루미늄 합금에 비하여 열 팽창 계수가 3배 이상이기 때문이다.

20. 다음중 알루미늄 합금을 인장 강도가 낮은 순으로 나열한 것으로 옳은 것은?

　가. 2024<7075<7079<7178

　나. 2024<7178<7079<7075

　다. 2024<7079<7075<7178

　라. 2024<7079<7178<7075

〔풀이〕 2024의 인장 강도는 $50kg/mm^2$,

7075-T6의 인장 강도는 $58kg/mm^2$

7079-T6의 인장 강도는 $55kg/mm^2$

7178은 7075보다 약 10% 정도 크다.

21. 두랄루민과 같이 열처리한 후 오래 방치하거나 적당히 뜨임하면 경도가 증가하는 현상은?

　가. 질량 효과

　나. 사이즈닝

　다. 시효 경화

　라. 담금질 효과

---

19. (다)　　　　20. (다)　　　　21. (다)

22. 다음 알루미늄 합금중에서 두랄루민은 어떤 것인가?
가. 5052-7075
나. 3003-3004
다. 2017-2024
라. 1100-2014

23. 전단력(Shear Force)이란?
가. 양끝에서 비틀림 모멘트가 작동되는 것을 말한다.
나. 인장과 압축의 외력이 작용할 때 접촉면에는 엇갈림이 걸리는 힘이 작용하게 되는 것을 말한다.
다. 축방향으로 서로 반대인 외력이 작용하는 것을 말한다.
라. 축방향으로 잡아당길 때의 외력

24. 알루미늄 합금에 대한 설명으로 틀린 것은?
가. 7075는 2024보다 가공성이 나쁘다.
나. T3은 용체화 처리 후, 냉간 가공으로 완료된 것이다.
다. 5056은 Al-Mg계로 내피로성이 뛰어나다.
라. 고강도 알루미늄 합금에는 내식성을 늘리기 위해 순수 알루미늄을 클래드한 것이 많다.

〔풀이〕 ① 7075는 2024보다 20% 정도 강도가 높다. 그러나 2024에 비해 내피로성이 그다지 좋지 않고 균열이 생기기 쉬워 가공성이 나쁘다.
② T3은 용체화 처리후 냉간 가공을 한 것이다.
③ 고강도 알루미늄 합금은 클래드한 것이 많은데, 이것은 내식성을 늘리기 위한 것으로 강도를 늘리려는 것은 아니다.

25. Al 합금의 방청제는 다음중 어느 것인가?
가. 가성 소다
나. 과인산 석회
다. 락카
라. 크롬화 아연

---

22. (다)   23. (나)   24. (다)   25. (라)

26. A. 17. S. T의 다른 재질 표시법은?
　가. D
　나. A
　다. AD
　라. DD

27. 강제 부품은 카드뮴 도금을 하는 것이 많은데, 그 제1의 목적은?
　가. 표면 경화를 위해
　나. 외관을 좋게 하기 위해
　다. 전기적으로 절연하기 위해
　라. 내식성을 향상하기 위해
　마. 깨어짐을 빨리 탐지하기 위해

　〔풀이〕 카드뮴 도금은 250°C 이하의 온도에서 사용되는 저합금강의 방식 도금으로 사용된다. 도금후 크롬산 처리를 하고 내식성을 증대시킨다.

28. 알루미늄의 용도로서 적당하지 않은 것은?
　가. 다이캐스팅 재료
　나. 드로잉 재료
　다. 절삭날용
　라. 항공기, 자동차 구조용

29. 알루미늄 식별기호인 AA 규격에서 첫째자리 숫자가 2인 경우 주합금 원소는?
　가. 순수 알루미늄
　나. 망간
　다. 구리
　라. 마그네슘

30. 알루미늄의 성질을 잘못 설명한 것은?
　가. 전기 및 열의 양도체이다.
　나. 표면에 산화 피막을 만든다.

---

26. (다)　　　27. (라)　　　28. (다)　　　29. (다)　　　30. (다)

다. 바닷물에는 침식하지 않는다.
라. 암모니아에 대한 내식성이 크다.

31. 알루미늄 합금의 설명으로 잘못된 것은?
　가. 2117은 Cu와 Mg의 함유량이 적어 경화성이 감소하므로 상온 시
　　효 상태로 효과적으로 리벳 작업이 가능하여 AD 리벳으로서 널리 사
　　용된다.
　나. 질별 기호 T3는 용체화 처리 후 냉간 가공한 것이다. 질별 기호
　　T4는 용체화 처리 후 상온 시효 완료한 것이다.
　다. 7075는 초두랄루민이라고도 하며 DD 리벳으로서 주요 강도 부재
　　의 리벳으로 사용된다.
　라. 고강도 알루미늄 합금에는 내식성을 늘리기 위해 순수 알루미늄을
　　알크래드한 것이 많다.

　〔풀이〕 7075는 2024보다 약 20% 정도 강도가 높고 1차 구조 부재 및 그외의 주
요 부재에 많이 사용된다. 그러나 결합 리벳으로는 사용되지 않는다. DD 리벳은 2024
이다.

32. 알루미늄 식별 기호인 AA 규격에서 첫째자리 숫자가 4인 경우 주합
　금 원소는?
　가. 마그네슘
　나. 구리
　다. 망간
　라. 규소

33. 알루미늄 식별기호인 AA 규격에서 첫째자리 숫자가 6인 경우 주합금
　원소는?
　가. 마그네슘
　나. 구리
　다. 마그네슘＋규소
　라. 규소

---

31. (다)　　　32. (라)　　　33. (다)

34. 이온화 경향별 이종 금속의 구성으로 관련되는 것을 고르시오.

　가. 그룹 I　　　a. 알루미늄 합금, 카드뮴 합금, 아연
　나. 그룹 II　　　b. 스테인레스강, 티타늄, 크롬, 니켈, 강
　다. 그룹 III　　　c. 마그네슘과 그 합금
　라. 그룹 IV　　　d. 철, 납, 주석 및 그 합금(스테인레스강을 제외한다)

〔풀이〕 (가)－(c), (나)－(a), (다)－(d), (라)－(b)

구조재로 사용되는 금속은 이온화 경향이 큰 것부터 다음과 같이 그룹으로 나눌 수 있다. 이들 각 그룹 내의 금속들 간에는 전기 화학적 반응이 일어나기 어렵지만, 그룹 사이에서는 번호 차이가 있는 만큼 전기 화학적 반응이 일어나기 쉽다.

○ 그룹 I　　　마그네슘(Mg)과 그 합금
○ 그룹 II　　　알루미늄(Al) 합금, 카드뮴(Cd), 아연(Zn)
　　서브 그룹 A　　1100, 3003, 5052, 6062
　　　　　　　　　ALCOA220, ALCOA356
　　서브 그룹 B　　2014, 2017, 2024, 7075
○ 그룹 III　　　철(Fe), 납(Pb), 주석(Sn) 및 이들의 합금(스테인레스강은 제외)
○ 그룹 IV　　　스테인레스강, 티타늄(Ti), 크롬(Cr), 니켈(Ni), 구리(Cu) 및 이들의 합금

35. 다음중 Al 합금에 대한 옳은 설명은?

　가. 2024는 내식성, 가공성이 좋아 스킨에 많이 사용된다.
　나. 7075는 1차 구조 부재 및 그 부재의 결합 리벳에 사용된다.
　다. Al-Cu계, Al-Zn계 합금은 불활성 가스 아크 용접을 하면 용접부에 갈라짐이 생기지 않는다.
　라. 순수 알루미늄의 표면은 공기중에서 곧 산화되어 산화 피막을 생성한다.

〔풀이〕 ① 2024는 내식성이 좋지 않다. 그러나 점성이 강하고 피로 강도가 높으므로 날개나 동체 스킨에 많이 사용된다.
② 7075는 2024보다 강도가 20% 정도 높고 1차 구조 부재 및 그밖의 주요 부재에 많이 사용되고 있다. 그러나 결합 리벳으로는 이용되지 않는다.
③ 일반적으로 고강도 알루미늄 합금은 어떠한 용접 방법에서도 갈라짐이 생기기 쉽다.

---

34. 풀이 참조　　　　**35.** (라)

36. 순철의 변태에 910~1,400°C 사이에서 면심 입방 격자를 갖는 철조
　　직의 이름은?
　　가. δ 철
　　나. γ 철
　　다. β 철
　　라. α 철

37. 알루미늄 식별 기호에서 가공 기호가 F인 것은 무엇을 의미하는가?
　　가. 담금질 후 시효 경화가 진행중인 것
　　나. 가공 경화한 것
　　다. 주조한 그대로의 상태인 것
　　라. 풀림 처리를 한 것

38. Al에 잘 대치되는 재료는 무엇인가?
　　가. 티타늄(Titanium)
　　나. 마그네슘(Magnesium)
　　다. 철(Iron)
　　라. 강(Steel)

39. 알루미늄 합금의 일반 성질로 잘못된 것은?
　　가. 비중은 2.70, 철의 1/3의 무게이다.
　　나. 열팽창 계수는 철의 약 3배이다.
　　다. 종탄성 계수(영률)는 강의 약 1/3이다.
　　라. 150°C를 넘으면 급격히 강도가 내려간다.

40. 알루미늄 식별 기호인 AA 규격에서 첫째자리 숫자가 3인 경우 주합
　　금 원소는?
　　가. 마그네슘
　　나. 구리
　　다. 망간
　　라. 규소

---

36. (나)　　　37. (다)　　　38. (나)　　　39. (나)　　　40. (다)

41. 좌우 관계가 있는 것을 선으로 이어라.

가. 1050	a. Cr-Mo
나. 1015	b. 고탄소강
다. 4340	c. 저탄소강
라. 4130	d. Ni-Cr-Mo강

〔풀이〕 (가)―(b), (나)―(c), (다)―(d), (라)―(a)

　탄소강은 철과 탄소의 합금으로 일반적으로 널리 사용되고 있는 것이다. 탄소량 0.03~1.7%의 사이인 것을 탄소강이라고 하고, 이것 이상인 것을 주철이라고 한다. 일반적으로 탄소 함유량이 0.4% 이하인 것을 저탄소강, 이것 이상인 것을 고탄소강이라고 한다.

　1050 ······ 탄소 함유량 0.5%인 고탄소강

　1015 ······ 탄소 함유량 0.15%인 저탄소강

　4130 ······ Cr 1%, Mo 0.2%를 함유하는 Cr-Mo강

　4340 ······ Ni-Cr-Mo강

42. AA 규격에 의한 알루미늄 합금 표시의 4자리 숫자의 최초의 숫자는 합금의 종류 또는 합금 성분중에서 알루미늄에 대한 성분이 많은 것을 나타내는데 다음 좌우 서로 관계있는 것을 연결하시오.

가. 1×××	a. 규소
나. 2×××	b. 마그네슘
다. 3×××	c. 망간
라. 4×××	d. 마그네슘과 규소
마. 5×××	e. 순알루미늄
바. 6×××	f. 아연
사. 7×××	g. 구리

〔풀이〕 (가)-(e), (나)-(g), (다)-(c), (라)-(a), (마)-(b), (바)-(d), (사)-(f)

　AA 규격이란 미국 알루미늄 협회가 1954년에 제정한 새로운 규격으로 ALCOA사의 상품명 규격 표시의 ALCOA 규격 대신에 널리 사용되고 있으며 4자리 숫자로 표시된다.

---

41. 풀이 참조　　　42. 풀이 참조

43. 지름 13mm 표점 거리 150mm인 연강재 시험편을 인장시켰더니 154 mm가 되었다. 연신률은 몇%인가?

　가. 8.2
　나. 3.66
　다. 2.66
　라. 8.8

44. 알루미늄 식별 기호인 AA 규격에서 첫째자리 숫자가 5인 경우 주합금 원소는?

　가. 마그네슘
　나. 아연
　다. 망간
　라. 규소

45. AISI(SAE) 4130의 성분으로 맞는 것은?

　가. $Cr : 4\%$, $Mo : 1\%$, $C : 30\%$
　나. $Mo : 0.4\%$, $Ni : 1\%$, $Cr : 3\%$
　다. $C : 0.4\%$, $Cr : 1\%$, $Ni : 3\%$
　라. $Cr : 1\%$, $Mo : 0.2\%$, $C : 0.3\%$

　〔풀이〕 AISI 4130은 Cr-Mo강이다. 강의 규격으로는 일반적으로 SAE 및 AISI 의 기호가 사용되는데 최근은 SAE 대신에 AISI 규격이 널리 사용되고 있다.

　기호는 원칙적으로 다음과 같이 4자리 숫자로 나타내고 있지만 이 원칙을 따르지 않는 것도 있다.

　AISI 4 1 3 0
　　　｜　└탄소 함유량 단위×1/100%이므로 0.3%
　　　└ 강의 종류 및 합금의 주성분을 대체적인 %로 나타낸다.
　　　(Cr-Mo강, Cr : 1%)

46. AISI 4340 등의 고장력강의 취급법에 관하여 틀린 것은 어느 것인가?

　가. 수정 가공후는 응력 제거를 한다.
　나. 수소 취성을 제거하기 위해 베킹(Baking)을 한다.

---

43. (다)　　　　44. (가)　　　　45. (라)　　　　46. (라)

　　다. 내식성이 좋지 않으므로 카드뮴 도금을 한다.
　　라. 내스카이드롤성이 좋지 않으므로 페인트를 한다.

　　〔풀이〕 고장력강은 인장 강도는 상당히 높지만, 취성 파괴와 지연 파괴가 문제가 된다. 이것은 전기 도금중에 수소가 강재중에 들어가서 재질을 취화시키는 것으로 이것을 막기 위해 도금후 적당한 온도로 가열(Baking)하여 수소를 배출한다. 또 응력 집중부가 있으면 재료가 항복점에 달하기 전에 균열이 급속히 진전하므로 가공후는 응력 제거를 해야 한다. 또 작은 상처가 있으면 도금 피복이 양극이 되고 수소 취성을 만들므로 부지런히 페인트의 도포를 해야 한다. 스카이드롤은 무관하다.

47. 알루미늄의 특징이 아닌 것은?

　　가. 구리, 규소가 첨가되면 경도는 증가한다.
　　나. 기계적 성질 개선은 석출 경화로 얻어진다.
　　다. 담금질 효과는 시효 경화로 얻어진다.
　　라. 변태가 있다.

48. 니트릴 고무에 관하여 틀린 것은 어느 것인가?

　　가. 내유, 내연료(가솔린, 케로싱)성이 우수하다.
　　나. 탄성, 기계적 성질이 우수하다.
　　다. 내프레온성을 가지지 않는다.
　　라. 사용 온도 범위는 아크릴 니트릴 중합도에 따라서 다르다.

　　〔풀이〕 (가), (나), (라)는 니트릴 고무의 특징이다. 니트릴 고무(Buna)는 부타지엔과 아크릴 니트릴 중합체로, 이 결합도를 변화시키면 성질이 달라진다. 저니트릴 고무는 저온 특성에 뛰어나고 탄력성이 요구되는 곳에 사용된다. 고니트릴 고무는 가솔린 등에 구별되어 사용된다. 이 합성 고무는 특히 광물성 윤활유 계통, 유압 계통 및 연료 계통의 O링의 재료로 사용된다.

　　특징으로 다음과 같은 성질이 있다. 오일이나 연료에 대해 저항성이 우수하고 내프레온성을 가진다. 탄성, 내마모성, 기계적 강도가 뛰어나다. 사용 온도 범위는 아크릴 니트릴의 중합도에 따라서 다르지만, 일반적으로 $-55 \sim 150°C$까지이다. 단, 스카이드롤에 용해되기 쉽고 직사일광을 피해야 한다.

---

47. (나)　　　　48. (다)

49. Al Alloy의 제1변태점이 얼마인가?
   가. 300°C
   나. 250°C
   다. 200°C
   라. 150°C

50. 다음은 알루미늄 합금의 특성을 나열한 것이다. 이중 적합하지 않은 것은?
   가. 가공성이 좋지 않다.
   나. 합금의 비율에 따라 강도 강성 등이 크다.
   다. 시효 경화성을 가진다.
   라. 적절히 처리하면 내식성이 우수하다.

51. 마그네슘 합금의 특징에 대해서 설명하시오.

〔풀이〕 마그네슘 합금은 실용 금속중에서 가장 가볍고(마그네슘의 비중은 알루미늄의 2/3), 전연성이 풍부하고 절삭성도 좋지만 내열성, 내마모성이 떨어지므로 항공기의 구조 부재로 사용되는 예는 적다. 그러나 경량 주물로는 유효한 재료이고 장비품의 하우징 부분 등에 사용되고 있다. 또 마그네슘 합금은 내식성이 좋지 않으므로 일반적으로 내식 표면 처리를 설비할 필요가 있다. 마그네슘 합금의 분말은 타기 쉬우므로 취급에는 주의를 해야 한다.

52. 다음 설명중 바른 것은 어느 것인가?
   가. 금속 재료에서는 흔히 결정 입자가 큰 것은 작은 것보다 강도가 크다.
   나. 금속 재료에서는 흔히 결정 입자가 큰 것은 피로에 불리하다.
   다. 금속 재료에서는 흔히 결정 입자의 대소에 관계 없이 피로도는 거의 같다.
   라. 금속 재료에서는 흔히 결정 입자가 작은 것이 큰 것보다 강도가 작다.

〔풀이〕 결정 입자는 원자가 규칙적으로 바르게 배열하여 만들어진 것을 말하고 일반적으로 결정 입자가 작은 것은 강도, 피로에 강하다.

---

49. (가)   50. (가)   51. 풀이 참조   52. (나)

53. 다음 금속은 비중이 가벼운 순서대로 나열되어 있다. 바른 것은 어느 것인가?
    가. Al<Mg<Ti<스테인레스강
    나. Mg<Al<Ti<스테인레스강
    다. Al<Mg<스테인레스강<Ti
    라. Mg<Al<스테인레스강<Ti

〔풀이〕 비중 Al : 2.70, Mg : 1.74, Ti : 4.5, 스테인레스강 : 7~8

54. 알루미늄 합금 원소로서 마그네슘을 넣으면 무엇이 향상되는가?
    가. 내식성
    나. 내열성
    다. 내마멸성
    라. 가공성

55. 다음 알루미늄 합금중 B군에 속하지 않는 것은?
    가. 5052
    나. 7075
    다. 2017
    라. 2014

56. ASTM에서 규정하고 있는 냉간 가공에 대한 열처리 기호로 맞는 것은?
    가. W : 주조한 그대로
    나. H : 가공 경화한 것
    다. G : 경화가 진행중인 것
    라. F : 풀림 처리한 것

57. 알루미늄 표면에 인공적으로 얇은 산화피막을 만든 것은?
    가. 두랄류민
    나. 알루마이트
    다. 실루민
    라. 하이드로날륨

---

53. (나)   54. (라)   55. (가)   56. (나)   57. (나)

58. 알루미늄을 전기 도금한 금속 표면에 생긴 조그마한 손상은 어떻게 처리하는가?

　가. 담금질(Quenching)한다.
　나. 풀림(Annealing)한다.
　다. 화학 처리한다.
　라. 불림(Normalizing)한다.

59. 알루미늄과 그 합금 정도가 좋으며, 다량 생산을 할 경우 어느 주조법이 가장 좋은가?

　가. 칠드 주조법
　나. 특수 주조법
　다. 다이캐스팅
　라. 원심 주조법

60. 18-8 스테인레스강은 어떠한가?

　〔풀이〕 ① Cr : 18%, Ni : 8%이고 나머지는 철로 조성된 합금강이다.
　② 비자성으로 가공성, 용접성 모두 양호, 특히 냉간 가공으로 강도가 증가한다. 내식성은 스테인레스강중에서 가장 뛰어나다. 내열도는 $400°C$이다.
　③ 열처리에 의해 경화하지 않는다. $500°C$ 이상이 되면 합금 조직이 불안정하게 되고 크리프가 발생한다.
　④ 물리적인 성질은 다음과 같다.
　　ⓐ 비중 : 8.0
　　ⓑ 열팽창 계수 : $18×10^{-6}$
　　ⓒ 열전도율 : 0.039
　⑤ 용도는 엔진 부품, 방화벽, 안전선, 코터핀 등에 사용된다.

61. 알루미늄의 풀림 온도의 범위는?

　가. $450~550°C$
　나. $350~450°C$
　다. $300~350°C$
　라. $150~250°C$

---

58. (다)　　　59. (다)　　　60. 풀이 참조　　　61. (다)

62. 알루미늄 합금에 있어 강도에 영향을 주지 않는 것은?
　가. 냉간 가공
　나. 도장
　다. 열처리
　라. 재료 성분

63. 다음 금속 식별법으로 틀린 것은 어느 것인가?
　가. 철은 자석에 붙고 염산중에 약간 기포가 일지만 초산에는 반응하지
　　않는다.
　나. 알루미늄은 초산에는 소리를 내고 거품이 일고 분해하여 검은 찌꺼
　　기가 된다.
　다. 마그네슘은 불꽃에서 밝은 백색을 내며 연소한다.
　라. 티타늄은 10% 유산액에 1~2방울 불화수소를 가한 후 과산화수소를
　　가하면 황색으로 변한다.

　〔풀이〕 금속의 초산과 염산에 대한 반응은 다음과 같다.
　① 염산에 반응하는 것 : 강(철), 알루미늄, 마그네슘
　② 초산에 반응하는 것 : 마그네슘, 동, 은
　③ 초산에 반응하지 않는 것 : 밧데리의 수용액, 알루미늄 합금의 양극화 처리액, 티
　　타늄은 10% 회석시킨 유산에 1~2방울 불화수소와 과산화수소를 가하면 황색으로
　　변한다.

64. 2017 알루미늄 합금재를 5분에서 1시간 930~950°F로 가열하여 물
　에 급냉한 후 4일간 방치하는 것을 무엇이라고 하는가?
　가. 시효 경화
　나. 자연 경화
　다. 고르기
　라. 회복

　〔풀이〕 재료를 가열후 급냉하면 부드러운 상태를 얻을 수 있는데, 이것을 용체화
처리라고 한다. 이 처리에 의해서 얻어진 재료는 불안정하고 시간의 경과와 함께 굳어
진다. 이 현상을 시효라고 하고 시효에 의해 경화되는 것을 시효 경화라고 한다.

---

62. (나)　　　63. (나)　　　64. (가)

2017의 가열 온도는 930~950°F(499~510°C), 2024는 910~930°F(488~ 499°C)이다. 가열 온도는 판 두께에 따라 다르지만 0.050인치 전후의 두께이면 30분 정도이다. 이 상태에서 급냉하여 상온에 방치해두면 시효가 시작되는데, 24시간 정도 지나면 90% 경화, 96시간(4일간) 정도 지나면 완전 경화된다. 이 자연 시효가 완료된 상태를 T4라고 한다.

65. ALCOA 표식으로서 17ST는 AA 표시로 무엇인가?
  가. 3017
  나. 2024
  다. 2117
  라. 2017

66. 알루미늄의 재결정 온도는?
  가. 450°C
  나. 200°C
  다. 155°C
  라. 900°C

67. 티타늄의 특징으로 바르지 않은 것은?
  가. 비중이 4.5로 알루미늄보다 무겁지만 철의 1/2 정도이다.
  나. 용융점이 높다.
  다. 팽창 계수가 스테인레스보다 크다.
  라. 열전도율이 작다.

  〔풀이〕 티타늄은 비중 4.5로 강의 60%, 공업용 금속 재료중에서는 가벼운 쪽부터 마그네슘, 알루미늄 다음이다. 용점은 1,720°C로 철보다 높고 열팽창 계수는 8.8×10^{-6}/°C로 스테인레스강의 50%이다. 열전도도, 전기 전도도는 스테인레스강과 같은 정도로 상당히 작다.
  알루미늄 합금보다는 비강도, 내열성이 크고 게다가 내식성이 양호하므로 기체, 엔진 등의 구조재로서 중요한 곳에 사용되고 있다. 그러나 500°C 이상의 고온에 노출되면 공기중의 산소, 질소, 수소 등의 가스를 흡수하여 부서지기 쉽다. 또 약간 불순물이 들어오면 경화하고 가공성이 현저히 저하하는 결점이 있다.

---

65. (라)   66. (다)   67. (다)

68. 스테인레스강의 기술에서 (   )에 적당한 말을 넣으시오.
「스테인레스강이란 기본적으로 강에 (①)을 다량으로 합금시킴으로 (②)을 강화시키는 것으로 담금질로 경화하는 (③)계, 담금질해도 경화하지 않는 (④)계, (⑤)계의 셋으로 크게 나눠진다. 강이 대기중에서 잘 녹슬지 않게 하려면 약 (⑥)% 이상의 (⑦)이 포함되어야 한다.」

〔풀이〕 ① 크롬, ② 내식성, ③ 마르텐사이트, ④ 페라이트, ⑤ 오스테나이트, ⑥ 11, ⑦ 크롬

69. 테프론은 항공기의 어느 부분에 사용되는가?
가. 장착 부분의 심
나. 기체의 내장재
다. 금속부분의 코팅용
라. 고압유 호스 재료

〔풀이〕 테프론 호스는 안쪽에 테프론이 사용되고 바깥쪽은 스테인레스강 와이어망으로 내압 보강층으로 덮여 있다. 이 보강층은 호스의 외부를 보호하는 역할을 겸하고 있다.

70. ALCLAD 2024-T4란?
가. 순수 알루미늄 합금을 입힌 것으로 상온 시효 처리한 것이다.
나. 알루미늄 합금으로 인공적으로 형성시킨 것이다.
다. 순수 알루미늄이다.
라. 순수 알루미늄 합금으로 용액 내에서 열처리한 것이다.

71. Code 번호 1100의 고순도 알루미늄은 어떤 형의 알루미늄인가?
가. 아연이 포함된 알루미늄 합금
나. 열처리된 알루미늄 합금
다. 11% 구리를 합금한 알루미늄
라. 99%의 순수 알루미늄

---

68. 풀이 참조   69. (라)   70. (가)   71. (라)

72. 대형 항공기 날개 윗면 스킨에 사용되는 수퍼 두랄루민인 7075S(AN 표기법)는 Al과 무엇의 합금인가?

　가. 아연(Zn)

　나. 규소(Si)

　다. 망간(Mn)

　라. 구리(Cu)

73. 아래의 알루미늄 합금중 금속이 용액 열처리되었고 인공적으로 시효 경화되었다는 것을 나타내는 것은?

　가. 5052-T5

　나. 7076-T6

　다. 3003-F

　라. 6061-O

74. 알루미늄 합금은 강철에 비해서 항공기 재료로서 적합한데 그 이유는?

　가. 전기가 잘 통한다.

　나. 잘 부식한다.

　다. 무게가 가볍다.

　라. 하중이 너무 작다.

75. 테프론 호스에 관하여 바른 설명은?

　가. 굽힘이 크면 비틀림에 의해서 호스의 오염과 노화가 적어진다.

　나. −10~150°C의 사용 온도 범위를 갖는다.

　다. 고압, 고온에 있어서 영구 비틀림을 만들지 않는다.

　라. 재질은 테트라 플로로에틸렌 수지로 일반적으로 오일에 강하다.

　〔풀이〕테프론 호스는 연료, 오일, 작동유, 알콜, 프레온 및 솔벤트류에 손상되지 않고 안정한 내구성을 갖는다. 또 비흡습성으로 오염 물질이 접착성이 나쁘므로 세척이 용이하다. 시간이 지나도 변화하지 않으므로 영구적으로 사용할 수 있다. 사용 온도 범위는 −65~450°F가 있고 고무 호스로는 사용할 수 없는 온도 범위에 이용된다. 그러나 고무 호스에 비하여 탄력성이 없다. 따라서 취급상 무리하게 구부리거나 사용중에 영구 변형한 것을 똑바로 잡아늘여서는 안된다.

---

72. (가)　　　73. (나)　　　74. (다)　　　75. (라)

76. 다음중 맞는 것은?
   가. 카드뮴 도금은 강의 표면 처리이다.
   나. 동은 초산에 잘 반응한다.
   다. 18-8 스테인레스강은 니켈 18%, 몰리브덴 8%의 혼합 성분이다.
   라. 강관 내부의 부식 방지에는 카세이 중크롬산을 사용한다.

   〔풀이〕 동은 초산에 즉시 반응해서 초산액중에 밝은 녹색의 구름모양 침전이 생긴다.

77. 현용 항공기 재료로서 사용되는 알루미늄 합금이 초음속 재료로서 부
  적당한 것은?
   가. 전기가 잘 통한다.
   나. 제일 변태점이 높다.
   다. 제일 변태점이 높지 못하다.
   라. 제일 변태점이 중간이다.

78. 베어링용 합금이 갖고 있어야 하는 성질이 아닌 것은?
   가. 열전도율이 커야 한다.
   나. 내식성이 커야 한다.
   다. 하중에 대한 내구력을 가지고 있어야 한다.
   라. 강도가 크고 취성이 있어야 한다.

79. 알루미늄의 내식성을 향상시키고 좋은 피막을 얻는 방법이 아닌 것은?
   가. 석출 경화
   나. 크롬산법
   다. 알루마이트
   라. 황산법

80. 세라믹 코팅의 목적은?
   가. 강성을 늘리려고
   나. 방청을 늘리려고
   다. 내열성을 늘리려고
   라. 내마모성을 늘리려고

---

76. (나)   77. (다)   78. (라)   79. (가)   80. (다)

〔풀이〕 세라믹이란 규소, 크롬, 알루미늄, 티타늄, 마그네슘, 지르코늄, 몰리브덴 등의 산화물, 탄화물, 붕화물, 질화물 또는 이들의 혼합물로 이들 물질로 금속을 피복하면 그 내열성은 현저히 향상시킬 수 있다.

코팅은 세라믹의 분말을 용사해서 질소 가스 등을 써서 뿌리던가, 물로 진흙상으로 도포한 것을 노에 넣어 굽는다. 피막의 두께는 0.025~0.05mm의 범위이고 판과 함께 구부려 접는 가공을 할 수 있다. 보통의 강판에 세라믹 코팅을 해서 내열합금 대신 쓰던가, 내열합금에 사용해서 그 수명을 늘이는 것이 있는데, 엔진의 연소실이나 배기관 등에 사용된다.

81. 다음 알루미늄 합금중에서 AA 규격과 ALCOA 규격을 짝지은 것이다. 이중 틀린 것은 어느 것인가?
　가. 2017-A 17S
　나. 2014-A 14S
　다. 1100-A OS
　라. 7075-A 75S

82. 아주 얕은 긁힘이 판금에 있을 때 이것을 없애는 방법은?
　가. 폴리싱(Polishing)
　나. 버니싱(Burnishing)
　다. 에칭(Etching)
　라. 샌딩(Sanding)

83. FRP(Fiber Reinforced Plastic)에 사용되고 있는 열경화성 수지는?
　가. 페놀 수지
　나. 에폭시 수지
　다. 실리콘 수지
　라. 멜라민 수지

〔풀이〕 에폭시 수지는 금속에 대한 접착력이 크고 열을 가하면 부드러워지고 더욱 가열하면 경화한다. 경화해도 수축이 상당히 적다. −40°C 정도에서 150°C 정도까지 뛰어난 기계적 성질을 가지므로 이것을 유리 수지와 그라파이트 수지에 침투시켜 성형하는 FRP는 최근 항공기에 많이 사용된다.

---

81. (다)　　　82. (라)　　　83. (나)

84. 동체 외부에 스킨으로써 사용되는 Al 합금은 다음 어느 것인가?
　　가. 7179
　　나. 7075
　　다. 2024
　　라. 2014

　　〔풀이〕 각 알루미늄 합금별 용도는 대략 다음과 같다.
　① 2014 : 큰 응력이 요구되는 부분의 단조품, 앵글, 채널, 압축형 재료, 핀 등에 사용
　② 2017 : 항공기 일반 부품 재료, 응력 외피, 리벳, 압출한 구조물 부재
　③ 2024 : 2017의 대용이며, 전단 응력이 우수하고 내식성이 좋아 항공기 주구조부
　　의 골격과 외피, 리벳, 나사 등에 사용
　④ 7075 : 큰 강도가 요구되는 구조 부분과 압출 재료로 사용
　⑤ 5052 : 가공성이 좋아서 판재, 봉재, 관재, 허니컴재 등에 사용. 구체적으로 연료
　　및 유압 계통, 연료 탱크, 날개 등

85. 쇼트 피닝에 관한 다음 설명에서 적당한 말을 아래서 고르시오.
　　「쇼트 피닝은 금속 부품의 표면에 작은 강구나 유리알갱이를 부딪히게
　　하여 미세한 홈을 만들어 표면을 경화시키고 (①)을 주어 (②)
　　를 제거하고 (③) 및 (④)에 대한 (⑤)를 늘리는 표면 처리
　　방법이다.」
　　A. 피로 강도　　　　B. 압축 응력　　　　C. 응력 부식 균열
　　D. 잔류 응력　　　　E. 저항력

　　〔풀이〕 ①—B, ②—D, ③—A, ④—C, ⑤—E

86. 다음 합금중 융점이 높고 피로에 대한 저항성이 뛰어나고 내식성이 우
　　수한 합금은?
　　가. 크롬강
　　나. 티타늄 합금
　　다. 알루미늄 합금
　　라. 마그네슘 합금

---

84. (다)　　　　85. (라)　　　　86. (나)

87. 마그네슘의 성질이 아닌 것은?
    가. 200~300°C로 가열하면 전성이 좋다.
    나. 절삭충이 타면 주물 부스러기나 마른 모래를 뿌려 소화시킨다.
    다. 용접할 때는 대기를 차단한다.
    라. 알루미늄을 포함한 합금은 용접후 열처리가 필요없다.

〔풀이〕 알루미늄을 포함한 합금은 용접의 잔류 응력이 있으면 응력 부식의 균열의 원인이 되므로 용접후에 응력 제거 열처리를 해야 한다.

88. 엔진 마운트의 재질은?
    가. 판으로 된 알루미늄
    나. 판으로 된 강철
    다. 속이 비지 않은 강철
    라. 속이 비지 않은 마그네슘

89. 다음 금속중에서 가장 가벼운 원소는?
    가. 납
    나. 크롬
    다. 마그네슘
    라. 아연

90. 마그네슘에 대한 일반적인 성질에 대한 설명중 잘못된 것은?
    가. 열팽창 계수는 강의 2배 이상 크다.
    나. 철분을 많이 함유한 것이 내식성이 크다.
    다. 용점은 650°C, 가느다란 부분은 연소되기 쉽다.
    라. 순수 마그네슘의 비중은 1.74이다.

91. 알루미늄 합금과 티타늄의 내열성과 내식성을 비교했을 때 옳은 것은?
    가. 내열성, 내식성 모두 티타늄이 우수하다.
    나. 내열성은 알루미늄이, 내식성은 티타늄이 우수하다.
    다. 내열성은 티타늄이, 내식성은 알루미늄이 우수하다.
    라. 내열성, 내식성 모두 알루미늄이 우수하다.

---

87. (라)   88. (다)   89. (다)   90. (나)   91. (나)

92. 인산 에스텔계의 작동유에 약한 것은 어느 것인가?
　　가. 테프론
　　나. 부틸 고무
　　다. 실리콘 고무
　　라. 불소 고무

　　〔풀이〕 불소 고무는 내열성, 내약품성에 뛰어나다. 또 물리적 성질로 인장 강도와 내마모성이 비교적 우수하다. 내유성은 엔진 오일과 연료에는 견디지만 인산 에스텔에는 그다지 견디지 못한다.

93. 티타늄의 절삭 가공에서 잘못된 것은?
　　가. 절삭 속도를 크게 한다.
　　나. 이송 속도를 크게 한다.
　　다. 절삭제를 충분히 사용한다.
　　라. 빨리 공구를 교환한다.

　　〔풀이〕 티타늄은 열전도가 작고 절삭에 의해 발생한 열의 분산이 나빠 과열을 일으키기 쉬우므로 절삭 속도를 느리게 한다.

94. 티타늄 합금의 주요 특성은?
　　가. 알루미늄 합금보다 비중이 작다.
　　나. 내식성이 양호하다.
　　다. 합금중 내열성이 우수하다.
　　라. 내식성이 나쁘다.

95. 다음 플라스틱에서 열가소성 수지와 열경화성 수지를 분류하시오.
　　① 페놀 수지
　　② 에폭시 수지
　　③ 폴리에틸렌
　　④ 폴리프로필렌
　　⑤ 염화 비닐 수지
　　⑥ 멜라민 수지

---

92. (라)　　　　93. (가)　　　　94. (다)　　　　95. 풀이 참조

〔풀이〕 **열가소성 수지** : ②, ③, ⑤,   **열경화성 수지** : ①, ④, ⑥

　열가소성 수지란 가열하면 녹거나 연화하고 냉각하면 다시 경화되는 수지로 금속 조직형 구조로 되어 있으며 일반적으로 유기용제에 녹기 쉽고 열에 약하다.

　열경화성 수지란 중간 원료가 가열에 의해 화학 변화를 일으켜 경화하고 최종적으로는 용융되지 않는 성질의 수지로 유기용제에는 녹지 않고 대개 내열성이 있다.

96. 특수강의 식별 기호인 SAE1025에 대한 설명중 틀린 것은?
　　가. 탄소의 평균 함유량을 2.5%임을 뜻한다.
　　나. 마지막 두 숫자는 탄소의 평균 함유량을 말한다.
　　다. 둘째자리 숫자는 합금의 합금량을 말한다.
　　라. 첫째자리 숫자는 합금의 종류를 뜻한다.

97. 기체의 부재로 사용되는 합금강의 표면 경화 처리 방법으로 옳은 것은?
　　가. 아노다이징
　　나. 카드뮴 도금
　　다. 다이첵크
　　라. 고주파 담금질법

　　〔풀이〕 표면 경화란 표면층 만을 경화하여 내부는 경화시키지 않고 연성인 채로 있어 내마모성, 내피로성 등을 향상시키는 것을 말하며 그 방법으로는 침탄법, 질화법, 고주파 담금질법 등이 있다.

98. 다음 합금강중 탄소의 함유량이 가장 많은 것은?
　　가. 2330
　　나. 6140
　　다. 2050
　　라. 1025

99. 탄소강에 니켈을 첨가하여 강도가 크고 내마모성 및 내식성이 우수한 합금강은?
　　가. 크롬-니켈강
　　나. 니켈-크롬강

---

96. (가)　　　97. (라)　　　98. (다)　　　99. (다)

　　다.　니켈강
　　라.　크롬강

100.　SAE 4130 합금강에서 숫자 4는 무엇을 뜻하는가?
　　가.　크롬강이다.
　　나.　몰리브덴강이다.
　　다.　4%의 탄소이다.
　　라.　0.04%의 탄소이다.

101.　합금강이란 무엇인가?
　　가.　철과 구리의 합금
　　나.　탄소강과 특수 원소의 합금
　　다.　비철 금속과 특수 금속의 합금
　　라.　비자성체인 소결 합금

102.　세라믹 코팅의 목적으로 맞는 것은 어느 것인가?
　　가.　내압성과 내열성
　　나.　내마모성과 내식성
　　다.　내압성과 내식성
　　라.　내마모성과 내열성

　　〔풀이〕세라믹은 고온 경도가 매우 높아 내마모성, 내열성이 좋다.

103.　다음 설명중 바른 것은 어느 것인가?
　　가.　통상 O링의 굵기는 홈의 깊이보다 50% 이상 큰 것을 사용한다.
　　나.　알루미늄 합금에 알로다인 처리를 하면 피막의 접착력이 약해지므
　　　　로 추천되지 않는다.
　　다.　니트릴 고무제인 가스켓과 O링의 보존 기간은 정해져 있지 않다.
　　라.　한쪽 방향으로 힘이 가해질 경우 백업 링은 하류측에 부착된다.

　　〔풀이〕통상의 O링의 두께로 홈의 깊이보다 약 10%로 큰 것을 사용한다. 너무
크면 마찰이 커져 O링은 손상되며, 작으면 누출의 원인이 된다.

---

100. (가)　　　101. (니)　　　102. (라)　　　103. (라)

알로다인 처리를 하면 피막의 밀착성이 향상된다. 니트릴 고무는 오존, 일광, 온도 등의 자연 환경에 따라 열화되기 쉬우므로 보관 기한이 설정되어 있다. 백업 링은 O링 돌기를 방지하기 위해 부착되는 것으로 압력이 걸리는 하류측에 위치시킨다.

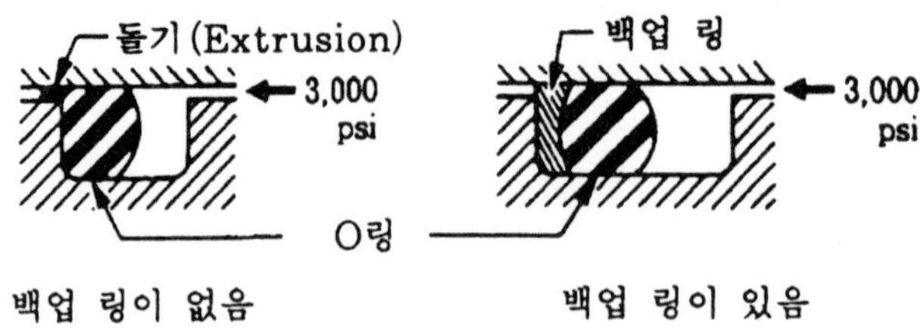

104. AISI 4130에서 30에 대한 바른 설명은?
　　가. 탄소를 0.3% 포함한다.
　　나. Mo를 0.3% 포함한다.
　　다. Cr, Mo를 30% 포함한다.
　　라. Ni를 30% 포함한다.

　　〔풀이〕 이 규격의 표시법은 SAE의 번호와 같은 표시이나 미량 성분에서는 반드시 일치하지 않는다.

$$\text{AISI } \underline{4}\ \underline{1}\ \underline{3}\ \underline{0}$$

　　　　　|　└ 탄소 함유량 0.3%
　　　　　└ 크롬 몰리브덴강을 나타냄

　이 강의 경우 Mo=0.2%, Cr=0.95%, Ni=0이다.

105. 크리프 현상에 대한 다음 설명중 맞는 것은?
　　가. 장기간 방치하면 크리프는 심하게 진행된다.
　　나. 주위의 온도가 상온 이하일 때는 크리프가 현저히 진행한다.
　　다. 내부 조직이 안정되어 있을수록 크리프는 진행된다.
　　라. 18-8 스테인레스강과 고니켈 크롬강은 일반적으로 크리프에 약하다.

　　〔풀이〕 크리프란 재료에 하중을 장시간 가한 채로 두었을 때, 시간이 경과함에 따라 변형이 늘어나는 현상인데, (가)는 하중이 걸려 있지 않으므로 진보가 적다.
　(나)의 온도는 높아질수록 현저한데, 보통 400°C 이상일 때 문제가 된다.

---

104. (가)　　　　105. (라)

(다)의 내부 조직이 불안정한 것이 더 약하다.

(라)는 정확한데, 18-8 스테인레스강과 고니켈 크롬강은 내부 조직이 불안정한 재료이므로 크리프에 약하다.

106. 다음중 18-8 스테인레스강은 무엇인가?
　　가. 오스테나이트형
　　나. 크롬강
　　다. 마아텐자이트형
　　라. 페라이트형

107. 다음중 18-8강은?
　　가. CRES강
　　나. 카드뮴 도금한 저탄소강
　　다. 티타늄 합금
　　라. 양극 산화처리한 알루미늄 합금

108. 다음 설명은 어떤 도금을 말하는가?
　　「그다지 광택은 없으나 은백색의 광채가 있다. 광택 처리를 한 것은 좋은 미관을 가지며 내해수성은 매우 좋으나 독성이 있고 약하여 내마모성을 요하는 부품에는 사용할 수 없다. 또 저항력이 약하여 내열성을 요하는 부품에도 사용할 수 없다.」
　　가. 크롬 도금
　　나. 은 도금
　　다. 구리 도금
　　라. 카드뮴 도금

　　〔풀이〕 (가)는 경도가 높고 마찰 계수가 작으므로 내마모성은 좋지만 다공질이므로 내식성이 좋지 않다.

　　(나)는 은의 전도성이 좋은 성질을 이용하여 단자, 전기 접점 등에 쓰이며, 또 윤활성을 요구하는 곳에도 사용된다.

　　(다)는 구리가 비교적 다른 금속과의 친화성이 좋으므로 철, 알루미늄 등의 소재에 니켈, 크롬을 도금할 때 기초 도금으로서 사용된다.

---

106. (가)　　　107. (가)　　　108. (라)

109. 특수강의 식별 방법인 SAE에 의한 분류 방법중 첫째자리 숫자가 2
인 경우 합금의 종류는?
　가. 몰리브덴강
　나. 니켈강
　다. 망간강
　라. 탄소강

110. 담금질한 강의 조직중 마르텐사이트는 불안정한 조직이다. 이것을
600°C로 뜨임 처리하면 어떤 조직으로 되는가?
　가. 펄라이트
　나. 소르바이트
　다. 트루스 타이트
　라. 오스테나이트

111. 니켈-크롬강의 특성중 틀린 것은?
　가. 니켈과 크롬의 장점을 조합한 특수강이다.
　나. 강인하고 점성이 크며 담금질 특성이 우수하다.
　다. 상온에서 자체 경화되는 성질이 있다.
　라. 병기, 자동차 부품, 연결봉, 크랭크 축 등에 사용된다.

112. 니켈 합금의 특징이 아닌 것은?
　가. 전기 저항이 크다.
　나. 내열성이 크다.
　다. 전연성이 크다.
　라. 내식성이 크다.

113. 방화벽의 재료로 적당한 것은?
　가. 마그네슘강
　나. 스텐레스강
　다. 알루미늄 합금
　라. 탄소강

---

109. (나)　　　110. (나)　　　111. (다)　　　112. (다)　　　113. (나)

114. 알루미늄 합금에 드릴 지름 1/4in를 사용하여 구멍을 뚫을 경우, 드릴 회전수를 얼마로 하면 적절하겠는가? 이때 알루미늄 합금의 SFS(절삭 속도)를 100으로 한다.

〔풀이〕 1,528rpm

$$\text{rpm} = \frac{SFS}{\dfrac{x}{12} \times D}$$

여기서, D : 드릴 지름
　　　　SFS : 절삭 속도

115. 다음중에서 바른 것은 어느 것인가?
　가. 카드뮴 도금은 표면 경화이다.
　나. 강관내부 부식방지에는 가성 중크롬산을 이용한다.
　다. 18-8 스테인레스강은 Ni : 18%, Mo : 8%를 함유한다.
　라. 동은 초산에 반응한다.

〔풀이〕 ① 항공기에 사용되고 있는 합금강 부품의 대부분은 크롬 도금을 실시하는데, 이것은 이종 금속간 부식 방지가 목적이다. 알루미늄 합금과 같은 그룹 Ⅱ인 카드뮴을 부품에 도금하면 알루미늄 구조 부재와 사용 부품간에 부식을 방지한다.
② 강관 내부 부식 방지에는 관 내부에 뜨거운 아마인유 또는 부식 억제재를 넣어 피복시킨다.
③ 18-8 스테인레스강은 Cr : 18%, Ni : 8%의 혼합비이다.
④ 동은 초산과 바로 반응하고 맑은 녹색의 침전을 만든다.

116. 강제품에는 카드뮴 도금을 하는 것이 많은데, 가장 중요한 목적은 무엇인가?
　가. 표면 경화를 위해
　나. 외관을 좋게 하기 위해
　다. 전기적으로 절연하기 위해
　라. 내식성을 향상하기 위해

---

114. 풀이 참조　　　　115. (라)　　　　116. (라)

〔풀이〕 카드뮴 도금은 250°C 이하 온도에서 사용되는 저합금강의 부식 방지 도금으로 사용된다. 도금후 크롬산 처리를 하고 내식성을 증가시킨다.

117. 배기 콘의 재질은?
    가. 몰리브덴
    나. 크롬-니켈강
    다. 스테인레스강
    라. 열처리된 합금

118. 단조를 한 재료의 경도가 너무 높아 가공이 곤란한 때 하는 열처리는?
    가. 풀림(Annealing)
    나. 담금질(Quenching)
    다. 뜨임(Tempering)
    라. 불림(Normalizing)

119. 풀림의 주목적은 무엇인가?
    가. 부식성 증대
    나. 마모성 증대
    다. 연화
    라. 경화

120. 가공에 의한 잔류 응력을 제거하거나 연화시키기 위한 열처리는?
    가. 풀림
    나. 불림
    다. 담금질
    라. 뜨임

121. 상온에서 가장 내식성을 가지는 금속은?
    가. 마그네슘
    나. 크롬강
    다. 알루미늄
    라. 티타늄

---

117. (다)　　　118. (가)　　　119. (다)　　　120. (나)　　　121. (라)

〔풀이〕 티타늄은 백금에도 필적하는 우수한 내식성을 가진다. 티타늄 자체는 극히 활성인 금속으로 표면은 곧 산화되지만, 반대로 이 얇은 산화 피막이 부식에 대해 강한 보호작용을 하므로 대기중에서는 물론 해수에도 거의 부식되지 않는다.

화학약품에 대해서는 비교적 짙은 염산과 초산, 인산, 불화수소산, 건조한 염소 가스 등 한정된 것을 제외하고 거의 침식되지 않는다. 특히 초산과 크롬산 등의 산화성 환경 중에서 우수한 내식성을 나타낸다.

122. 알루미늄 합금을 강, 동, 청동, 니켈 등과 직접 접촉시켜서는 안되는 데, 그 이유는?

    가. 서로 접촉하여 벗겨지므로
    나. 이종 금속은 접촉중 수분을 흡수하기 쉬우므로
    다. 서로 팽창률이 다르므로
    라. 전기 화학적 작용에 의해 부식이 생기므로

〔풀이〕 이온화 경향으로 나누면 Al 합금은 그룹 Ⅱ이고 강, 동, 니켈 등은 그룹 Ⅳ이다. 2가지의 이종 금속이 접촉하여 전해질로 접속되면 이온화 경향이 큰 금속의 표면이 양극이 되고 이온화 경향이 작은 금속이 음극이 되어 국부적인 전지를 구성하고 양극쪽의 금속이 침식된다. 진행 정도는 이종 금속의 금속 표면 활성도에 관계하고 활성도 차이가 크면 진행도도 크다. 위의 경우는 Al이 침식되고 진행도 빠르므로 직접 접촉시켜서는 안된다.

123. 열처리 없이 언제든지 사용할 수 있는 리벳은 어느 것인가?

    가. 2017T
    나. 2117T
    다. 2024T
    라. 2024TS

124. 알루미늄 식별 기호에서 질별 기호가 T6인 경우 무엇을 의미하는가?

    가. 담금질후 안정화 처리한 것
    나. 담금질후 냉각 가공한 것
    다. 담금질후 상온 시효가 완료된 것
    라. 담금질후 인공 시효 경화한 것

---

122. (라)   123. (나)   124. (라)

125. 고온에서 원심력의 작용에 의하여 길이가 늘어난 형태를 무엇이라 하
는가?
    가. 스코어 (Score)
    나. 신장 (Growgh)
    다. 균열 (Crack)
    라. 구부러짐 (Bow)

126. 다음중 질화 처리에 대한 설명으로 틀리는 것은 어느 것인가?
    가. 마모 및 부식에 대한 저항이 크다.
    나. 침탄강은 침탄후 담금질하나 질화법은 담금질할 필요가 없고 변형
      이 적다.
    다. 가열 온도가 높으므로 경도가 감소되고 산화가 잘 일어난다.
    라. 경화층이 얇고 경도는 침탄한 것보다 크다.

127. 다음 열처리 방법중 표면 경화법은?
    가. 항온 처리
    나. 침탄법
    다. 뜨임
    라. 풀림

128. 항공기의 투명 재료로 사용되고 있는 아크릴 수지에 관한 설명중 틀
린 것은?
    가. 유리와 비교하여 비중이 1/2로 가볍고 깨지기 어렵다.
    나. 낮은 인장응력이라도 장시간 오랫동안 걸리면 표면에 크레이징이라
      고 하는 가는 금이 표면에 생긴다.
    다. 열 팽창률은 알루미늄의 1/3이다.
    라. 크레이징은 용제와 용제 증기에만 노출되어도 발생하므로 페인트
      칠할 때는 신중이 마스킹을 한다.

    〔풀이〕 아크릴 수지의 열 팽창률은 상당히 높고 Al의 약 3배이다.
    Al 합금 : $12 \times 10^{-6}/°C$
    아크릴 수지 : $38 \times 10^{-6}/°C$

---

125. (나)   126. (다)   127. (나)   128. (다)

129. 이종 금속을 접촉할 때 어느 것이 제일 부식하기 어려운가?
　가. Al 합금과 카드뮴
　나. 아연과 크롬
　다. 크롬과 주석
　라. Al과 니켈

〔풀이〕 Al 합금과 카드뮴은 같은 그룹이므로 부식을 일으키기 어렵다.

130. 다음은 표면 경화법에 대한 설명이다. 이중 옳은 것은?
　가. 고주파 유도 경화법—고주파 전류를 이용하여 금속 내부를 열처리
　　하는 것
　나. 시안화법—시안화염을 주성분으로 열을 가하여 침탄과 질화를 동시
　　에 하는 방법
　다. 질화법—탄화수소계 가스 속에 재료를 넣고 열을 가해 표면에 탄화
　　물을 석출
　라. 침탄법—암모니아 가스중에서 가열하여 표면을 경화하는 방법

131. O-링의 정비상 주의로 바른 것은 어느 것인가?
　가. 제작사에 의해 색이 다르므로 주의를 요한다.
　나. 보관은 열쇠걸이에 건다.
　다. 가동부는 조금이라도 누출되어서는 안된다.
　라. 정지 부분에서 약간 누출되는 것은 정상이다.

〔풀이〕 O-링은 식별용으로 제작사에 의해 색깔 표시가 붙어있고 취급상 주의를 요
한다. 보관은 손상, 마모, 변질을 막기 위해 열쇠걸이에 걸어서는 안된다. 일반적으로
가동부는 약간 누출되는 것은 허용되는데 정지 부분에서 누출은 허용되지 않는다.

132. 알루미늄 합금판에서 "ALCLAD"란 말은?
　가. 순수 알루미늄을 피복
　나. 카드미늄판을 입힘
　다. 전기 도금 화학 처리
　라. 크롬 인산염 처리

---

129. (가)　　　130. (나)　　　131. (가)　　　132. (가)

133. 아크릴창에 크레이징(Crazing)이 발생하는 원인과 그 대책에 대해 설명하시오.

〔풀이〕 ① 일반
- 아크릴은 투명도가 높은 플라스틱의 일종으로 가볍고 내후성이 우수해서 항공기의 창에 널리 쓰인다.
- 크레이징이란 표면에 발생하는 미세한 손상(갈라짐)을 말하는데, 투명판에 긁힌 자국이 나는 것처럼 하얗게 되므로, 시계가 방해받는다. 아크릴은 수분을 흡수하는 성질이 있어 그 수분이 배출되는 과정에서 크레이징을 발생시키는 것이라고 생각되어진다.

② 원인
- 재질 — 크레이징이 발생하기 쉬운 아크릴재의 사용
- 두께 — 얇을수록 표면의 인장 응력이 높아져 크레이징이 발생하기 쉽다.
- 대기 상태 — 대규모의 화산 지역이나 대기중의 유산 농도가 높을 때 발생하기 쉽다.
- 사용 년수 — 해가 갈수록 열화됨
- 표면 마무리 정도 — 표면이 거칠수록 발생하기 쉽다.

③ 대책
- 재질 — 내크레이징성이 우수한 아크릴재를 사용하던가 유리창으로 바꾼다.
- 코팅 — 표면에 코팅을 도포한다.
- 교환 — 신품과 교환한다. 일반적인 크레이징은 연마제 등을 사용하여 제거할 수 있으나, 표면의 거칠기나 두께면은 신품이 좋다.

134. 실란트(Sealant)의 취급법으로 틀린 것은 어느 것인가?
　가. 저장할 때는 냉암소에 한다.
　나. 실란트를 바르는 부분은 완전히 세척하고 건조시킨다.
　다. 2액성의 경우 빨리 경화시키려면 경화제의 비율을 증가시킨다.
　라. 독성을 가지는 것이 많으므로 피부에 닿는 경우는 곧바로 세척한다.

〔풀이〕 경화제(Accelerator)를 규정량 이상 혼합하면 접착력 및 실란트의 수명이 떨어진다. 빨리 경화하고 싶은 경우에는 적외선 램프 또는 뜨거운 바람으로 가열한다.

---

133. 풀이 참조　　　　134. (다)

135. 표면은 굳고 마모에 견디며 중심은 질기고 **충격에 견디어야 할** 재료
의 열처리 방법은?
   가. 표면 경화법
   나. 뜨임
   다. 항온 처리
   라. 담금질

136. 다음중 고체 침탄제로 사용되지 않는 것은?
   가. 코올타르
   나. 코오크스
   다. 목탄
   라. 골탄

137. 금속을 임계 온도까지 가열시켰다가 급냉시키면 어떤 결과가 나타나
는가?
   가. 취성의 증가
   나. 인장 강도의 증가
   다. 경도의 증가
   라. 위 사항 모두

138. 금속을 표면 경화하는 이유는?
   가. 금속의 표면을 매끄럽게 처리하기 위해
   나. 금속 입자를 균등히 분포시키기 위해
   다. 재료의 경도가 높으면 파괴되기 쉬우므로 표면을 단단하게 처리하
    기 위해
   라. 금속의 부식을 방지하기 위해

139. AD3AD-6에서 AD는 무엇을 의미하는가?
   가. 길이
   나. 지름
   다. 재질
   라. 종류

---

135. (가)　　　136. (가)　　　137. (라)　　　138. (다)　　　139. (다)

140. 철재의 경우 카드뮴으로 부식을 방지한다. 그 방법은?
　가. 금속의 분무
　나. 파아커라이징과 라이징·
　다. 도금
　라. 양극 산화 처리

141. 다음 도료중, 내스카이드롤성을 가지는 것은 어느 것인가?
　가. 락카
　나. 아크릴 락카
　다. 에나멜
　라. 에폭시 수지 도료

　〔풀이〕 (라)는 에폭시 수지를 주성분으로 한 합성 수지 도료이고 내스카이드롤성, 내약품성 등을 요구받는 부품의 방식 도료로 사용한다. 그외에 폴리우레탄 도료도 내스카이드롤성을 가진다.

142. 다음 강의 열처리중 뜨임은?
　가. 강의 A_1 변태점 이상으로 가열후 물, 기름 등으로 급냉시키는 열처리
　나. 강에 적당한 강인성을 주거나 내부 응력을 제거하기 위한 열처리
　다. 기계 가공후 생긴 응력을 제거하는 열처리
　라. 금속의 기계적 성질을 개선하기 위해 일정 시간동안 일정 온도까지 가열후 서서히 냉각하는 열처리

143. 다음 강의 열처리중 풀림질은?
　가. 강의 A_1 변태점 이상으로 가열후 물, 기름 등으로 급냉시키는 열처리
　나. 기계적 가공후 생긴 응력을 제거하는 열처리
　다. 금속의 기계적 성질을 개선하기 위해 일정 시간동안 일정 온도까지 가열후 서서히 냉각하는 열처리
　라. 강에 적당한 강인성을 주거나 내부 응력을 제거하기 위한 열처리

---

140. (다)　　141. (라)　　142. (나)　　143. (다)

144. 열간 가공과 냉간 가공 한계를 결정짓는 것은?
   가. 용융점
   나. 재결정 온도
   다. 변태 온도
   라. 풀림 온도

145. 다음중 바른 것은 어느 것인가?
   가. 압축 하중을 받는 곳은 버클링하는 위험성이 있다.
   나. 큰 인장 하중이 걸리는 곳은 버클링할 우려가 있다.
   다. 항공기에는 모두 인장 하중이 가해지므로 버클링의 걱정은 없다.
   라. 제한 하중을 넘어 선회하면 버클링을 일으킬 위험이 있다.

[**풀이**] (가) 압축 하중을 받는 곳은 버클링(좌굴)할 위험성이 있다.
   (나) (가)의 역현상이므로 틀린다.
   (다) 그림과 같이 비행중 항공기에는 여러가지 응력이 가해지고 있다.
   (라) 제한 하중이 아니고 종극 하중을 넘어서라면 옳다.

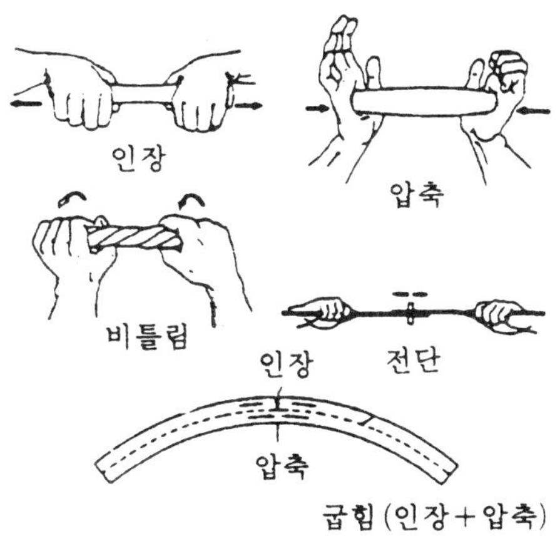

146. 하니컴 수리법으로 바른 것은?
   가. 스텝(Step)형의 표면 패치는 공력적인 매끄러움을 유지하지만 인장 강도는 원래의 최대 50% 강도밖에 안된다.
   나. 스카프형 표면 패치는 공력적으로 매끄럽지만 강도는 반감한다.
   다. 작은 플러쉬 플러그형은 공력적으로 매끄럽고 원래의 강도로 유지할 수 있다.
   라. 오버랩형 표면 패치는 강도가 10% 감소한다.

---

144. (나)   145. (가)   146. (가)

〔풀이〕 (나)는 강도는 더욱 증가한다.
(다)는 원래의 강도는 유지할 수 없다.
(라)는 접착 기술이 없으면 표면의 강도는 완전히 재현할 수 없다.

147. 냉간 가공의 설명중 틀린 것은?
　가. 재결정 온도 이하에서 가공한다.
　나. 스프링용 선재는 냉간 가공한 것이다.
　다. 가공 정밀도가 낮아진다.
　라. 냉간 가공을 하면 강해진다.

148. 담금질은 다음 어떤 성질을 이용한 것인가?
　가. 고용체
　나. 변태점
　다. 열전도
　라. 금속간 화합물

149. 다음 풀림의 종류중 서로 연결이 잘못된 것은?
　가. 항온 풀림—강을 빠른 시간에 연화시킬 목적으로 항온 곡선에 따라
　　항온 변태시킨 후 공기중에서 냉각하거나 물속에서 냉각하는 열처리
　나. 구상화 풀림—강의 기계 가공성, 담금질, 예비 처리, 담금질 후 강
　　인성 증가 등의 열처리
　다. 연화 풀림—강의 잔류 응력을 제거하기 위한 열처리
　라. 완전 풀림—강의 결정 입자를 미세화하는 열처리

150. 다음 강의 열처리중 노멀라이징은?
　가. 강의 A_1 변태점 이상으로 가열후 물, 기름 등으로 급냉시키는 열
　　처리
　나. 기계적 가공후 생긴 응력을 제거하는 열처리
　다. 금속의 기계적 성질을 개선하기 위해 일정 시간 동안 일정 온도에
　　서 가열후 서서히 냉각하는 열처리
　라. 강에 적당한 강인성을 주거나 내부 응력을 제거하기 위한 열처리

---

147. (다)　　　148. (나)　　　149. (다)　　　150. (나)

151. 항온 열처리에서만 얻을 수 있는 조직은?
  가. 소르바이트
  나. 트루우스타이트
  다. 베이나이트
  라. 마르텐사이트

152. 풀림시 냉각 방법은?
  가. 수냉
  나. 유냉
  다. 노냉
  라. 소금물에 의한 냉각

153. 금속의 가공중 일감을 가열하여 헤머 등으로 단련 및 성형하는 것은?
  가. 압출
  나. 프레스
  다. 압연
  라. 단조

154. 다음중 바른 것은 어느 것인가?
  가. 침식, 찰식은 부식의 한가지 형태이다.
  나. 알로다인 #1,000 처리액은 #1,000 분말 4g에 물 1 l 를 용해시킨다.
  다. 알루미늄 합금이 동의 합금보다 이온화 경향이 낮다.
  라. 징크로메트 플라이머는 방식성이 풍부하나 에나멜, 락커의 애벌칠
   로는 적당하지 않다.

〔풀이〕 ① 금속이 물리적인 원인으로 소손, 마모되었을 경우는 부식이라고 하지 않
는다.
 ② 이온화 경향이 큰 것부터 순서대로 다음과 같이 그룹으로 나눌 수 있다.
  그룹 Ⅰ : 마그네슘과 그 합금
  그룹 Ⅱ : 알루미늄 합금, 카드뮴, 아연
  그룹 Ⅲ : 철, 납, 주석 및 이것의 합금
  그룹 Ⅳ : 스테인레스강, 티타늄, 크롬, 니켈, 동 및 이것의 합금

151. (다)   152. (다)   153. (라)   154. (나)

③ 징크로메트 플라이머는 금속의 방식성과 도장의 도료에 대해 부착성이 풍부하고
에나멜, 락카의 애벌칠에 적합하다.

155. 실린더 모양의 용기에 일감을 넣고 압력을 주어 가공하는 것은?
　　가. 압출
　　나. 프레스
　　다. 압연
　　라. 단조

156. 시효 경화성이란?
　　가. 입자의 분포가 서서히 균일해지는 성질
　　나. 시간이 지남에 다라 단단해지는 성질
　　다. 시간이 지남에 따라 재료의 특성이 변하는 성질
　　라. 스스로 단단해지는 성질

157. 알루미늄 식별 기호에서 질별 기호가 O인 경우 무엇을 의미하는가?
　　가. 담금질 후 시효 경화가 진행중인 것
　　나. 가공 경화한 것
　　다. 주조한 그대로의 상태인 것
　　라. 풀림 처리를 한 것

158. 알루미늄 식별 기호에서 질별 기호 H인 경우 무엇을 의미하는가?
　　가. 가공 경화한 것
　　나. 주조한 그대로의 상태인 것
　　다. 풀림 처리를 한 것
　　라. 담금질 후 시효 경화가 진행중인 것

159. 알루미늄 식별 기호에서 질별 기호가 W인 경우 무엇을 의미하는가?
　　가. 가공 경화한 것
　　나. 주조한 그대로 상태인 것
　　다. 풀림 처리를 한 것
　　라. 담금질 후 시효 경화가 진행중인 것

---

155. (가)　　　156. (나)　　　157. (라)　　　158. (가)　　　159. (라)

160. 알루미늄 합금 2024-T36에서 T36은 재료의 어떤 상태를 표시하는가?
　　가. 가열시킨 뒤 0.06%로 감소시킨 것
　　나. 용체화 처리한 뒤 냉간 가공으로 6%의 감소
　　다. 인공 시효된 것
　　라. 어니일링된 것

161. 다음중 잘못된 설명은?
　　가. 알로다인 #1000번은 마그네슘 합금에는 사용할 수 없다.
　　나. MEK(메틸에틸케톤)는 고무와 플라스틱을 침식한다.
　　다. FRP는 유기 용재나 페인트 리무버에 닿으면 강도가 저하된다.
　　라. 도장시의 온도는 15°C, 습도는 75%가 가장 좋은 상태이다.

　　〔풀이〕 알로다인 처리는 알루미늄 합금에 대한 처리이며 표면에 화학적으로 얇은 크롬산 피막을 생성시키는 방법이다. 피막은 내마모성은 없으나 뛰어난 내식성이 있어 도장 기초처리나 수리 가공후의 간편한 방식법으로서 널리 사용되고 있다.
　　FRP는 강화 섬유에 에폭시 수지 등의 열경화성 수지를 보강재로서 가하여 성형한 것인데 보강재가 페인트 리무버에 닿으면 침식되어 약해지므로 강도가 저하된다. 도장 시의 온도는 20±2°C, 습도는 50% 전후가 최적이다. 습도가 75% 이상이 되면 도장 면에 수분이 흡착되어 백화 현상을 일으키는 수가 있다.

162. 알루미늄 생산협회(AA)에서 나타내는 알루미늄 합금의 표시로 맞는 것은?
　　가. 3자리 숫자＋문자
　　나. 문자＋4자리 숫자
　　다. 5자리 숫자
　　라. 4자리 숫자

163. 조금 구부러진 2024-T-4 판재를 고칠 때의 작업으로 맞는 것은?
　　가. 구부러진 외측을 가열한다.
　　나. 냉간으로 고쳐 보강한다.
　　다. 냉간으로 고치고 스트레스 제거의 담금질을 한다.
　　라. 구부러진 내측을 가열한다.

160. (나)　　　161. (라)　　　162. (라)　　　163. (나)

제4장. 하드웨어

1. 리벳의 그립 길이(Grip Length)란?

〔**풀이**〕 리벳으로 작업할 금속판(보통 2장)의 두께에 상당한 길이

2. 리벳과 리벳 구멍의 간격은?

〔**풀이**〕 0.002~0.004in(0.005~0.01cm)
 리벳 구멍의 크기와 그 표면 상태는 매우 중요하다. 만약 구멍이 너무 작으면 리벳 작업을 할 때 판의 보호막이 긁혀서 벗겨지게 되고 리벳 구멍이 너무 크게 되면 리벳 작업을 하여도 그 공간을 충분히 채우지 못하여 강도가 떨어지고 구조적 결함이 생겨 충분한 강도를 확보할 수 없게 된다. 따라서 리벳과 리벳 구멍의 간격은 그림과 같이 0.002~0.004in 정도가 적당하다.

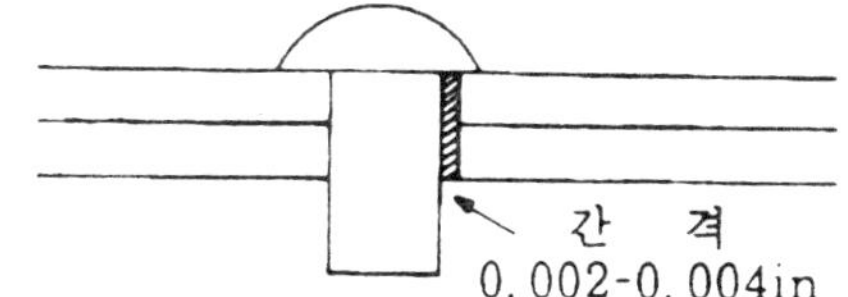

3. 리벳의 **치수**를 설명하시오.

〔**풀이**〕 ① 리벳의 지름
 리벳의 지름은 **접합하여야** 할 판재중에 두꺼운 판재 두께의 3배 정도
 ② 리벳의 길이
 접합할 판재의 두께에 머리를 성형하기 위해 돌출되는 부분의 길이를 합해야 한다. 이 **돌출되는** 부분의 길이는 일반적으로 리벳 지름의 1.5배로 한다.

4. 리벳중에 헉크(Huck), 체리 락크(Cherry Lock) 리벳 같은 특수한 리벳은 어디에 쓰이는가?

〔**풀이**〕 보통 리벳을 치기에 너무 좁거나 뒤쪽 면에 버킹 바를 대는 것이 불가능할 때 사용한다.

5. 리벳을 제거할 경우에 주의할 점은?

〔**풀이**〕 절대로 구멍을 크게 해서는 안된다.

6. 다음 리벳의 규격을 설명하시오.

〔풀이〕 MS <u>20470</u>   <u>D</u>   <u>6</u> - <u>16</u>
            │   │ │   └ 리벳의 길이(16/16 in)
            │   │ └ 리벳 지름(6/32 in)
            │   └ 재질(2017T)
            └ 유니버설 머리 리벳

· 재질에 따른 리벳의 종류

① 1100 리벳(A) : 순수 알루미늄 리벳으로서 열처리가 불필요하며, 비구조용으로 사용된다.

② 2117-T 리벳(AD) : 알루미늄 합금 리벳으로서 구조 부재용 리벳이다. 열처리를 하지 않고 상온에서 작업할 수 있으며 항공기 구조에 가장 많이 사용되는 리벳이다.

③ 2017-T 리벳(D) : 이 리벳은 2117-T 리벳보다 강한 강도가 요구되는 곳에 사용되는 리벳으로서 풀림 처리를 한 후에 사용한다. 풀림 처리를 한 후 상온에 두면 경화되기 때문에 냉장고에 보관하여 사용한다. 이 리벳은 냉장고에서 꺼내서 상온에 노출시키면 약 1시간 후에 50% 정도 경화되고 4일쯤 지나면 완전히 경화된다. 경화된 리벳은 반복적으로 재열처리하여 사용할 수 있으나 열처리의 횟수는 열처리의 방법과 리벳의 상태에 따라 결정된다.

④ 2024-T 리벳(DD) : 이 리벳은 비교적 강도가 높은 구조 부재에 사용하며 열처리를 한 후에 냉장고에 보관하여 사용한다. 리벳 작업은 냉장고에서 꺼낸 후 10~20분 이내에 사용하여야 한다.

⑤ 5056 리벳(B) : 이 리벳은 내식성이 강하므로 마그네슘 합금 구조에 주로 사용되는 리벳이다.

⑥ 모넬 리벳(M) : 이 리벳은 주로 니켈 합금강이나 니켈강 구조에 사용되며 내식강 리벳과 호환적으로 사용할 수 있는 리벳으로서 리벳 작업이 내식강 리벳보다 더 용이하다.

7. 저속 항공기에는 어떤 패치(Patch)를 사용하는가?

〔풀이〕 표면 패치(Surface Patch)나 일반적인 랩 조인트(Lap Joint)를 사용하고 리벳은 유니버설 헤드 리벳을 사용

8. 매끈한 공기 역학적 표면에는 어떤 패치(Patch)를 사용하는가?

　〔풀이〕 플러쉬 패치(Flush Patch)를 사용하고 카운트성크 리벳을 사용

9. 튜브 작업에서 **표준 플레어 각도는?**

　〔풀이〕 37°이고, 또한 이중 플레어 방식은 지름이 3/8in 이하인 알루미늄 튜브에 적용하는 방식이고 그외에는 단일 플레어 방식을 적용한다.

10. 유니버설 헤드 리벳, 머신 카운트성크 리벳, 콜드 딤플 카운트성크 리벳중에서 두께가 동일하다면 가장 강한 항복력을 가진 리벳은?

　〔풀이〕 유니버설 헤드 리벳이다. 왜냐하면 리벳 머리가 재료의 표면에 납작하게 부착되기 때문이다.

11. 응력을 받는 구조재에 사용할 수 없는 리벳은?

　〔풀이〕 지름이 3/32 in(2.38mm)보다 작은 리벳

12. 항공기의 리벳팅 작업에서 최대로 허용되는 연거리는?

　〔풀이〕 리벳 성크 직경의 4배이다.

13. 풀리(Pulley)의 역할을 설명하시오.

　〔풀이〕 풀리는 케이블을 인도하고 케이블의 방향을 바꾸는데 사용된다. 조종 케이블에 사용되는 풀리는 그림과 같이 페놀 합성 재료로 만든 원판의 둘레에 케이블의 규격에 맞도록 홈이 패어 있으며 중앙에는 주기적인 윤활을 하지 않아도 마찰을 최소로 할 수 있도록 밀폐된 볼 베어링이 들어있다. 구조물에 부착된 브라켓(Braket)이 풀리를 지시해준다.

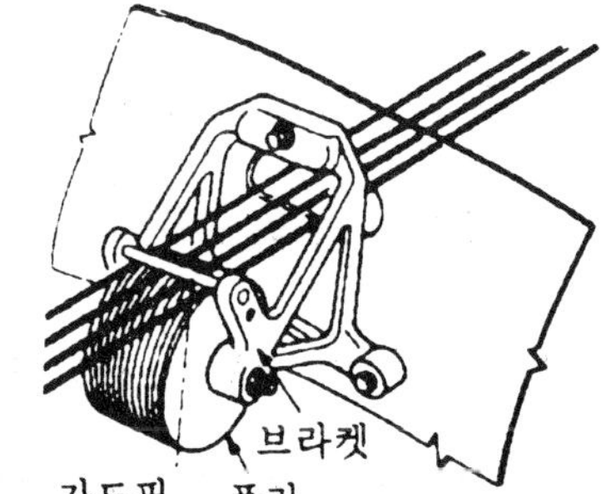

14. 리벳의 배치에 대해 설명하시오.

　〔풀이〕 리벳의 피치는 같은 열에 있는 리벳 중심간의 거리를 의미한다. 그리고 리벳의 횡단 피치는 열과 열 사이의 거리를 뜻하며 연거리는 판재의 모서리와 이웃하는 리벳의 중심까지의 거리를 말한다. 리벳의 피치는 최대 리벳 지름의 6~8배로 하며 최소 피치는 지름의 3배로 한다.

　횡단 피치는 일반적으로 리벳 피치의 75% 정도로서 리벳 지름의 4 1/2~6배이며 최소 횡단 피치는 2 1/2배이다. 리벳의 최소 연거리는 리벳 지름의 2배이며 접시머리 리벳인 경우에는 리벳 지름의 2 1/2배이나 최대 연거리는 리벳 지름의 4배를 넘지 못한다.

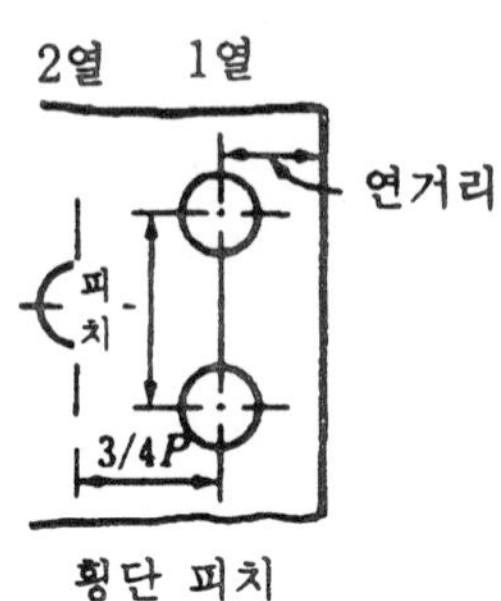

15. 토큐값(나사를 조이는 강도)은 어디서 찾아낼 수 있는가?

　〔풀이〕 제작 회사의 정비 교범(Manual)

16. 안전 결선(Safety Wire)이나 코터 핀(Cottor Pin)은 재사용할 수 있는가?

　〔풀이〕 한번 쓴 것은 모두 버리도록 한다.

17. 케이블의 초장력(Breaking Strengh)이란 무엇인가?

　〔풀이〕 케이블이 발휘할 수 있는 최대의 장력, 보통 파운드로 측정한다.

18. 항공기에 쓰이는 가장 적은 크기의 케이블은?

　〔풀이〕 지름 1/8in

19. 비행기의 조종이 거칠게 느껴진다면 의심할 곳은?

　〔풀이〕 조종 케이블의 장력이 너무 강하다.

20. 항공기용 와셔의 역할은?

〔풀이〕 볼트나 너트에 의한 작용력이 고르게 분산되도록 하며 볼트 그립의 길이를 맞추기 위해 사용되는 부품이다.

명　칭	형　태	규　격
평와셔		AN 960
평와셔		AN 970
고정 와셔		AN 935
고정 와셔		MS 35334 MS 35335
고정 와셔		MS 35336

21. 페어리드(Fairlead)에 대해 설명하시오.

〔풀이〕 페어리드는 조종 케이블이 작동중에 최소의 마찰력으로 케이블과 접촉하여 직선 운동을 하게 하며 케이블을 3° 이내의 범위에서 방향을 유도한다. 이 부품은 서로 엉키거나 다른 구조물에 닿지 않도록 수지판 블록이나 알루미늄판 블록에 케이블이 통과할 수 있도록 1~2개 이상의 케이블 통과 구멍이 뚫어져 있다.

페어리드는 서로 먼 거리에 연결되어 있을 때 케이블이 처지거나 진동에 의해 흔들리지 않도록 일정한 간격으로 설치해야 한다.

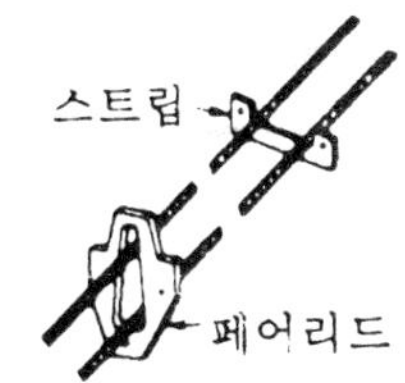

22. 케이블(Cable)을 검사할 때 쓰는 방법은?

〔풀이〕 부드러운 면으로 케이블을 훑어보아 날카로운 부분을 찾아낸다.

23. 다음 너트의 규격을 설명하시오.

〔풀이〕 AN　<u>310</u>　<u>D</u>－<u>5</u>
　　　　　　　│　　│　　└ 사용 볼트의 지름(5/16 in)
　　　　　　　│　　└ 재질(2017T)
　　　　　　　└ 캐슬 너트

명　　칭	형　　태	규　　격
평너트		AN 315 AN 355
캐슬 너트		AN 310
캐슬 전단 너트		AN 320
첵크 너트		AN 316
자동 고정 너트		NAS 1021
자동 고정 너트		NAS 1022
자동 고정 너트 (1200°F)		MS 20503
자동 고정 너트 (450°F)		MS 21042
외부 렌칭 너트		EB
나비 너트		MS 35425
플레이트 너트		MS 21047～MS 21087

24. 턴버클을 검사할 때 유심히 살펴봐야 할 점은?

〔**풀이**〕 나사산이 3개 이상 나와서는 안되고 안전선으로 네바퀴 이상 감겨져야 한다.

25. 스크류와 볼트와의 차이점은?

〔**풀이**〕 차이점으로는 스크류는 재질의 강도가 낮고 나사가 비교적 헐거우며 명확한 그립의 길이를 갖추지 않고 있다는 점이다.

명 칭	형 태	규 격
구조용 스크류		NAS 220~NAS 227
구조용 스크류 (100° 접시 머리)		AN 509
구조용 스크류 (필리스터 머리)		AN 502, AN 503
구조용 스크류 (와셔 머리)		AN 525
기계용 스크류		AN 526
기계용 스크류 (100° 접시 머리)		NAS 200
자동 태핑 스크류		NAS 528

26. 케이블 계통에서 가드(Guard)의 역할을 설명하시오.

〔**풀이**〕 그림과 같이 가드는 케이블 조종 장치에서 케이블의 이탈을 방지하며 안내 역할 및 미끄러짐, 엉킴 등을 방지하는 것이다.

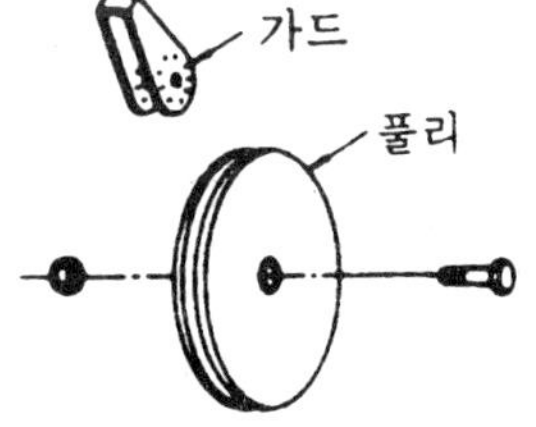

27. 케이블을 겹치기 이음(Splicing)하는 것은 허용되는가?

〔**풀이**〕 풀리에서 2인치 이상 떨어진 곳이라면 괜찮다.

28. 케이블 드럼(Cable Drum)에 대해 설명하시오.

　〔풀이〕 케이블 드럼은 그림에서 알 수 있듯이 주로 탭(Tab) 조종 계통에 많이 쓰는데 케이블 드럼을 회전시키면 드럼은 탭을 작동시키기 위해서 웜 기어(Warm Gear)와 푸시 풀 로드를 작동시킨다.

　드럼이나 벨크랭크, 레버 암, 토큐 튜브, 푸시 풀 로드, 쿼드란트 등은 힘을 전달하는 기능을 맡고 있다.

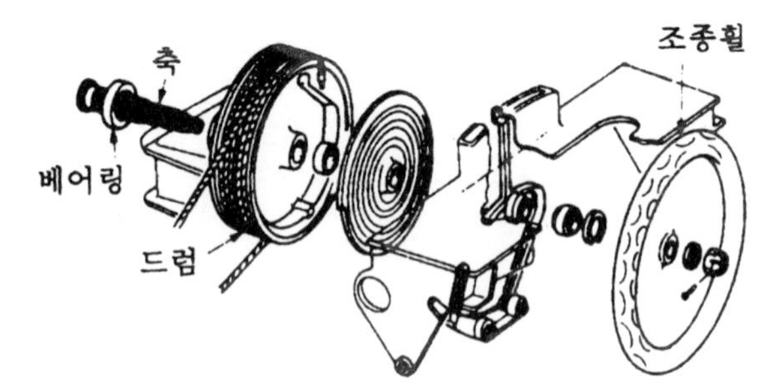

29. 케이블에는 어떤 종류들이 있는가?

　〔풀이〕 초가요성 케이블(Extraflexible : 7×19)—대단히 유연함
가요성 케이블(Flexible : 7×7)—보통 유연함
비가요성 케이블(Nonflexible : 1×19)—유연하지 않음

30. 클리코 패스너(Cleco Fastener)란 어떤 것인가?

　〔풀이〕 작업할 판금의 리벳 구멍에 삽입하는 기구인데 리벳팅이 끝날 때까지 두 판금을 붙잡는 것이다. (Sheet Fastener)

31. 셋트백(Set Back)을 구하는 공식을 쓰시오.

　〔풀이〕 $SB=K(R+T)$
여기서 K : 굴곡 각도에 따른 상수
　　　　R : 굴곡 반경
　　　　T : 판재의 두께

32. 굽힘 작업을 할 때 최소 곡률 반경을 고려해야 하는 이유는 무엇인가?

　〔풀이〕 최소 이하일 때는 굴곡 모서리에 균열이 생긴다.

33. 다음 볼트의 규격을 설명하시오.

〔풀 이〕　AN 3 <u>DD</u> - <u>6</u>
　　　　　　　│ │ 　│ 　 └ 그립의 길이 (6/8 in)
　　　　　　　│ │ 　└ 재질 (2024T)
　　　　　　　│ └ 지름 (3/16 in)
　　　　　　　└ 표준 육각머리 볼트

명　　칭	형　　태	규　　격
표준 육각머리 볼트		AN 3～AN 20
클레비스 볼트		AN 21～AN 36
아이 볼트		AN 42～AN 49
드릴헤드 볼트		AN 73～AN 81
정밀 공차 볼트 (100° 접시 머리)		NAS 663～NAS 668
정밀 공차 볼트 (육각 머리)		NAS 673～NAS 678
정밀 공차 볼트		NAS 4104～NAS 4116
내부 렌칭 볼트		NAS 144～NAS 158
12각 머리 볼트		MS 9033～MS 9039

34. 판금을 생산하는데 쓰이는 방법은?

　〔풀 이〕 접기 가공 (Folding), 가운데가 들어간 구형의 가공 방법 (Bumping), 한쪽 길이를 짧게 하기 위하여 주름지게 하는 가공 (Crimping), 수축 가공 (Shrinking), 신장 가공 (Stretching) 등이 있다.

35. 항공기 작업에는 전기 드릴보다 에어 드릴을 사용한다. 그 까닭은 무엇인가?

〔**풀이**〕 전기 드릴은 작업중에 선이 잘릴 위험이 있고 에어 드릴이 내구성이 크기 때문이다.

36. 섹터(Sector)에 대해 설명하시오.

〔**풀이**〕 섹터는 그림과 같이 부채꼴로 생긴 것으로서 케이블을 유도하여 운동 방향을 바꿔주며 조종 로드, 케이블, 토큐 튜브 등과 같은 부품에 운동을 전달한다.

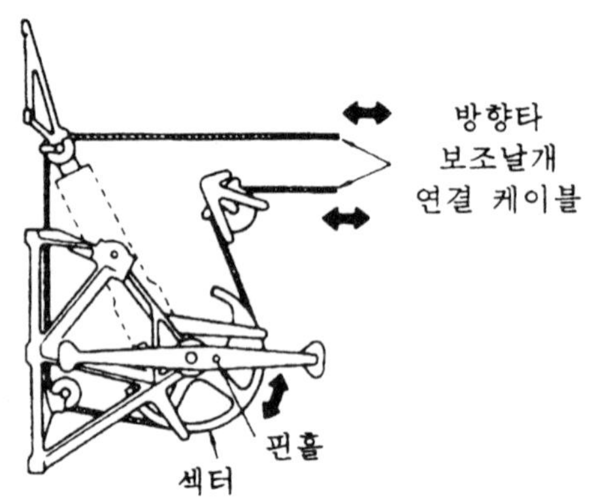

37. 볼트에서 그립(Grip)이란?

〔**풀이**〕 그립이란 나사가 나있지 않은 부분의 길이로서 체결하여야 할 부재의 두께와 일치한다.

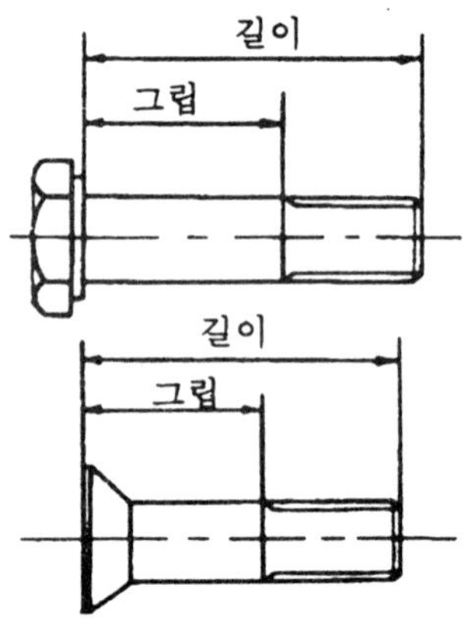

38. 금속판을 굴곡시키기 전에 계산해야 할 것들은?

〔**풀이**〕 구부리고 난 후의 치수가 계획했던 치수와 일치해야 하므로 몇 도로 구부릴 것인지, 반지름은 어느 정도로 하며 금속판의 두께는 얼마로 할지 등을 미리 계산해야 한다.

39. 수리 작업에서 손상된 부분을 산정할 경우에 제작사 정비 교범과 부품 교범을 사용하는 이유는 무엇인가?

　〔풀이〕 손상 범위 평가와 수리 방법이 제시되어 있다.

40. 금속 중립축(Neutral Axis)은 어디에 위치해 있는가?

　〔풀이〕 금속판의 굽힘에서 내부 곡선에서 받는 압축이나 외부 곡선에서 받는 인장의 영향을 받지 않는 곳에 있다. 금속판의 중심에 있는 것같지만 실제로는 굽힘 두께의 내부에서부터 44.5% 지점에 위치해 있다.

41. 세트백은 무엇인가?

　〔풀이〕 판금 굽힘 작업시 성형선과 굴곡 접선의 거리를 말한다(설계할 때). 세트백을 구하는 공식은 $SB = K(R+T)$ 이며 굽힘 작업할 재료가 $90°$ 이면 ″K″는 1이다. 계산기를 사용하거나 K도표에서 ″K″ 계수를 구한다.

42. 판재의 굽힘 허용량(Bend Allowance)을 구하는 공식은?

　〔풀이〕 ① π 공식
　$BA = (\pi \times D)/(360/N°)$
　② 2π 공식
　$BA = \{(2\pi)(R + \frac{1}{2}T)\}/(360/N°)$
　③ 경험 공식
　$BA = (0.01743 \times R + 0.0078 \times T)N°$
　$\pi : 3.14$
　$D :$ 굴곡 반경×2+재료 두께
　$N° :$ 굴곡 각도
　$T :$ 재료 두께
　$R :$ 굴곡 반경

43. 곡률 반경이 커지면 굴곡 허용량은 어떻게 되는가?

　〔풀이〕 커진다.

44. 드릴링 후 구멍 가장자리에 남아있는 부스러기를 제거하는데 가장 좋은 도구는?

〔풀이〕 구멍의 직경보다 한 배 또는 두 배 큰 트위시트 드릴

45. 슬립 롤 포머(Slip Roll Former)를 사용하는 판금 작업의 종류는?

〔풀이〕 큰 반경의 단순한 커브 성형

46. 항공기 구조인 판금을 리벳으로 수리할 때 리벳의 전단 강도와 판금의 항복 강도를 비교하면 어느 힘이 더 강한가?

〔풀이〕 두 강도는 서로 비슷한 것 같지만 항복 강도가 반드시 더 세어야 한다.

47. 굴곡 허용량을 구하고자 할 때 필요한 3가지 항목은?

〔풀이〕 굴곡 반경, 재료의 두께, 굴곡 각도

48. 굴곡 허용량은 무엇인가?

〔풀이〕 판을 구부리는데 소요되는 길이로써 설계된 직선 거리에 더해지는 재료의 양

49. 항공기 구조인 판금을 수리할 경우에 고려해야 할 점은?

〔풀이〕 수리는 반드시 손상된 부위의 강도를 복원해야 하고 부품의 공기 역학적 모양이 변화되지 않아야 한다.

1. 볼트에 대한 설명으로 옳은 것은?
   가. AN 21~37 계열의 합금강 볼트는 인장 응력을 받는 곳에 사용한다.
   나. AN 3~20 계열의 합금강 볼트에서 직경이 3/16in 이상인 것은 1
   　차 구조부에 사용할 수 있다.
   다. NAS 6603~6620 계열의 합금강 볼트는 온도가 높은 곳에 사용한다.
   라. MS 내부 육각머리 볼트는 NAS 내부 육각머리 볼트와 교환 가능
   　하다.

　〔풀이〕 AN 21~37 계열은 크레비스 볼트로 전단 응력용이다. 고온부에 사용하는
볼트는 NAS 6703~NAS 6720 계열이다. MS 볼트는 필렛이 롤 가공되어 있고, 볼
트머리 높이가 높기 때문에 피로 강도가 커서 NAS 볼트로 교환할 수는 없다.

2. 가장 많이 쓰이는 항공기용 볼트의 등급은?
   가. 4등급 나사산
   나. 3등급 나사산
   다. 2등급 나사산
   라. 1등급 나사산

3. 리벳팅 작업을 할 때 사용하는 버킹바의 역할은?
   가. 리벳의 머리를 지탱한다.
   나. 리벳 작업시 판금을 지탱한다.
   다. 드릴을 고정하는 것이다.
   라. 성형 머리를 만든다.

　〔풀이〕 버킹바의 목적은 리벳 머리를 성형하는
것이다. 적당한 버킹바를 고르는 것은 리벳 작업중
가장 중요한 요소의 하나이다. 버킹바가 너무 가벼우
면 필요한 중량을 주지 못하고 판재는 성형머리 쪽으
로 눌린다. 너무 무거우면 판재는 원래의 머리 쪽으
로 눌린다. 버킹바는 리벳 축(리벳 샹크)과 직각으로
유지하고 리벳을 강하게 눌러서는 안된다.

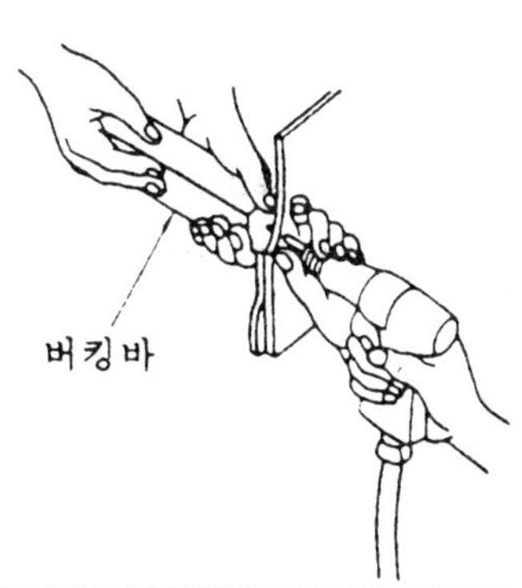

1. (나)　　　　2. (나)　　　　3. (라)

4. 다음에서 바른 것을 고르시오.
   가. 알루미늄 합금의 T3은 인공 시효 경화시킨 것이다.
   나. 리벳 직경은 수리되는 부근의 리벳의 직경을 참고하여 정한다.
   다. 교환용 리벳은 가능한 한 같은 강도를 가지고 또한 1사이즈 위인
      것을 사용한다.
   라. 항공기 축에 직각인 균열은 수리 가능하지만 평행한 균열은 불가능
      하다.

   〔풀이〕 (가) 알루미늄 합금 조직 기호 T3은 용체화 처리후 냉간 가공한 것으로 제
   작자가 실시한다.
   (나) 수리에 사용하는 리벳 직경은 손상부 또는 근접한 주변부에 사용되고 있는 리벳
      시리즈와 같은 것을 이용한다. 예를 들면 동체이면 수리 개소 전방의 리벳 사이즈
      를, 날개이면 수리 개소의 안쪽의 리벳 사이즈를 참조한다.
   (다) 교환용 리벳은 가능한 한 같은 길이이고 같은 강도를 가지는 리벳일 것
   (라) 기체 구조부에 발생하는 균열은 일반적으로 방향에 관계 없이 수리 가능하다.

5. 다음 설명중에서 틀린 것은 어느 것인가?
   가. 일반적으로 리벳은 같은 합금의 같은 크기로 교환한다.
   나. 와셔는 볼트 손상을 방지하거나 응력 분산을 위해 사용된다.
   다. 구조용 나사(스크류)는 인장력에 대하여 효과가 있다.
   라. 자동 고정 너트는 회전하려고 하는 힘이 가해지는 곳에 사용해서는
      안된다.

   〔풀이〕 구조용 스크류는 일반적으로 인장력이 아닌 전단력에 대하여 효과가 있다.

6. 육각머리 볼트의 머리부에 삼각형 속에 X가 새겨져 있다면 이것은 어
   떤 볼트인가?
   가. 내부 렌칭 볼트
   나. AN 표준 볼트
   다. NAS 정밀 공차 볼트
   라. 내식성 볼트

---

4. (나)   5. (다)   6. (다)

7. 카운터 성크 리벳(Countersunk Rivet)이 주로 사용되는 곳은?
　가. 아무데나 사용된다.
　나. 항공기 스킨용으로 사용된다.
　다. 항공기 내부 구조의 결합에 사용된다.
　라. 내부 구조물에 많이 사용되며 두꺼운 판을 접합하는데 사용된다.

8. 볼트 머리에 대쉬선이 하나가 표시되어 있는 볼트의 종류는?
　가. NAS 정밀 공차 볼트
　나. NAS 표준 항공 볼트
　다. AN 표준 강철 볼트
　라. AN 알루미늄 볼트

9. 볼트와 너트를 조일 때의 작업으로 맞는 것은?
　가. 최적의 토큐값에 마찰 저항 토큐값을 가하여 조인다.
　나. 볼트의 최적 토큐값을 표에서 구하여 조이면 좋다.
　다. 최적의 토큐값에서 마찰 저항 토큐값을 빼고 조인다.
　라. 마찰 저항이 없어질 때까지 나사산에 기름을 친다.

　　〔풀이〕 볼트와 너트를 조일 때는 바른 토큐값을 사용하는 것이 중요하다. 토큐 부족은 너트와 볼트 뿐만 아니라 조여진 부품의 불필요한 마모나 불균등한 하중이 전해져 비정상적인 마모나 피로 때문에 조기 고장을 일으키게 된다. 또 과잉 토큐는 나사부에 초과 응력이 가해져서 볼트 또는 너트의 파손을 일으킨다.
　일반적인 방법으로 너트를 조임면에 접하게 되는 곳까지 돌린 후 그때부터 너트를 돌리는데 필요한 "마찰 저항 토큐"를 조사하여 제작자에 의해 권장되는 최적의 토큐값에 이 "마찰 저항 토큐"를 가한다. 이것이 최종 토큐값으로 사용되는 것으로 지시기가 지시하거나 리미트식(Limit Type) 토큐 렌치로 프리세트(Preset)하는 수치이다.

10. 금속을 거의 파괴점에 도달하게 구부릴 때의 곡률 반경은?
　가. 최소 곡률 한도
　나. 최대 곡률 반경
　다. 최소 곡률 반경
　라. 최대 곡률 한도

---

7. (나)　　　8. (다)　　　9. (가)　　　10. (다)

11. AN 육각 볼트로 바른 것 두개를 고르시오.

　가. 볼트의 직경은 1/32 in의 배수이고 길이는 1/16 in의 배수로 표시한다.

　나. AN 알루미늄 합금 볼트는 튀어나온 (+)자나 별표가 있다.

　다. 1차 구조에는 직경 1/4 in 이하의 알루미늄 합금 볼트는 사용할 수 없다.

　라. 정비와 검사를 하기 위해 가끔 장탈하는 곳에는 알루미늄 합금은 사용할 수 없다.

　마. 리어 볼트는 아주 가는 눈이고 직경의 공차는 ±0.0005 in이다.

〔풀이〕 항공기용 6각 볼트는 인장 또는 전단 하중을 포함하는 일반 용도에 사용되는 다목적 구조용 볼트이다. 9/16 in(#10)보다 작은 강 볼트 및 1/4in보다 작은 알루미늄 합금 볼트는 1차 구조에는 사용해서는 안된다. 알루미늄 합금 볼트 및 너트는 정비와 검사 목적으로 자주 떼어내고 장착하는 곳에는 사용해서는 안된다.

　(가) AN 육각 볼트의 치수는 직경이 1/16in 배수로 길이는 1/8in의 단위로 되어 있다.

　(나) +자는 AN 표준 강 볼트이고 횡선은 내식강, 2개의 선은 AN 알루미늄 합금 볼트이다.

　(마) 세목의 정밀 공차 볼트의 직경 공차는 AN 173~179는 0.0005in로, 180은 0.0006in, 182는 0.0007in, 184는 0.0008in, 186은 0.0010in로 다양하다.

　AN 3~20의 일반 볼트의 공차는 0.003~0.006 in로 한자리수 다르다. 또 정밀 공차 볼트의 그립과 길이의 공차는 1/16~1/64~1/32 in까지 여러가지가 있다.

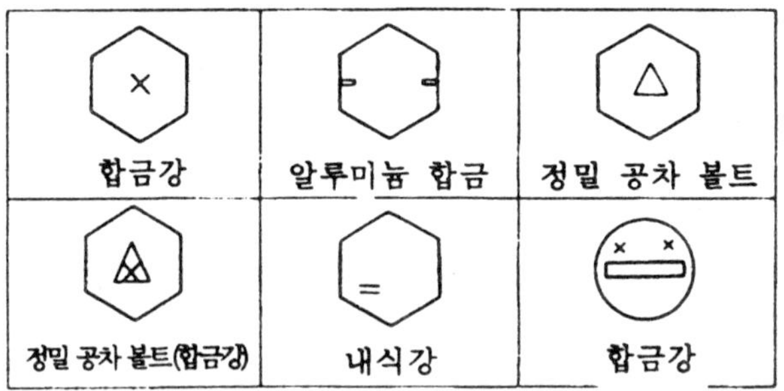

주 : AN 이외의 MS, NAS에서는 적용되지 않는다.

---

11. (다) (라)

12. 판금을 굽힐 경우에 늘어나지도 줄어들지도 않는 부분은?

　가. 접어 구부린 절선

　나. 중립선

　다. 바깥쪽 몰드선

　라. 안쪽 몰드선

　〔**풀이**〕 평판을 굽히면 굽어지는 외측 재료는 인장되어 늘어나고 내측은 압축되어 조여진다. 그러나 이 양측간 어떤 거리인 곳에는 어느 쪽에서의 영향도 받지 않는 부분이 존재한다. 즉 평판이 굽힘 하중을 받아도 치수가 변화하지 않는 부분이 있다. 이 것을 중립선이라고 한다.

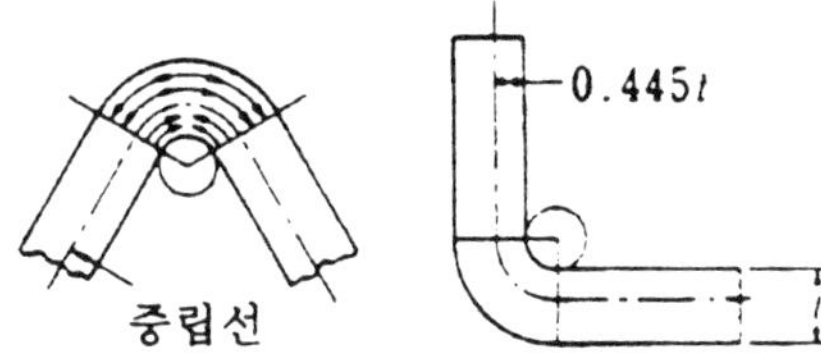

　중립선의 바른 위치는 통상 굽힘 반경의 내측에서 거의 판 두께 중심에 있다고 계산해도 실용상 지장이 없다.

13. AN 크레비스 볼트는 항공기의 어느 부분에 사용되는가?

　가. 전단력이 적용되는 곳

　나. 외부 인장력이 적용되는 곳

　다. 인장력과 전단력이 적용되는 곳

　라. 착륙 기어 장치

14. 다음 설명중 옳은 것은?

　가. 나사산의 호칭 직경은 유효 지름으로 나타낸다.

　나. 풀스레드 볼트(Full Thread Bolt)는 전단과 인장에도 사용된다.

　다. 정밀 공차 볼트에는 0.032 in 이상 두께의 와셔를 사용한다.

　라. 크레비스 볼트는 전단과 인장 응력용에 사용된다.

　〔**풀이**〕 ① 나사산의 호칭 직경은 수나사일 때 나사산, 암나사일 때는 나사골 직경이다.

② 풀스레드 볼트는 축부분 전체에 나사가 있는 것으로 인장에만 사용한다.

③ 크레비스 볼트는 전단에만 사용한다.

---

12. (나)　　　　**13.** (가)　　　　**14.** (다)

15. 항공기 정비에서 볼트와 너트로 접합 장착된 부품은 비행중 빠질 우려가 있다. 이것을 방지하기 위한 방법에는 안전 결선 또는 코터핀을 장착하는 방법이 있다. 안전 결선이나 코터핀은 몇번까지 사용할 수 있는가?
   가. 계속 여러번 사용하여도 된다.
   나. 1번 사용후 재사용은 못한다.
   다. 2번까지 사용한다.
   라. 3번까지 사용한다.

16. 아이 볼트를 가진 푸시 풀 튜브와 함께 작동하는 비행 조종 장치를 점검할 때 정비사는 다음중 어느 것을 점검해야 하나?
   가. 로드가 정확히 정렬되어 있나 점검
   나. 검사 구멍에 나사산이 적당히 물려 있나 점검
   다. 적당한 윤활이 되어 있나 점검
   라. 위 전부가 해당된다.

17. 일반적으로 채결용으로 사용해서는 안되는 리벳의 지름은?
   가. 3″/32 이상
   나. 5″/32 이하
   다. 3″/32 이하
   라. 5″/32 이상

18. 다음 어느 계통에 크레비스 볼트가 가장 혼히 장착되는가?
   가. 전기 계통
   나. 파킹 브레이크 계통
   다. 비행 조종 계통
   라. 강착 장치 계통

19. 평너트(Plain Nut)에 사용하는 안전 장치는 어느 것인가?
   가. 평와셔(Plain Washer)를 쓴다.
   나. 락크 와셔(Lock Washer)나 체크 너트(Check Nut)를 쓴다.
   다. 코터핀(Cotter Pin)을 쓴다.
   라. 세이프티 와이어(Safety Wire)를 한다.

---

15. (나)　　　16. (라)　　　17. (다)　　　18. (다)　　　19. (나)

20. 다음 그림과 같이 90°로 접어 구부린 판금의 전개도의 길이를 구하라.
식도 명기하라.

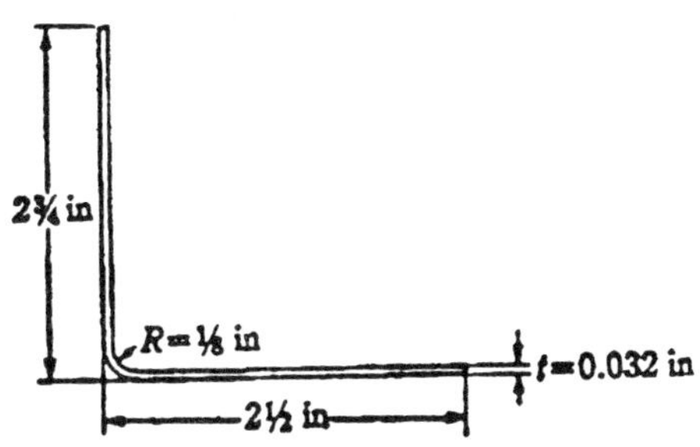

〔풀이〕 5.517in

굽힘 반경 R=1/8in, 판 두께 t=0.032in

굽힘 각도 A=90°로 하면

굴곡 허용량$=2\pi(R+1/2t)\times A/360$

따라서 90° 구부린 허용량은

$2\pi\times(1/8+1/2\times0.032)\times90°/360$

$=0.22$in로 된다.

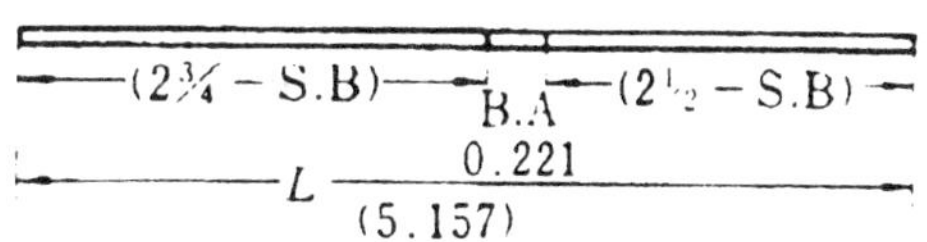

높이(셋트백)는 $K(R+t)$이 되고 90° 구부릴 때는 $K=1$이 된다. 90° 구부리는 배반
높이 $X=1/8+0.032=0.157$in

따라서 전개 길이 $L=(2\frac{3}{4}-0.157)+0.221+(2\frac{1}{2}-0.157)=5.157$in가 된다.

21. 항공기용 볼트의 식별 기호에서 도면과 같이 볼트 머리 앞면에 부호가
의미하는 것은 무슨 볼트를 나타낸 것인가?

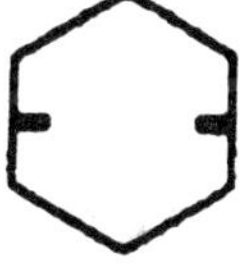

　가. 강철 볼트
　나. 특수 볼트
　다. 재가공 볼트
　라. 알루미늄 합금 볼트

22. 자동 고정 너트(Self Locking Nut)의 사용상의 주의사항으로 틀린
것은?

　가. 너트에 탭을 내지 말 것
　나. 볼트 끝의 나사가 한피치 이상 나올 것

---

20. 풀이 참조　　　　21. (라)　　　　22. (다)

다. 원칙적으로 사용 회수는 무제한이나 화이버계는 약 200회이다.
라. 조일 때 드라이버 토큐는 제한된다.

23. AN 볼트의 머리에 붙어 있는 식별 마크의 의미에 대해 적당한 것을 고르시오.

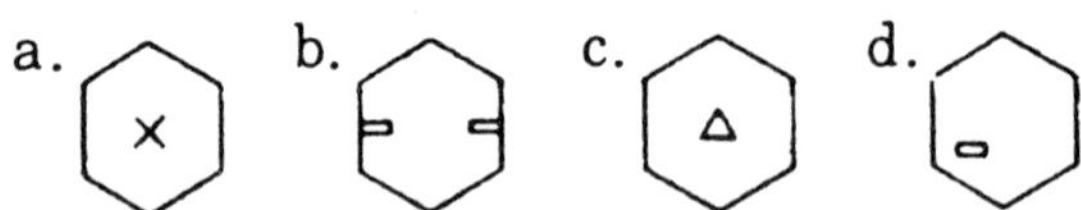

가. 알루미늄 합금
나. 내식강
다. 합금강
라. 정밀 공차 볼트

〔풀이〕 (a)-(다), (b)-(가), (c)-(라), (d)-(나)
볼트의 재료, 용도, 처리 등에 의해 볼트를 식별하기 쉽도록 볼트 머리에 마크가 붙어 있다. 이 마크는 MS, NAS에서는 적용되지 않는다.

24. 다음 설명중 맞는 것은?
가. 스크류는 머리와 나사 부분에서 인장력을 담당하고 볼트는 머리와 너트의 나사 부분에서 인장력을 분담한다.
나. 스크류는 머리의 형상만이 볼트와 다르므로 주요 구조 부분에 사용된다.
다. 일반적으로 볼트와 스크류는 정밀도가 같다.
라. 셀프 태핑 스크류는 2차 구조 부재의 조임에 사용한다.

〔풀이〕 스크류와 볼트의 차이는 다음과 같다.
① 스크류의 머리에는 드라이버가 사용될 수 있는 홈이 있다.
② 나사의 등급은 스크류가 클래스 2에 보통의 끼워맞춤이고 볼트는 클래스 3에 중간 끼워맞춤이다.
③ 스크류는 볼트에 비해 강도가 낮다.
④ 스크류는 볼트에 비해 긴 나사 부분을 가지고 있고 그립도 분명히 정해져 있지 않다.

---

23. 풀이 참조   24. (라)

25. AN 310D-5 너트에서 5는 무엇인가?
　　가. 재료 식별 기호
　　나. 평너트를 의미하는 것
　　다. 사용 볼트의 지름(5/16인치)
　　라. 사용 볼트의 지름(5/32인치)

26. 알루미늄 합금에 대해 바르게 설명한 것은?
　　가. 2024는 내식성, 가공성이 좋아 스킨에 사용된다.
　　나. T4는 용체화 처리후 냉간 가공을 한 것이다.
　　다. 7075는 1차 구조 부재 및 그 부재의 결합 리벳에 사용된다.
　　라. 순알루미늄의 표면은 공기중에서 곧 산화되어 산화 피막을 생성하
　　　　므로 내식성이 뛰어나다.

　　〔풀이〕① 2024는 내식성은 좋지 않으나 점성이 강하고 피로 강도가 높아 알크래
　　드하여 동체 스킨 등에 많이 사용된다.
　　② T4는 용체화 처리후 자연 시효한 것이다.
　　③ 7075는 2024보다 강도가 약 20% 정도 높고 1차 구조 부재 및 그밖의 주요 부재
　　에 많이 사용되고 있다. 그러나 결합 리벳으로는 사용되지 않는다.

27. 리벳을 교환할 때의 바른 방법은?
　　가. 항상 리벳 구멍을 다음 큰 사이즈의 드릴로 넓힌다.
　　나. 항상 1/4 사이즈 더 큰 리벳을 사용한다.
　　다. 항상 1/2 사이즈 더 큰 리벳을 사용한다.
　　라. 원래 리벳과 같은 사이즈의 리벳이 구멍에 잘 맞으면 그것을 사용
　　　　하고 맞지 않으면 구멍을 다음 큰 사이즈 드릴로 넓히고 그것에 맞는
　　　　리벳을 사용한다.

　　〔풀이〕교환용 리벳은 가능한 한 사이즈와 강도가 같은 것으로 교환하여야 하며,
　리벳 구멍이 너무 커졌거나 변형 또는 그외 손상이 있을 경우는 그다음 크기의 리벳 사
　이즈와 맞도록 드릴 또는 리머로 작업해야 한다. 그러나 이 경우에 연거리 및 리벳 간
　격은 규정된 최소 길이보다 작아지지 않도록 주의할 필요가 있다.

---

25. (다)　　　　26. (라)　　　　27. (라)

28. 비금속제 인서트 너트에서 파이버 또는 나일론 부분이 손으로 죄어도 쉽게 죄여질 때의 처치는?

　가. 버린다.

　나. 1회만 더 사용한다.

　다. 도금을 해서 사용한다.

　라. 규정된 토큐를 2번 반복하여 사용한다.

〔풀이〕 파이버 칼라, 나일론 칼라가 있는 너트에 대해서는 손으로 조여가면서 칼라가 있는 곳에서 볼트의 회전이 멈춰지면 재사용 가능하다.

29. 호스 및 튜브에 관한 바른 설명은?

　가. 알루미늄 튜브는 유압 계통의 압력 라인으로 흔히 사용된다.

　나. 고착 방지제로 시스템액을 사용하는 경우 피팅을 시스템액 속에 완전히 담그면 효과적이다.

　다. 호스 어댑터는 좌우의 피팅 타입은 다르지만 사이즈는 같다.

　라. 튜브를 구부린 경우 만곡 부분의 찌그러진 쪽의 작은 직경이 처음 외경의 75%까지 허용된다.

〔풀이〕 ① 유압 계통의 압력 라인으로는 강도가 큰 스테인레스강 튜브가 흔히 사용되고 알루미늄제는 리턴 라인에 주로 사용된다.

　② 시스템액을 사용하는 경우는 시일면과 나사에만 액체를 바른다.

　③ 찌그러짐의 한도는 사용 압력 및 튜브 재료에 따라 다르고 일반적으로 다음과 같이 계산한다.

$$변형률(\%) = \frac{최대\ 외경 - 최소\ 외경}{공칭\ 외경} \times 100$$

사용 압력	튜브의 재료	찌그러짐의 한도
1,000PSI 이상	알루미늄 합금 내식강 티타늄 합금	10% 5%
1,500PSI 이상	알루미늄 합금 내식강 티타늄 합금	5% 3%

---

28. (가)　　　**29.** (다)

30. 리벳의 길이는?
  가. 직경에 의해 측정하며 표준 리벳은 직경의 4배
  나. 모든 리벳은 같은 길이며 원하는 길이를 잘라쓴다.
  다. 머리 아랫면부터 성크의 끝가지, 단 카운터성크는 제외
  라. 머리 윗면부터 성크 끝까지

31. 볼트에 나일론제 자동 고정 너트를 사용할 때 볼트 나사산의 끝은?
  가. 너트 윗면과 같은 면일 것
  나. 너트 윗면에서 5/16in 이상 나올 것
  다. 너트 윗면에서 적어도 3산 이상 나올 것
  라. 너트 윗면에서 적어도 1/32in 이상 나올 것

  〔풀이〕 볼트 나사 끝은 너트 윗면에서 1/32in 이상 나와있어야 한다.

32. 다음중에서 1회 이상 재사용이 가능한 것은 어느 것인가?
  가. 탭 와셔
  나. 핀
  다. 스프링 와셔
  라. 안전결선

33. 항공기 1차 구조부에 "Self-Tapping Screw"의 사용은?
  가. 그 나사산이 통하여 충분히 조여져야 한다.
  나. 150mph의 속도를 초과하지 않은 항공기에 적용된다.
  다. 금지되고 있다.
  라. 일종의 백업용으로 1차 구조부에 사용한다.

34. 테프론 호스의 취급상 주의할 점으로 바른 것은?
  가. 고온, 고압에 노출되어도 영구 변형은 되지 않는다.
  나. 굽혀져 있던 호스는 똑바로 펴도 괜찮다.
  다. 약간의 구부러짐, 과잉 회전이 가해져도 거의 영향이 없다.
  라. 온도에 대한 사용 범위가 고무 호스에 비해 넓다.

---

30. (다)   31. (라)   32. (다)   33. (다)   34. (라)

〔풀이〕 테프론 호스는 우수한 성질을 가지고 있으므로 많은 항공기의 시스템에 사용되고 있다. 그러나 취급에는 충분한 주의가 필요하다. 사용 온도 범위는 $-65°F(-54°C)$에서 $450°F(232°C)$로 넓고 온도와 압력 때문에 고무 호스를 사용할 수 없는 경우에 사용된다. 고온, 고압에는 약하여 영구 변형을 일으킨다. 지나친 굴곡, 과잉 회전은 약간이라도 약해지므로 주의해야 한다. 또 사용하던 호스는 똑바로 펴서는 안된다.

35. 카운터성크 스크류의 길이 측정은 어떻게 하는가?

가. 스크류 헤드를 제외한 거리
나. 나사산까지의 길이
다. 전체 길이
라. 스크류 헤드의 최대 직경에서부터 나사산이 있는 끝까지의 거리

36. 탭 작업에서의 주의사항으로 틀린 것은?

가. 탭 핸들은 탭의 크기에 적합한 것을 사용한다.
나. 탭 핸들은 양손으로 돌린다.
다. 탭을 처음 작업할 때는 탭이 기울지않게 직각자를 대본다.
라. 탭은 처음부터 끝까지 일정한 속도로 계속 돌린다.

〔풀이〕 탭은 계속 돌리지 말고 2/3회전 정도 돌린 뒤 조금 뒤로 돌리고 다시 회전시킨다. 이것은 날 끝의 절삭 가루를 제거해서 날 끝에 기름이 묻도록 하기 위한 것으로 이것을 소홀히 하면 부러지거나 탭이 돌아가지 않게 되거나 나사산이 떨어져 나간다.

37. 호스를 장착할 때는 필요한 길이의 몇% 정도 여유를 주는가?

가. 2~5%
나. 5~8%
다. 10~13%
라. 15~18%

〔풀이〕 호스에 압력이 걸렸을 때 호스의 지름은 약간 확대되나 그 반면 길이는 짧아진다. 따라서 호스의 길이는 5~8%의 여유를 주는데 충분해야 한다. 따라서 직선 길이보다 5~8% 길게 한다.

---

35. (다)   36. (라)   37. (나)

38. 항공기 카울링에 흔히 사용되는 쥬스 패스너(Dzus Fastener)의 머리
  에는 무엇을 표시하는가?
    가. 재료의 제조업자 및 종류
    나. 몸체 길이, 머리 직경, 재료 종류
    다. 몸체 직경, 머리 종류, 패스너의 길이
    라. 제조업자 및 판매인

39. 호스를 고정하기 위해 클램프를 몇cm 간격으로 고정하나?
    가. 60cm
    나. 50cm
    다. 40cm
    라. 30cm

40. 외경이 3/8in 이하인 5052 합금으로 된 유압 배관은 어떻게 플레어
  (Flare)를 해야 하는가?
    가. 45도 2중 플레어
    나. 37도 2중 플레어
    다. 45도 단순 플레어
    라. 37도 단순 플레어

41. 헬리코일(Helicoil) 사용으로 틀린 것은 다음중 어느 것인가?
    가. 기밀성을 좋게 하기 위해서 사용한다.
    나. 헬리코일 나사골을 내는 공구가 필요하다.
    다. 나사산이 마모했을 때 이용하는 것이다.
    라. 응력의 분산을 도모한다.

  〔풀이〕 헬리코일은 암나사가 잘려있는 부재로 그 나사산의 마모를 막거나 나사부를
강화하거나 파손된 나사산의 재생 등으로 사용된다. 원래 수나사와 암나사 만으로는 아
무리 정확하게 가공해도 엄밀한 기밀성을 유지하기는 어렵다. 기밀을 유지하기 위해서
는 나사가 물리는 부분에 적당한 가스켓트를 이용해야 한다. 헬리코일을 사용할 경우는
필요한 나사에 대응한 구멍 직경보다 한 치수 작은 드릴을 골라서 구멍을 뚫는다. 그후
헬리코일 전용 탭으로 나사를 가공한다.

38. (다)   39. (가)   40. (나)   41. (가)

헬리코일에 의해서 암나사와 수나사가 바르게 접합되면 각 나사산에 가해지는 하중이
평균화되고 응력이 분산되므로 피로 강도도 커진다.

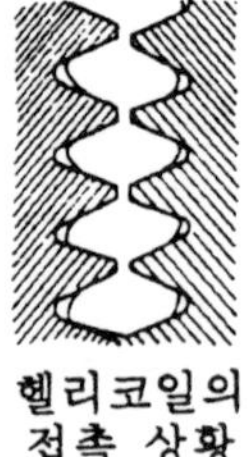
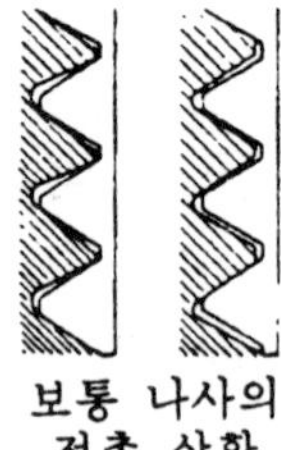

헬리코일   헬리코일의 접촉 상황   보통 나사의 접촉 상황

42. 플레어에 관하여 바른 것은 어느 것인가?
  가. 압력을 받는 모든 유압 계통의 튜브는 더블 플레어가 필요하다.
  나. 모든 유압 계통의 튜브는 원형 플레어이다.
  다. 더블 플레어는 3/8in 이하의 알루미늄 튜브에 필요하다.
  라. 더블 플레어는 3/8in 이상의 알루미늄 튜브에 필요하다.

〔풀이〕 관을 플레어하면 강도가 증가
하므로 강도가 작은 3/8 in 이하의 알루
미늄관은 더블 플레어하여 강도를 늘이고
있다.

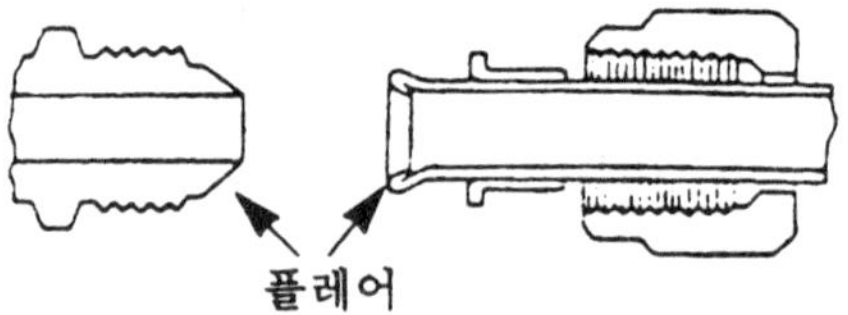

43. 알루미늄 튜브 끝이 플레어되어 있는 이유는?
  가. 피팅이 탈락하는 것을 방지하기 위해
  나. 손상을 제거하기 위해
  다. 피팅과 잘 접촉하기 위해
  라. 응력 집중을 제거하기 위해

〔풀이〕 상대쪽 피팅의 원추형 면에
밀착시켜 누출을 막기 위해 관의 끝을
넓혔다. (플레어)

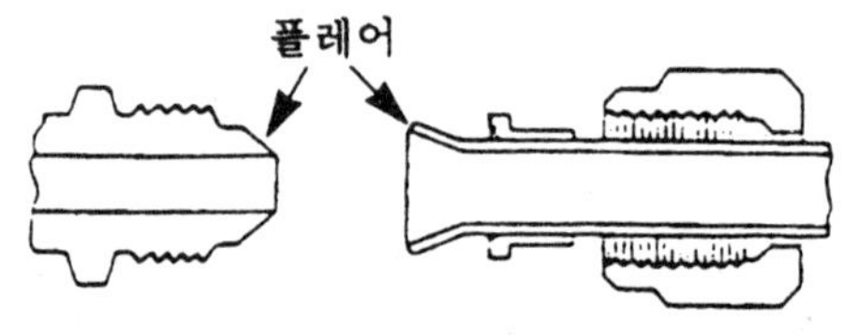

42. (다)   43. (다)

44. 헬리코일의 사용에서 잘못된 쪽은?
　가. 열에 의해 볼트가 고착되는 것을 방지한다.
　나. 헬리코일용 나사골을 내는데는 공구가 필요하다.
　다. 나사산의 마모를 미리 방지하거나 나사부를 강화시켜둘 때 사용한다.
　라. 정비 작업을 용이하게 하기 위해 장착한다.

　〔풀이〕 헬리코일을 사용하는 목적은 나사산의 마모를 미리 방지하거나 나사부를 강화하거나 또는 파손된 나사산를 재생하거나 하는 것이다. 또 헬리코일 탭은 일반의 탭과 다르다.

45. 리브 너트(Rivnut)가 사용되는 곳은?
　가. 두꺼운 표피에 Rib를 붙일 때
　나. 금속 표면에 우포를 씌울 때
　다. 제빙 장치를 설치할 때
　라. 엔진 마운트를 방화벽에 달 때

46. 테프론 호스의 뛰어난 성질은 다음중 어느 것인가?
　가. 약간의 구부러짐이나 과잉 회전, 꼬임이나 호스벽의 상태 저하를 일으키지 않는다.
　나. $-10 \sim 150°C$가 사용 범위이다.
　다. 고온, 고압에서도 영구 변형을 일으키지 않는다.
　라. 연료, 오일 등의 오염에 영향받지 않는다.

47. 케이블을 절단할 경우에는 다음 어느 방법이 좋은가?
　가. 달구어서 자른다.
　나. 끌을 사용하여 자른다.
　다. 토치를 사용하여 자른다.
　라. 기계적인 방법 만으로 절단한다.

　〔풀이〕 항공기에 이용되는 케이블의 재질은 탄소강과 내식강이 있고 주로 탄소강 케이블이 이용되고 있다. 케이블 절단시 열을 가하면 기계적 강도와 성질이 변하므로 피해야 한다. 케이블 컷터 등에 의해 기계적인 방법으로 절단한다.

---

44. (가)　　　45. (다)　　　46. (라)　　　47. (라)

48. 자동 고정 너트에 대한 설명중 옳은 것은 어느 것인가?

　가. 토큐를 걸 때에는 규정 토큐치에 너트 자체 토큐치를 가한 값으로 조여야 한다.

　나. 풀리, 크랭크 등 회전력을 받는 곳에는 너트의 느슨해짐을 막기 위해 많이 쓴다.

　다. 600°F 이상의 고온부에서는 사용할 수 없다.

　라. 볼트에 조인 후 볼트 나사 끝부분이 너트면과 평면을 이뤄야 한다.

　〔풀이〕 ① 회전력을 받는 곳에는 자동 고정 너트를 사용하지 못하고 진동이 심한 부분에 사용되어 풀리는 것을 방지한다.

　② 철계 내열 합금이나 내열 내식강에는 은도금을 한 800°F용 및 1,200°F용 너트가 있다.

　③ 볼트에 부착했을 경우 볼트 나사의 끝부분은 너트면보다 2산에 상당하는 길이(볼트의 몰딩 부분을 포함) 이상 나와 있어야 한다.

49. 나사 끝부분에 구멍이 뚫려 있는 볼트에 너트를 사용하였다. 볼트에 너트를 고정시키는데 필요한 것은?

　가. 코터핀

　나. 특수 와셔

　다. 로크 와셔

　라. 안전 결선

50. 다음 설명중 옳은 것은?

　가. 테프론 호스는 탄력성이 뛰어나 사용중 약간 구부러진 것은 곧게 펴서 재사용할 수 있다.

　나. 튜브의 굽힘 반경은 3D~4D이다.

　다. 호스의 최소 굴곡 반경은 재질과 작동 압력으로 결정된다.

　라. MS 플레어리스 피팅은 가능하면 최대 토큐치로 조이면 효과가 있다.

51. 마그네틱 콤파스 주위에 사용되는 코터핀의 재질은?

　가. 마그네슘과 티타늄 합금

　나. 양극 처리된 알루미늄 합금

---

48. (가)　　　49. (가)　　　50. (나)　　　51. (나)

다. 내부식강

라. 카드뮴 도금처리된 저탄소강

52. 다음 설명중 맞는 것은?
   가. 고착 방지제는 시일의 특징을 살리기 위해서 사용한다.
   나. 호스 어셈브리의 길이는 피팅이 직선일 때 그 시일면의 끝에서 끝
   까지의 길이이다.
   다. 호스를 구부려 장착할 때 진동이 작은 경우는 굽힘 반경을 크게 잡
   는다.
   라. AN 플레어 피팅은 약간 더 세게 조인다고 해서 누출을 방지할 수
   는 없다.

   〔풀이〕 (가) 고착 방지(Anti-seize)제는 나사부의 가열, 마모를 방지하기 위
   해 나사부에 바른 것으로 시일에 대해서는 전혀 관계가 없다.
   (다) 호스 부착시의 굽힘 반경은 그 두께에 따라 최소 굽힘 반경이 정해져 있으나 진
   동각이 클수록 굽힘 반경도 크게 잡는다.
   (라) AN 플레어 피팅의 경우 다소의 누출이 있을 때 조금 더 조여주면 효과가 있다.

53. 구멍이 있는 스터드에 끼우는 성형 너트를 고정시키는데 필요한 것은?
   가. 로크 와셔
   나. 안전 결선
   다. 코터핀
   라. 스톱 와셔

54. 케이블에 대한 다음 설명중 맞는 것은 어느 것인가?
   가. 탄소강 케이블은 내식강 케이블에 비해 피로 강도가 떨어진다.
   나. 고착된 낡은 방청유를 제거하려면 메틸에틸케톤(MEK)을 사용하여
   세척을 해야 한다.
   다. 케이블 내부의 꼬인선에 부식이 생긴 것같으면 구부려본다.
   라. 방청 처리한 호칭 외경 1/8in인 케이블을 코일식 방법으로 감아서
   저장 보관할 때 최소 코일 직경은 10in 이상 되도록 한다.

---

52. (나)   53. (다)   54. (다)

〔풀이〕 ① 탄소강 케이블은 내식강 케이블에 비해 인장력이 가해졌을 때의 신장이 작고 피로 강도가 높다.

② MEK를 사용하여 케이블의 세척을 하면 내부 윤활제까지 제거해 버리므로 사용해서는 안된다.

③ 내부의 꼬인선에 부식이 발생했는가의 여부는 케이블을 구부려본다. 구부림으로서 꼬인선 사이에 틈이 생겨 꼬인선의 내부의 상세한 검사를 할 수 있다. 그러나 너무 많이 구부리면 꺽여지거나 비틀릴 수 있으므로 주의해야 한다.

④ 1/8in 케이블을 감을 때의 최소의 코일 직경은 나무틀 감기에서는 10in, 코일 감기에서는 12in이다. 나무틀 감기란 케이블을 감는 나무틀을 사용한 것이고 코일식 감기란 아무것도 사용하지 않고 그냥 코일 모양으로 감는 것이다.

55. 리벳 머리에 있는 표시를 보고 무엇을 알 수 있는가?
　　가. 재질의 종류
　　나. 리벳의 직경
　　다. 재질의 강도
　　라. 리벳의 머리 모양

56. 케이블을 터미널에 스웨징한 뒤 제작회사가 추천하는 스웨징한 피팅의 강도는 얼마인가?
　　가. 정격 케이블 강도의 30%
　　나. 정격 케이블 강도의 50%
　　다. 정격 케이블 강도의 80%
　　라. 정격 케이블 강도의 100%

57. 조종 케이블의 특징에 관하여 틀린 것은 어느 것인가?
　　가. 가요성 케이블과 비가요성 케이블은 구성이 다르므로 외관상으로 식별이 용이하다.
　　나. 7×7 케이블은 7×19보다 유연성은 없지만 내마모성이 우수하다.
　　다. 7×19 케이블의 최소 직경은 1/8in이고 7×7 케이블보다 유연성이 좋다.
　　라. 탄소강 케이블은 내식강 케이블보다 탄성 계수가 낮고 또 피로 강도도 떨어진다.

---

55. (가)　　　56. (라)　　　57. (라)

〔**풀이**〕 탄소강 케이블은 내식강 케이블보다 탄성 계수가 높고, 또 피로 강도도 높으므로 주로 이용된다. 내식강 케이블은 내식성을 가지므로 부식이 발생하기 쉬운 장소에 사용된다.

58. 케이블의 특징에 관하여 바른 것을 고르시오.

　가. 내식강은 탄소강과 비교하여 케이블에 인장력이 가해졌을 때 늘어남이 작다.

　나. 내식강은 탄소강과 비교하여 피로 강도가 우수하므로 피로에 의한 단선은 적다.

　다. 내식강과 탄소강의 분별 방법으로 그라인더에 의한 불꽃 시험에 의한 방법이 있으며 내식강 쪽이 불꽃이 많다.

　라. 내식강과 탄소강에서 자석에 붙은 쪽이 탄소강이다.

　마. 탄소강은 주석 또는 아연 도금이 되어 있으므로 어느 정도 흰색을 띤다.

　〔**풀이**〕 (가) 내식강은 케이블의 탄성계수가 낮으므로 케이블에 인장력이 가해졌을 때의 케이블의 늘어남은 크다.

　(나) 내식강은 탄소강에 비교하여 피로강도가 떨어진다.

　(다) 불꽃이 많은 쪽이 탄소강.

　(라)와 (마)는 정답이다.

59. 판금 작업중 이음 작업은 어느 것인가?

　가. 비이딩(Beading)

　나. 크림핑(Crimping)

　다. 플랜징(Flanging)

　라. 시이밍(Seaming)

60. 조종 케이블을 3° 이내에서 방향을 바꾸어 주는 것은 어느 것인가?

　가. 콘트롤 락크

　나. 케이블 드럼

　다. 풀리

　라. 페어리드

---

58. (라) (마)　　　　59. (라)　　　　60. (라)

61. 다음 설명중 바른 것은 어느 것인가?

　가. 정밀 공차 볼트는 반전 하중을 담당한다.

　나. 내부 렌칭 볼트는 압축 및 인장 하중을 담당한다.

　다. 알루미늄 볼트는 1차 구조부에 사용할 수 없다.

　라. AN 6각 볼트의 머리에 구멍이 있는 것과 없는 것과는 호환성이
　　　없다.

　〔풀이〕 정밀 공차 볼트는 엄격한 반전 하중과 진동을 받는 볼트 이음매에 사용되므로 (가) 는 맞다.

　(나) 의 인터널 렌칭 볼트는 인장과 전단을 담당하는 곳에 사용되고 압축 하중에 관해서는 적절하지 않으므로 틀린다.

　(다) 의 알루미늄 합금 볼트는 사이즈에 따라서 사용할 수도 있다. 1/4in 직경 이하는 1차 구조부에 사용할 수 없다. AN 육각 볼트 머리에 구멍이 있는 것과 없는 것은 인장 및 전단 강도면에서는 실제로 호환성이 있다.

62. 고압 계통에 이용되는 금속관 (튜브) 의 치수 표시는 어떻게 나타내는가?

　가. 외경 치수를 인치의 분수, 두께는 인치의 정수로 나타낸다.

　나. 외경 치수를 인치의 소수, 두께는 인치의 분수로 나타낸다.

　다. 외경 치수 및 두께 모두 인치의 분수로 나타낸다.

　라. 내경 치수를 인치의 분수로 나타내고 두께는 인치의 소수로 나타낸다.

　〔풀이〕 금속관의 외경의 표시는 외경을 1/16 in 단위의 분수로 나타낸다. 즉 3/8 in인 것은 6/16 in로 6번이라고 한다. 두께는 1/1,000 단위의 정수로 나타낸다. 즉 35이면 0.035 in가 된다. 그러나 호스의 경우는 내경을 인치의 분수로 나타내므로 다르다.

```
T - 6061 - 66 - 6 - 35
│     │     │    │    └ 과 두께 1/1,000 in 단위(0.035 in)
│     │     │    └ 외경 1/16 in 단위(3/8 in)
│     │     └ 조질 기호
│     └ 알루미늄 합금(Al-Mg-Si계)
└ 관(Tube)
```

---

61. (가)　　　62. (가)

63. 유관을 구부릴 때 허용되는 덴트(Dent)의 직경에 대한 비율은?

　가. 35%

　나. 30%

　다. 25%

　라. 20%

64. 작동관의 직경 60mm, 작동 압력 200kg/cm²인 것이 20개의 볼트로 부착되어 있다. 볼트의 허용 압력이 400kg/cm²일 때 볼트의 직경을 구하시오.

　〔풀이〕 0.95cm

볼트의 지름을 D(cm), 볼트 허용 응력을 σ 라고 하면

$$전단력 = \frac{\pi \times 6^2}{4} \times 200 = 5,652\text{kg}$$

1개의 볼트에 걸리는 전단 하중

$$W = \frac{1}{20} \times 5,652 = 282.6\text{kg}$$

소요 단면적　$A = \dfrac{W}{\sigma} = \dfrac{282.6}{400} = 0.7065\text{cm}^2$

$$A = \frac{\pi D^2}{4}, \qquad D = \sqrt{\frac{4 \times 0.7065}{\pi}} = 0.948$$

그러므로 볼트 지름 D는 0.95cm가 된다.

65. A, N, U 류의 비행기에 대해 다음 설명중 맞는 것은 어느 것인가?

　가. 강도에 관한 구조는 종극 하중에 비해 파괴되는 일없이 견딜 수 있는 것으로 어떤 변형도 생겨서는 안된다.

　나. 방화벽은 제2종 내화성이 있어야 한다.

　다. 케이블 계통에서 케이블 페어리드의 부착은 케이블의 방향을 3° 이상 변하게 해서는 안된다.

　라. 프로펠러와 지연간의 사이는 전류식의 비행기에서 가장 불리한 조건이라도 25.4cm(10in) 이상이어야 한다.

---

63. (라)　　　64. 풀이 참조　　　65. (다)

〔풀이〕 구조는 제한 하중에 대해서 안전상 유해한 잔류 변형이 생겨서는 안된다. 또 종극 하중에 대해서는 적어도 3초간 파괴되지 않고 견딜 수 있어야 한다.

방화벽은 제1종 내화성 재료로 강과 같은 정도 또는 그 이상의 열에 견딜 수 있는 재료를 말한다. 전륜식의 비행기의 프로펠러와 지면과의 사이는 18cm(7in), 미륜식에서는 23cm(9in) 이상 설정해야 한다.

66. 조종 케이블의 방향 변경은?
　가. 풀리를 이용
　나. 퍼룰(Ferrule)을 이용
　다. 페어리드를 이용
　라. 벨크랭크를 이용

67. 나사의 표시로 바른 것은 어느 것인가?
　가. 메틀 나사의 나사산의 각도는 $55°$이다.
　나. 위트워스 나사는 영국에서 개발된 것으로 나사산 각도는 $60°$이다.
　다. 미국 나사산의 각도는 $65°$이다.
　라. 유니파이 나사는 아메리카 나사에 가깝고 나사산 각도는 $60°$이다.

〔풀이〕 나사산의 각도는 위트워스가 $55°$, 메틀, 아메리카, 유나파이는 $60°$이다.
아메리카 나사는 이전의 항공용 나사로 이용되고 있었다.
유니파이 나사는 1945년에 미, 영, 캐나다의 3개국간에 협정의 결과 제정된 것이다. 아메리카 나사와 형태는 같지만 그 차이는 결합의 정도, 지름에 대한 공차, 유효 지름의 공차 등이다. 이 때문에 유니파이 나사를 아메리카 나사로, 또 아메리카 나사를 유니파이 나사로 교환할 수 있다. 단, 지름이 1in인 것은 아메리카 나사는 14산, 유니파이 나사는 12산으로 나사산 수가 다르다.

68. 수리를 위해 사용되는 리벳의 직경은 어떻게 정하는가?
　가. 리벳 성크의 길이
　나. 리벳 작업판의 모양
　다. 판의 두께
　라. 리벳간의 길이

---

66. (가)　　　67. (라)　　　68. (다)

69. 항공기의 주조종 계통에 사용되는 케이블의 최소 직경은 몇인치인가?

〔풀이〕 직경이 3mm(1/8in)보다 작은 케이블은 1차 조종 계통, 즉 보조 날개 계통, 승강타 계통, 방향타 계통에 사용해서는 안된다.

70. 다음 알루미늄 합금 리벳의 머리모양을 설명하시오.
A, AD, D, DD

〔풀이〕 리벳의 종류는 파트 넘버의 알파벳 문자 혹은 리벳머리의 표시에 의해서 식별할 수 있다. 다음은 MS 규격의 리벳을 나타낸다.

재료기호	합금	응력(psi)		유니버설 헤드		카운터성크 헤드(100°)	
		선단	면압	머리형상	머리기호	머리형상	머리기호
A	1100	13,000	25,000	MS20470A		MS20426A	
AD	2117	30,000	100,000	MS20470AD		MS20426AD	
D	2017	34,000	113,000	MS20470D		MS20426D	
DD	2024	41,000	136,000	MS20470DD		MS20426DD	

71. 그림과 같이 두께 5mm, 선단 파괴 강도 4,000kg/cm²인 재료에 직경 20mm인 구멍을 뚫으려면 얼마의 하중을 가해야 하는가?

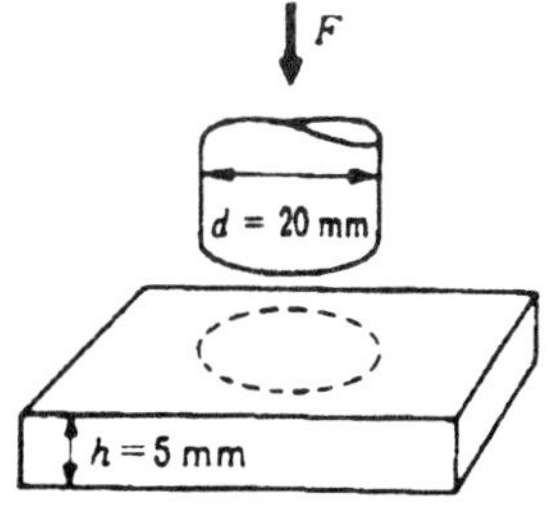

〔풀이〕 12,560kg

빠져나가는 재료의 원주는 $2\pi r = 20\pi$, 판 두께는 5mm이므로 그 단면적은 $20\pi \times 5 = 100\pi$, 또 $4,000kg/cm^2 = 40kg/mm^2$이므로 뚫는 하중 $= 100 \times 3.14 \times 40 = 12,560kg$

---

69. 풀이 참조   70. 풀이 참조   71. 풀이 참조

72. 리벳은 코드 기호(AD, D 등)에 의해서 그 재질을 식별할 수 있다.
다음 코드 기호의 재질은?

가. A
나. B
다. M
라. F

〔풀이〕 (가) 1100, (나) 5056, (다) 모넬, (라) 내식강
알루미늄 합금 이외의 리벳 기호 표시는 다음과 같다.

재료기호	합금	선단응력 (psi)	유니버설 헤드			
			머리형상	머리기호	머리형상	머리기호
M	모넬	49000 ~ 59000	MS 20615-4M9 モ넬	• •	MS 20427M2-2 モ넬	
C (C·S·K) Head	내식강	65000 ~ 85000	MS 20613-4C8 내식강		MS 20472F2-2 내식강	⊖

73. 리벳 작업시 최소 연거리는?
가. 리벳 몸체 직경의 2배
나. 리벳 머리 직경의 3배
다. 리벳 몸체 직경의 3배
라. 리벳 머리 직경의 2배

74. 케이블의 장력에 관하여 바른 것은?
가. 한냉시에는 조종 케이블의 장력은 증가한다.
나. 한냉시에는 조종 케이블의 장력은 감소한다.
다. 고온시에는 조종 케이블의 장력은 감소한다.
라. 기온의 변화에 관계없이 조종 케이블의 장력은 일정하다.

---

72. 풀이 참조   **73.** (가)   **74.** (나)

〔풀이〕 비행중 기체는 −70~120°F 정도의 범위 내의 온도에 노출되어 알루미늄 합금제 기체는 케이블의 약 2배율로 팽창 또는 수축하게 된다. 즉 한냉시에는 케이블 장력은 감소하고 고온시에는 증가한다. 따라서 장력은 제작회사가 결정한 표에 따라 결정하면 된다.

75. 턴버클을 검사할 때 맞는 것은?
　가. 배럴 끝부분에 나사산이 보여서는 안된다.
　나. 배럴 끝에 4번 이상 안전선이 감겼나 조사한다.
　다. 양끝에 나사산이 4개 이상되지 않는가를 조사한다.
　라. 최소 한도 검사 구멍으로 2개의 나사산이 보이는가를 조사한다.

76. 조종 케이블의 풀리를 점검해서 그림과 같은 결과가 보였다. 원인으로 맞는 것은?
　가. 케이블 장력이 너무 크다.
　나. 베어링의 고착
　다. 케이블에 비해 풀리가 너무 크다.
　라. 케이블이 잘 맞지 않는다.

〔풀이〕 정상적인 상태에서는 다음 그림의 ①과 같이 되지만 케이블 장력이 지나치게 커지면 ②와 같아지고 케이블에 대해 풀리가 과대하면 ③과 같이 된다. 또 케이블이 일치가 안되면 ④와 같다.

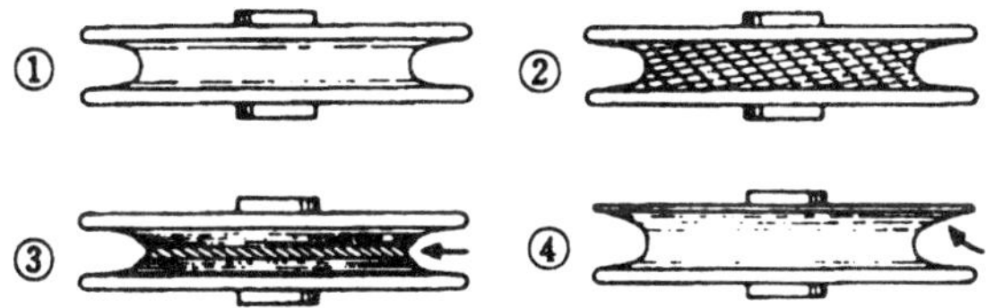

77. 알루미늄 합금 리벳중에 황색의 리벳은?
　가. 니켈, 마그네슘으로 보호 도장된 것이다.
　나. 금속 도료를 도장한 것이다.
　다. 양극 처리를 한 것이다.
　라. 크롬산아연 보호 도장을 한 것이다.

75. (나)　　　76. (나)　　　77. (라)

78. 판금 가공에서 재료의 최소 굽힘 반경에 대한 설명중 틀린 것은?

가. 보통 쓰이는 최소 굽힘 반경은 두께의 1배 정도이다.

나. 굽힘 반경이 너무 작으면 응력과 변형에 의해 재료가 약해져서 균열이 생길 수 있다.

다. 풀림 처리한 판재는 그 두께의 1/2배까지 구부릴 수 있다.

라. 재료의 최소 굽힘 반경이란 판재를 최소 예각으로 굽힐 수 있는 반지름을 말한다.

79. 다음은 나사의 표시법이다. 가, 나, 다, 라, 마의 의미는?

$$\underline{AN} - \underline{501} - \underline{B} - \underline{416} - \underline{7}$$
$$\ \ 가\quad 나\quad 다\quad 라\quad 마$$

〔풀이〕 (가) AN : Airforce-Navy Standard

(나) 501 : Fillister Head, Fine Thread

(다) B : 황동

(라) 416 : 직경 4/16인치

(마) 7 : 길이 7/16인치

계 열	약 호	
	유니파이 나사	아메리카 나사
Coarse Thread Serises 병목 계열 Fine Thread Serises 세목 계열	UNC UNF	NC NF
수정 유니파이 나사 병목 계열 수정 유니파이 나사 세목 계열	UNEF UNJF	

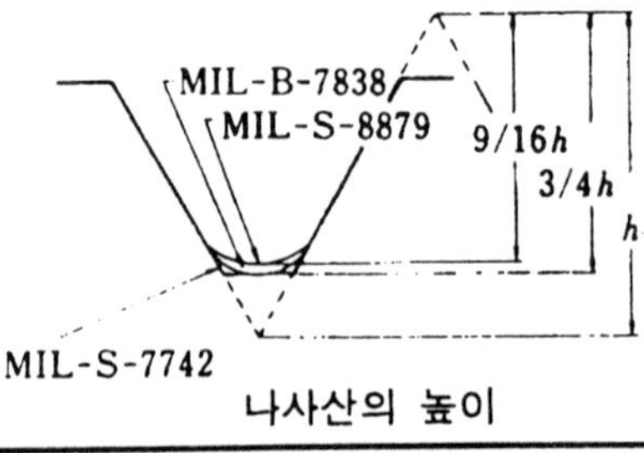

나사산의 높이

---

78. (가)   **79.** 풀이 참조

나사 계열은 병목, 세목, 극세목의 3종으로 병목 나사(NC, UNC)는 일반적으로 그만큼 강도는 필요로 하지 않는 장소에 사용된다. 많은 항공기용 나사는 병목 나사 계열로 만들어져 있다. 세목 나사 (NF, UNF)는 항공기용의 대부분의 볼트에 사용되고 있다. 극세목 나사(NEF, UNEF)는 응력이 큰 곳과 결합 길이가 짧은 곳에 사용된다. 다음은 나사산 계열을 나타낸 것이다.

현재는 많은 볼트에 나사골의 R을 크게 한 MIL-S-8879 나사(수정 나사)가 사용되고 있다. 나사는 끼워맞춤 정도에 따라서 등급이 정해져 있다.

- 클래스 1……느슨한 끼워맞춤 ⎫ 강도를 필요로 하지 않는 곳에 이용된다.
- 클래스 2……보통 끼워맞춤 ⎬ 소나사 등
- 클래스 3……중간 끼워맞춤 ⎫ 강도를 필요로 하는 곳에 이용된다.
- 클래스 4……억지 끼워맞춤 ⎬ 볼트 등

80. 다음에서 바른 것은?

　가. 모넬 카운터성크 리벳은 머리에 표시가 없다.

　나. B리벳 재질은 5056이다.

　다. D리벳은 사용하기 전에 반드시 열처리한다.

　라. F리벳은 연강리벳으로 고온에 노출되는 곳에는 사용하지 않는다.

　〔풀이〕 모넬 카운터성크 리벳은 표시가 없다. 유니버설 헤드에는 2개의 오목한 점이 있다. B리벳은 5056의 마그네슘 합금재용 리벳이다. D리벳은 2017재로 필요에 따라 열처리하여 사용한다. 직경 3/16in 이상인 것은 열처리를 반드시 한다. F리벳은 내식강 리벳으로 방화벽 등의 내식강 부분에 사용된다. C리벳 재질은 동으로 동합금, 가죽, 비금속 재료에 사용한다.

81. 케이블의 보증 하중 시험에 관하여 틀린 것은 어느 것인가?

　가. 보증 하중의 값은 최소 파괴 하중의 60~65%이다.

　나. 하중은 서서히 또 평균에 걸쳐서 최대치에 달하기까지 적어도 3초 이상 경과시킬 것

　다. 규정치에 달하고나서 스플라이스 피팅은 3초간 그대로 방치한다.

　라. 보증 하중을 건 후는 한번더 길이를 점검한다.

　〔풀이〕 스프라이스 피팅은 3분, 엔드 피팅은 5초간 규정의 하중을 건다.

---

80. (나)　　　81. (가)

82. 다음에서 바른 것은?
　가. B리벳 재질은 5052이다.
　나. AD리벳은 필요에 의해 열처리한다.
　다. F리벳은 돌출머리 리벳으로 머리에 표시는 없다.
　라. C리벳은 방화벽, 나셀, 파일론 등의 내열 구조부에 사용한다.

　〔풀이〕머리에 표시가 없는 리벳은 다음과 같다.
　① 순알루미늄 돌출머리 리벳과 카운터성크 리벳(A리벳)
　② 모넬 카운터성크 리벳(M리벳)
　③ 내식강의 돌출머리 리벳(F리벳)
　(가)는 5052가 아니고 5056이다.
　(나)는 AD리벳이 아니고 D리벳이다.
　(라)는 C리벳이 아니고 M리벳이다.

83. 다음중 리벳의 간격과 관계가 먼 것은?
　가. 리벳의 직경
　나. 판의 두께
　다. 리벳의 길이
　라. 접합의 강도

84. 항공기 일차 조종 계통에 사용할 수 있는 케이블의 최소 규격은?
　가. 1/8in
　나. 5/16in
　다. 1/4in
　라. 3/16in

85. 리벳의 머리 성형을 위한 적합한 돌출 길이는 리벳 지름의 몇배로 하는가?
　가. 0.5배
　나. 1.5배
　다. 2.5배
　라. 3.5배

---

82. (다)　　　83. (다)　　　84. (가)　　　85. (나)

86. 직경 2cm, 길이 120cm인 용수철에 10t의 인장 하중을 가하면 몇 cm가 되겠는가? 이때 탄성 계수 $E=2.1\times10^6$kg/cm²로 한다.

〔**풀이**〕 120.182m

E=종탄성 계수, σ : 인장 압력, ε : 변형, A : 둥근 막대의 단면적, W : 하중, l : 둥근 막대의 원래 길이, λ : 둥근 막대의 늘어남이라고 하면

$$\sigma = \frac{W}{A} \quad \cdots\cdots ①$$

$$\varepsilon = \frac{\lambda}{\ell} \quad \cdots\cdots ②$$

$$E = \frac{\sigma}{\varepsilon} \quad \cdots\cdots ③$$

①, ②, ③에서

$$E = \frac{W \times \ell}{A \times \lambda} \rightarrow \lambda = \frac{W \times \ell}{A \times E}$$

$$\therefore \lambda = \frac{10,000 \times 120}{\left(\dfrac{\pi \times 2^2}{4}\right) \times 2.1 \times 10^6} = 0.182\text{cm}$$

그러므로 인장 하중을 가했을 때 둥근 막대의 길이는 $l=120+0.182=120.182$cm 이다.

87. 다음중 호스와 튜브에 관한 바른 설명은 어느 것인가?
　가. HMS 플레어레스 피팅은 MS 플레어레스 피팅과는 호환성이 없다.
　나. 앤티 시즈 컴파운드를 사용할 경우 핏팅을 컴파운드액 속에 전면적으로 침적하면 효과적이다.
　다. 호스와 튜브는 좌우의 피팅은 다르지만 사이즈는 같다.
　라. 튜브를 구부린 뒤의 찌그러짐의 %는

$$\frac{\text{최대 외경}+\text{최소 외경}}{\text{공칭 외경}} \times 100\text{이다.}$$

---

86. 풀이 참조　　　　87. (다)

〔풀이〕 HMS 플레어레스 핏팅과 MS 플레어레스 핏팅은 호환성이 있다.

앤티 시즈 컴파운드를 사용할 경우 호스, 튜브 내에 컴파운드가 들어가 오염되지 않도록 조심스럽게 사용해야 한다. 충분히 도포한다고 해서 효과가 올라가지는 않는다.

$$\text{찌그러짐(\%)는}\ \frac{\text{최대 외경}-\text{최소 외경}}{\text{공칭 외경}} \times 100 \text{으로 표시된다.}$$

88. 2024, 7075, Mg, Ti의 설명으로 맞는 것은?
　　가. 비중이 가장 큰 것은 Mg이다.
　　나. 인장 강도가 가장 큰 것은 7075이다.
　　다. 열팽창 계수가 가장 큰 것은 2024이다.
　　라. 융점이 가장 높은 것은 Ti이다.

〔풀이〕

	비 중	인장 강도(kg/mm^2)	열팽창 계수($/°C$)	융점($°C$)
2024	2.70	50	23.9×10^{-6}	660
7075	2.70	70	23.9×10^{-6}	660
Mg	1.74	25	25.0×10^{-6}	650
Ti	4.50	100	8.6×10^{-6}	1,720

89. 직경 3/4in인 볼트에서는 몇kg의 하중을 견딜 수 있는가? 이 나사와 들어간 바닥의 직경은 15.8mm, 허용 응력은 $\delta = 480kg/cm^2$

〔풀이〕 **941kg**

$$P = \sigma A = 480 \times \frac{\pi}{4} \times (1.58)^2$$

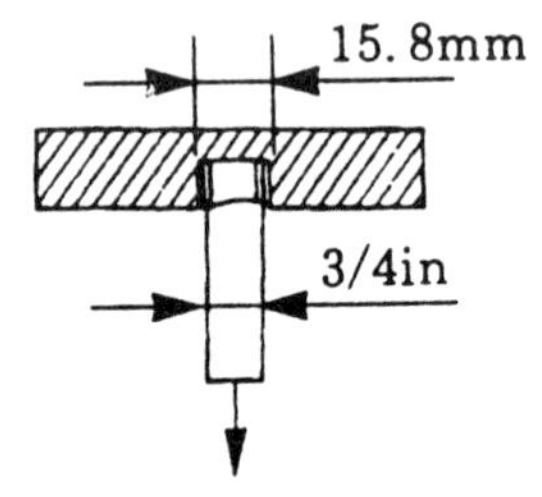

90. 다음 케이블 연결 방법중 가장 강도 유지가 높은 방법은?
　　가. 용접
　　나. 랩 솔더(Solder) 케이블 이음

88. (라)　　　89. 풀이 참조　　　90. (라)

　　다. 5단 엮기 케이블 이음
　　라. 스웨징 방법

91. 케이블의 규격이 7×19이다. 이에 대한 설명으로 옳은 것은?
　　가. 가는 와이어 19개로 1가닥을 만들고 7개의 가는 와이어로 감아 만든
　　　　케이블
　　나. 가는 와이어 19개로 1가닥을 만들고 7개의 가닥을 꼬아 만든 케이블
　　다. 가는 와이어 7개로 1가닥을 마들고 19개의 가는 와이어로 감아 만든
　　　　케이블
　　라. 가는 와이어 7개로 1가닥을 만들고 19개의 가닥을 꼬아 만든 케이블

92. 승객이 전방으로 9G의 관성력을 받았을 때 안전벨
　　트에 걸리는 장력은 얼마인가? 이때 벨트는 전방 45°
　　로 늘어났다고 하자.

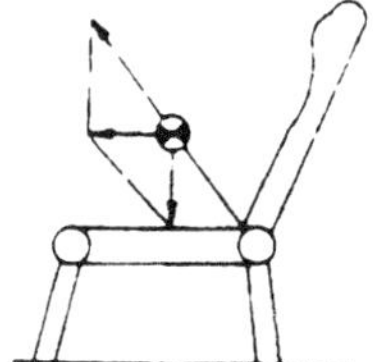

　　〔풀이〕 **990kg**
　　승무원 및 승객 1인의 중량은 77kg이다.
　　$77\text{kg} \times 9 = 693 \fallingdotseq 700\text{kg}$
　　안전벨트 장력

$$T = 700\text{kg} \times \sec 45° = 700\text{kg} \times \sqrt{2}$$
$$= 700\text{kg} \times 1.41 \fallingdotseq 990\text{kg}$$

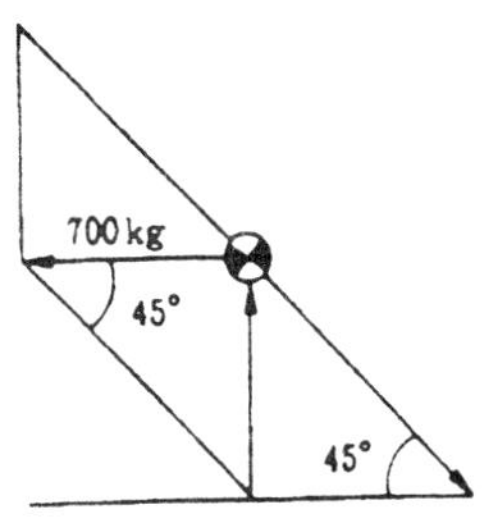

93. 두께 0.1cm의 판을 굽힘 반지름 25cm로 하여 90°로 굽히려고 한다.
　　이때 세트백(Set Back)은 얼마인가?
　　가. 24.9cm
　　나. 50.2cm
　　다. 25.1cm
　　라. 14.95cm

---

91. (나)　　　　92. 풀이 참조　　　　93. (다)

94. 고압 유압관의 다음 사항에 대해 답하시오.
   a. 관의 들어감(Dent)의 허용
     · 만곡 부분
     · 기타 부분
   b. 관의 손상의 깊이
   c. 가요성 호스의 굴곡

   〔풀이〕 a. 관의 들어감의 허용
   · 만곡 부분 — 처음(가공전)의 외경의 75%보다 작아져서는 안된다.
   · 기타 부분 — 만곡부 외에는 파이프 외경의 20% 이하는 허용된다.
  b. 관의 손상의 깊이
     두께의 10% 이하의 깊이인 긁힌 손상이나 파인 곳은 만곡부의 힐 부위에 없으면
  수공구로 갈아 수리할 수 있다.
  c. 가요성 호스의 휨
     호스의 길이는 5~8%의 굴곡 여유을 주는데 충분해야 한다. 또, 플레어부의 손
  상 또는 변형은 허용되지 않으며, 꼬인 호스는 허용할 수 없다.

95. 다음중 5단 엮기 케이블 이음법을 사용할 수 없는 것은?
   가. 4/32 in
   나. 3/32 in
   다. 2/32 in
   라. 5/32 in

96. 조종 케이블의 장력을 측정할 때 바른 방법은 다음중 어느 것인가?
   가. 표준 대기 상태에서 실시한다.
   나. 조종 케이블의 장력은 온도에 의해서 바뀌므로 20°C로 일정하게
     한다.
   다. 장력 계기를 사용할 때는 조종 케이블 직경을 우선 측정한다.
   라. 측정 장소는 가능한 한 턴벅클 근처에서 한다.

   〔풀이〕 (가), (나)의 온도에 관해서는 케이블이 장착되어 있는 부근의 온도를 측정
하고 이것에 의해 온도 보정한 장력을 케이블에 부여하므로 틀림.

---

94. 풀이 참조   95. (다)   96. (다)

(다)의 장력 측정 계기의 라이저(Riser)에는 케이블 크기에 따라 사용할 수 있도록 몇종류가 있으므로 우선 케이블 크기를 측정할 필요가 있으므로 맞다.
(라)의 측정 장소는 엔드피팅 사이의 중앙에서 한다.

97. 항공기 튜브의 계측은?
　가. 외경과 두께
　나. 두께
　다. 외경
　라. 내경과 두께

98. 턴버클이 안전하게 잠겨지게 할려면?
　가. 배럴 중앙부에서 양측이 서로 닿도록 잠겨져야 한다.
　나. 케이블을 장착하고 턴버클을 2회만 잠근다.
　다. 나사가 전혀 나오지 않게 잠겨져야 한다.
　라. 나사가 3개 이상 보여서는 안된다.

99. 카울링이나 페어링에 생긴 균열의 확대 방지에 사용되는 드릴의 지름은?
　가. 1/32in
　나. 1/16in
　다. 3/32~1/8in
　라. 1/4~3/8in

〔풀이〕 판금에 생긴 균열은 끝부분이 눈에 보이지 않는 부분까지 확장되어 있다. 이때 스톱홀을 뚫는 드릴의 직경은 보통 3/32~1/8in의 것을 사용하여 균열 중심선상의 끝에서 1/16in 정도 앞의 위치에 구멍을 뚫는 것이 바람직하다.
　균열 방지 구멍의 목적은 균열의 끝에 집중되는 하중의 분산을 도모하는 것과 끝부분의 눈에 보이지 않게 파괴된 금속 조직을 제거하는 것이다.

100. 화이버 자동 고정 너트(Fiber Self-locking Nut)를 사용해서는 안 되는 곳은?
　가. 회전 부분에 너트가 부착되는 곳에
　나. 심한 진동이 있는 연결부에

---

97. (가)　　　98. (라)　　　99. (다)　　　100. (가)

다. 재사용이 요구되는 곳에
라. 조종 계통 풀리(Pully)에

101. 측정 오차의 종류에 대한 설명으로 적당한 것을 연결하시오.
　　가. 측정기 자체가 갖는 오차
　　나. 실온, 채광 등의 변화에 의한 오차
　　다. 미소한 다수의 원인이 서로 독립해서 불규칙적으로 작용하여 생기
　　　는 오차
　　라. 측정하는 사람의 버릇으로 눈금을 크게 또는 작게 치우쳐서 읽음으
　　　로서 생기는 오차
　　A. 온도 오차
　　B. 우연 오차
　　C. 계기 오차
　　D. 시차

　　〔풀이〕 (가)—(C), (나)—(A), (다)—(B), (라)—(D)

102. 활톱 작업에서 톱날의 이 모양과 그 특징에 대해 적당한 것을 고르
시오.
　　가. 
　　나. 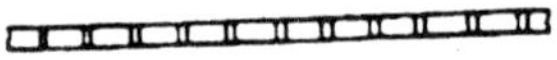
　　다. 
　　라. 
　　A. 날은 강하나 절손이 적고 자르기가 힘들다.
　　B. 가장 일반적인 톱날이다.
　　C. 얇은 판, 얇은 관, 앵글, 그밖의 두께에 변화가 있는 것의 절삭에
　　　적합하다.
　　D. 톱밥이 잘 떨어져 나가므로 점도가 강한 재료에 적합하다.

　　〔풀이〕 (가)—(D), (나)—(A), (다)—(B), (라)—(C)

---

101. 풀이 참조　　　102. 풀이 참조

103. 다음에 나타내는 배관의 식별 표시와 관계 있는 시스템을 서로 연결
하시오.

가. | Red |
나. | Blue | Yellow |
다. | Yellow |
라. | Orange | Blue |

ⓐ 고압 압축 공기
ⓑ 고압 작동유
ⓒ 연료
ⓓ 오일

〔풀이〕 (가)-ⓒ, (나)-ⓑ, (다)-ⓓ, (라)-ⓐ

항공기에 사용되는 튜브는 시스템 및 그 운반 유체의 차이에 따라 색깔(식별 표시)이
되어 있다. 다음은 IATA가 채택한 AND 10375(MIL-STD-1247) 규격에 의한 색표
시이다.

시스템 타입	칼라		코드디자인	시스템 타입	칼라		코드디자인
Compressed Air	Orange			Coolant	Blue		
De-icing or Anti-icing	Grey			Water Injection	Red	Grey	Red	
Air Conditioning	Brown	Grey		Fuel	Red		
Instrument Air	Orange	Grey		Lubrication	Yellow		
Pneumatic	Orange	Blue		Hydraulic	Blue	Yellow	
Fire Protection	Brown						

104. 판금 작업에서 이음 가공에 속하지 않는 것은?
    가. 리벳팅
    나. 납땜
    다. 클램핑
    라. 시이밍

105. 드릴의 치수가 가장 큰 것은 어느 것인가?

103. 풀이 참조   104. (다)   105. (나)

가. Z
나. 1/2
다. A
라. 80

〔풀이〕 드릴의 치수는 in의 분수나 소수로 나타내어 1/2에서 80까지의 번호 또는 로마자로 표시한다.

치수	등가소수	치수	등가소수	치수	등가소수	치수	등가소수
1/2	.5000	G	.2610	23	.1540	1/16	.0625
31/64	.4844	F	.2570	24	.1520	53	.0595
15/32	.4687	E·1/4	.2500	25	.1495	54	.0550
29/64	.4531	D	.2460	26	.1470	55	.0520
7/16	.4375	C	.2420	27	.1440	3/64	.0469
27/64	.4219	B	.2380	9/64	.1406	56	.0465
Z	.4130	15/64	.2344	28	.1405	57	.0430
13/32	.4062	A	.2340	29	.1360	58	.0420
Y	.4040	1	.2280	30	.1285	59	.0410
X	.3970	2	.2210	1/8	.1250	60	.0400
25/64	.3906	7/32	.2187	31	.1200	61	.0390
W	.3860	3	.2130	32	.1160	62	.0380
V	.3770	4	.2090	33	.1130	63	.0370
3/8	.3750	5	.2055	34	.1110	64	.0360
U	.3680	6	.2040	35	.1100	65	.0350
23/64	.3594	13/64	.2031	7/64	.1094	66	.0330
T	.3580	7	.2010	36	.1065	67	.0320
S	.3480	8	.1990	37	.1040	1/32	.0313
11/32	.3437	9	.1960	38	.1015	68	.0310
R	.3390	10	.1935	39	.0995	69	.0292
Q	.3320	11	.1910	40	.0980	70	.0280
21/64	.3281	12	.1890	41	.0960	71	.0260
P	.3230	3/16	.1875	3/32	.0937	72	.0250
O	.3160	13	.1850	42	.0935	73	.0240
5/16	.3125	14	.1820	43	.0890	74	.0225
N	.3020	15	.1800	44	.0860	75	.0210
19/64	.2969	16	.1770	45	.0820	76	.0200
M	.2950	17	.1730	46	.0810	77	.0180
L	.2900	11/64	.1719	47	.0785	78	.0160
9/32	.2812	18	.1695	5/64	.0781	1/64	.0156
K	.2810	19	.1660	48	.0760	79	.0145
J	.2770	20	.1610	49	.0730	80	.0135
I	.2720	21	.1590	50	.0700		
H	.2660	22	.1570	51	.0670		
17/64	.2656	5/32	.1562	52	.0635		

106. 스웨징한 케이블 터미널의 강도 점검시 적합한 비파괴 검사 방법은?
　　가.　X선 검사
　　나.　60% 정격 강도까지 보정 하중을 가한다.
　　다.　초음파 검사
　　라.　마그나 플럭스 검사

107.　다음에서 바른 것은 어느 것인가?
　　가.　스프라켓과 체인의 조합은 유격과 백래쉬가 많다.
　　나.　풀리는 방향 전환과 케이블의 느슨해짐을 방지한다.
　　다.　페어리드는 구조물과의 접촉을 방지하여 방향을 바꾼다.
　　라.　풀리의 마찰 저항은 풀리가 작은 만큼 장력이 큰 만큼 작다.

　　〔풀이〕체인은 스프라켓부에서 마모하고 유격과 백래쉬를 만든다.

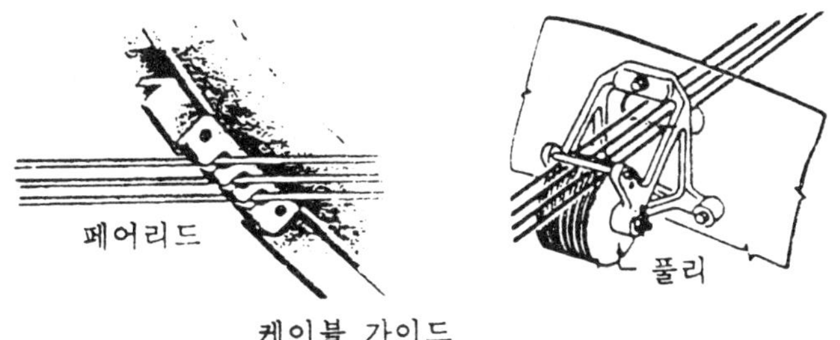

108.　스터드, 크로스핀, 리셉터클로 구성된 패스너는?
　　가.　에어 락크 패스너
　　나.　볼 락크 패스너
　　다.　쥬스 락크 패스너
　　라.　캠 락크 패스너

109.　AN 667은 무슨 케이블 엔드(Cable End)인가?
　　가.　아이 엔드(Eye End)
　　나.　로드 엔드(Rod End)
　　다.　포크 엔드(Fork End)
　　라.　볼 엔드(Ball End)

---

106. (나)　　　107. (가)　　　108. (가)　　　109. (다)

110. 수리 재료로 알루미늄 합금을 선택할 때, 다음 문장중 바른 것은 어느 것인가?

　가. 2017 알루미늄재는 2024 알루미늄재와 교환, 사용할 수 없다.

　나. 재료의 강도를 그 두께에 따라 보강할 수 있는 경우에 한해 2017재는 2024재와 교환 가능하다.

　다. 재료의 강도를 그 두께에 따라 보강할 수 있는 경우에 한해 2024재는 2017재와 교환 가능하다.

　라. 2024재는 2017재보다 강하므로 2017재 대신에 2024재를 사용해야 한다.

〔풀이〕 수리재의 선정에서는 다음 사항에 유의해야 한다.

① 원칙적으로 본래 재료와 같은 재료일 것. 본래의 재료와 다르면 판두께, 부식의 영향을 고려해야 한다.

② 판두께는 원래 판두께와 같거나 1치수 위의 것을 사용한다.

③ 원래 재료보다 약한 재료로 대용할 때는 강도를 계산하여 두꺼운 것을 사용한다.

　또 본래 재질보다 강한 재료를 사용한다고 하더라도 손상부의 재료의 두께보다 얇은 것을 사용해서는 안된다. 그 이유는 얇은 재료를 사용하면 압축 강도, 버클링 강도, 회전 강도가 약해질 염려가 있기 때문이다. 즉 강도와 판두께 양쪽이 관계되므로 (다)는 2024재를 또는 그보다 강도가 작은 2017재와 교환하는 경우이며 2017재의 판두께를 늘려 같은 강도를 가지게 함으로써 필요한 조건을 만족시키게 된다.

111. 리벳 작업을 할 때 벅테일 머리 크기로 적당한 것은? (리벳의 직경에 대해)

　가. 직경 1.5배, 두께 0.5배

　나. 직경 2.5배, 두께 0.3배

　다. 직경 2.0배, 두께 0.5배

　라. 직경 3.0배, 두께 0.3배

〔풀이〕 리벳의 강도를 완전히 발휘시키려면 정해진 범위의 치수에 리벳을 박는 것이 필요하다. 벅테일 머리의 크기를 그림으로 나타냈다.

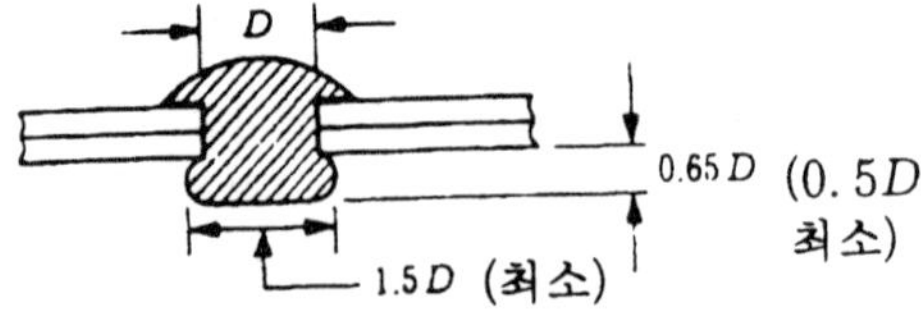

---

110. (다)　　　　**111.** (가)

112. 풀리(Cable Pully)는 케이블의 방향 변경시 사용되는데, 그 변경각
이 15° 이상시 적합한 풀리(Pully)의 직경은?
가. 케이블 직경의 34배 이상
나. 케이블 직경의 24배 이상
다. 케이블 직경의 16배 이상
라. 케이블 직경의 8배 이상

113. 재질이 2117, 직경 1/8인치, 길이 3/8in의 유니버설 리벳의 표시로
맞는 것은?
가. MS 20470 AD4-6
나. MS 20426 AD 6-4
다. MS 20426 DD4-4
라. MS 20442 D6-4

〔풀이〕 리벳의 식별을 나타내는 부품 번호에는 MS 규격에 따르는 것이 일반적이
다. 그밖에 항공기 제작사가 자체 규격으로 정한 것 또는 리벳 제작자의 부품 번호로
표시된다. 일반적으로 사용되는 MS 규격에 따른 식별 기호의 표시법은 다음과 같다.

```
MS  20470  A-D  4 - 6
 |     |     |    |    └ 길이(1/16 in 단위) 6/16 in
 |     |     |    └ 리벳의 직경(1/32 in 단위) 4/32 in
 |     |     └ 재료 A : 1100, B : 5056, AD : 2117, D : 2017,
 |     |                DD : 2024
 |     └ 머리 현상 20470 : 유니버설, 20426 : 100° 카운터성크
 └ 규격
```

114. 평판을 굽힐 경우 재료 두께의 몇 %에서 변형이 생기지 않아야 되
는가?
가. 44.5%
나. 55%
다. 55.5%
라. 44.0%

---

112. (다)   113. (가)   114. (가)

115. 와이어가 심하게 진동한다. 원인은 무엇인가?
　　가. 케이블이 비틀려서 공진한다.
　　나. 리깅이 정상이 아니다.
　　다. 케이블 장력이 너무 빡빡하다.
　　라. 케이블 장력이 너무 낮다.

　　〔풀이〕 케이블 장력이 현저히 낮으면 진동이 심하고 또한 진폭도 크다. 또 이것에 의해 케이블의 부식 현상도 나타나고 손상을 주게 된다. 더우기 장력이 낮으면 정확한 조작이 되지 않으므로 주의해야 한다.

116. 높은 인장 하중을 받는 볼트에 사용하는 너트로 다음중 가장 적합한 것은?
　　가. 캐슬 너트(AN 310)
　　나. 평너트(AN 341)
　　다. 첵크 너트(AN 316)
　　라. 캐슬 전단 너트(AN 320)

　　〔풀이〕 (나)는 전기용 너트로 구조부에는 쓰면 안된다. (다)는 고정용으로 평너트와 함께 사용하며 종종 셋트 스크류나 나사 부착 로드 엔드에 쓰인다. (라)는 전단 하중이 작용하는 곳에 쓴다.

117. 조종 계통에 사용되는 밸 크랭크란?
　　가. 지상 조절하는데 이용된다.
　　나. 저온을 수정한다.
　　다. 운동 방향을 바꿔주는 연결부
　　라. 조정면과의 연결부

118. 큰 크레비스핀은 다음 어디에서 볼 수 있는가?
　　가. 강착 장치에서
　　나. 유압 모터에서
　　다. 휠에서
　　라. 마스트 브레이크 실린더에서

---

115. (라)　　　116. (가)　　　117. (다)　　　118. (가)

119. 다음 그림에서 두께 t를 기준으로 각 항목의 치수를 구하시오.
　가. L
　나. Y
　다. A
　라. Z
　마. X

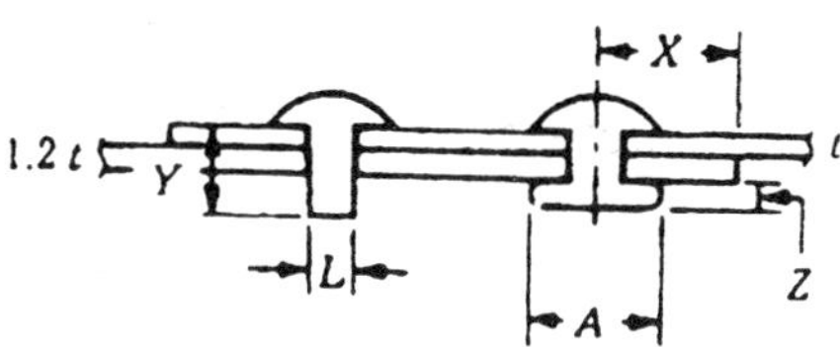

〔풀이〕 ① $L=3.6t$
리벳 직경은 두꺼운 판두께의 3배로 하므로
$$1.2t \times 3 = 3.6t$$

② $Y=7.6t$
　리벳의 길이는 판두께＋리벳 직경의 1.5배이므로
$$t+1.2t+(3.6t \times 1.5)=7.6t$$

③ $A=5.4t$
　성형 리벳 헤드의 직경은 리벳 지름의 최소 1.5배로 한다. 따라서
$$3.6t \times 1.5 = 5.4t$$

④ $Z=1.8t$
　성형 리벳 헤드의 높이는 리벳 직경의 최소 1/2로 하므로
$$3.6t \times 1/2 = 1.8t$$

⑤ $X=9.0t$
　연거리는 리벳 구멍의 중심에서 판의 가장 가까운 끝까지의 거리로 리벳 직경의 2.5배로 한다(이때 2~4배까지 허용된다).
$$3.6t \times 2.5 = 9.0t$$

120. 리벳의 사용 방법으로 바른 것은?
　가. 모넬 리벳은 Ni 합금에 사용한다.
　나. 2024 알루미늄 리벳은 중간 정도의 강도이다.
　다. 5056 리벳은 마그네슘 합금에 사용할 수 없다.
　라. 구리 리벳은 비금속에 사용할 수 없다.

〔풀이〕 (가) 모넬 리벳은 니켈 합금, 고니켈 강부품, 티타늄 합금과 내식강 장착에 사용한다.

119. 풀이 참조　　　　120. (가)

(나) 2024 리벳은 알루미늄 합금 리벳중 최고의 강도를 가진다. 너무 단단하므로 그
대로 리벳 작업을 하면 균열이 발생할 가능성이 있다. 따라서 반드시 열처리하여
부드러운 상태로 한 후 사용한다. 리벳 작업 후 24시간에 90% 경화, 96시간에
100% 경화된다.

(다) 5056 리벳은 마그네슘 합금 구조에 사용된다. 그 이유는 마그네슘 합금의 이종
금속으로의 높은 감수성에 의한 부식 발생으로 이종 금속의 접촉을 막기 위함이다.

(라) 구리 리벳은 주로 비금속에 사용된다.

121. 두께가 1mm인 판과 두께가 2mm인 판을 리벳 작업을 하려 한다.
리벳의 직경(D)은 다음중 어느 것이 적당한가?

　가. 2mm
　나. 3mm
　다. 4mm
　라. 6mm

122. 그림과 같은 리벳을 사
용하는 이음매에서 축방향에
1,500kg의 하중이 걸리면
리벳의 직경을 20mm로 했
을 때 리벳에 걸리는 전단
응력은 얼마인가?

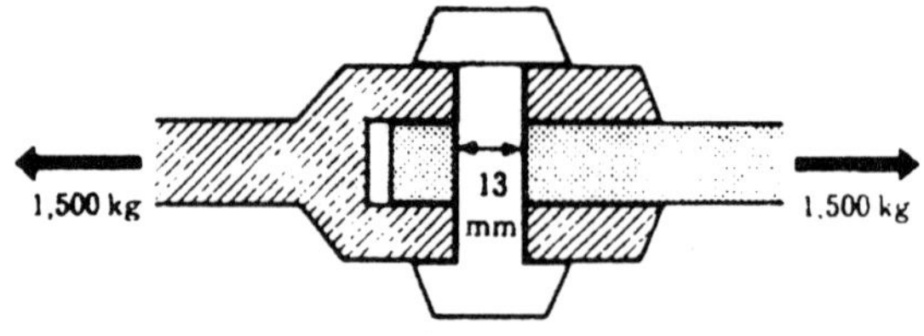

　〔풀이〕 **239kg/cm²**

리벳에 걸리는 하중을 W, 직경을 D, 전단 응력을 τ로 했을 때 리벳은 2면에서 전단
을 받으므로 다음과 같이 된다.

$$\tau = \frac{W}{A} \times \frac{1}{2} = \frac{1500}{\frac{\pi}{4}D^2} \times \frac{1}{2} \quad (D = 20\text{mm} = 2\text{cm})$$

$$= \frac{1500}{\frac{\pi}{4}2^2} \times \frac{1}{2} = 239(\text{kg}/\text{cm}^2)$$

---

121. (라)　　　**122.** 풀이 참조

123. 1차 조종 계통에 사용되는 케이블의 최소 직경은?
  가. 1/8 in
  나. 1/4 in
  다. 5/16 in
  라. 3/16 in

124. 리벳은 다음중 어떤 종류의 응력에 가장 잘 견딜 수 있는가?
  가. 비틀림
  나. 인장
  다. 압축
  라. 전단

　〔풀이〕 리벳은 전단 압력에 대해 충분히 견딜 수 있도록 설계되어 있으나 리벳 머리를 떼내려고 하는 인장력이 작용하는 곳에는 사용할 수 없다.

125. AN형 표준 유압 피팅을 조일 때 다음중 가장 손상을 입기 쉬운 곳은?
  가. 나사산
  나. 너트
  다. 플레어
  라. 슬리브

126. 리벳 지름이 2mm이고 두께가 1.5mm인 2개의 판을 접합하려고 한다. 리벳의 길이는?
  가. 3mm
  나. 5mm
  다. 6mm
  라. 7mm

127. 안전 결선용 와이어 지름이 0.8~1mm이면 1인치당 몇번 꼬는 것이 알맞는가?
  가. 10내지 12회
  나. 8내지 10회

---

123. (가)　　　124. (라)　　　125. (다)　　　126. (다)　　　127. (다)

다. 6내지 8회
라. 4내지 6회

128. 리벳의 피치를 정하는 기본 요소로 맞는 것은?
　가. 고정된 판금의 재질
　나. 리벳 성크의 길이
　다. 리벳의 직경
　라. 고정된 판금의 두께

〔풀이〕 리벳의 피치를 정하는 기본 요소는 리벳의 직경이다. 흔히 1열로 리벳을
박을 때는 리벳 피치는 리벳 직경의 3배보다 작아서는 안되고 2열로 박을 때는 리벳 직
경의 4배, 그 이상으로 할 때는 리벳 직경의 3배보다 크게 한다.

129. MS 20426 AD 4-5 리벳의 대쉬 앞의 4는 무엇을 나타내는가?
　가. 리벳의 길이
　나. 리벳의 형식
　다. 합금의 종류
　라. 리벳의 직경

〔풀이〕 파트 넘버에 의한 리벳 식별법은 다음과 같다.

```
MS  20426  AD  4 - 5
 |     |     |   |   └ 길이(1/16 in 단위) 5/16 in
 |     |     |   └ 리벳 직경(1/32 in 단위) 6/32 in
 |     |     └ 재료 A : 1100, B : 5056, AD : 2117, D : 2017,
 |     |              DD : 2024
 |     └ 머리 모양 20426 : 100° 카운터성크 머리,
 └ 규격―미군 표준 부품 규격(Military Standard)
```

130. 직경이 같은 연통의 끝을 다른 연통의 끝에 끼워넣어 연결하기 위해
　한쪽 끝을 주름지게 하는 방법은?
　가. 신장 가공(Stretching)
　나. 커어링(Curing)

---

128. (다)　　　129. (라)　　　　130. (다)

　다. 크림핑(Crimping)
　라. 접기 가공(Folding)

131. 2024 T3인 0.050in 동체 스킨의 외부 패치 수리를 할 경우 수리용 재질과 두께, 사용 리벳의 종류와 직경, 길이를 계산하시오.

〔**풀이**〕 ① 수리재는 원칙으로 원래의 재질과 같은 재질로, 또한 원래 판두께와 같은 것이거나 1치수 위인 것을 사용하게 되었으므로 2024 T3로 판두께 0.050 in 패치를 이용한다.

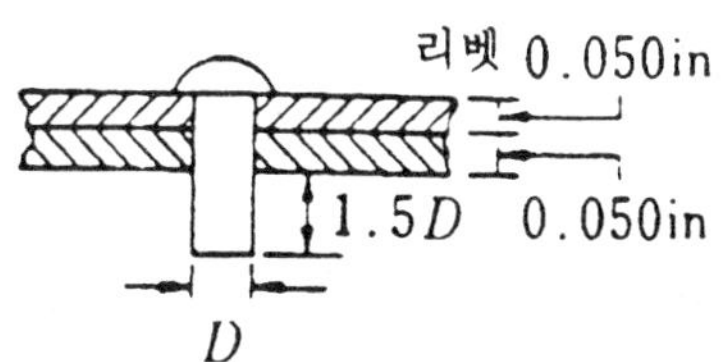

② 리벳의 머리 모양은 손상부 주위의 리벳 머리와 같은 것을 사용한다. 일반적으로 스킨에는 접시머리 리벳이 사용된다.

③ 리벳 재질은 손상부 주위의 리벳 재질과 같은 것을 사용한다. 일반적인 수리에서는 AD(2117 T4) 리벳을 사용한다.

④ 리벳 직경은 패치재 두께의 3배에 가장 가까운 사이즈인 것을 사용한다.

$$0.050in \times 3 = 0.150in$$

따라서 리벳 직경은 5/32in(0.15625in)이다.

⑤ 리벳 길이는 리벳 작업하는 부분의 두께(스킨+패치재)에 1.5D를 더한 것이 가장 좋다.

$$0.050in + 0.050in + 1.5 \times 5/32in = 0.335in$$

따라서 리벳 길이는 5/16in(0.315in)가 된다. 사용 리벳의 파트 넘버는 MS 20426 AD 5-5가 된다.

132. 다음 설명에서 바른 것은 어느 것인가?
　가. 알루미늄 합금의 균열은 마그나 프럭스로 탐상한다.
　나. 알루미늄 합금의 강도와 열처리 정도는 로크웰 경도 시험으로 판명한다.
　다. 같은 재질의 같은 두께인 경우 알크래드한 것과 하지 않은 것 중 크래드한 것이 더 강하다.
　라. 경도 시험으로 열처리와 냉간 가공의 유무가 판명된다.

---

131. 풀이 참조　　　**132.** (라)

〔풀이〕 (가) 마그나 프럭스 검사는 철강 부품의 표면 균열만을 검출할 수 있다. 알루미늄 합금은 비자성체이기 때문에 부적합하다.

(나) 열처리 품질은 로크웰 경도 시험으로 알 수 있는데 강도는 인장 시험기가 아니면 알 수 없다.

(다) 알크래드한 것과 크래드하지 않은 것을 비교할 경우 같은 재질, 같은 두께이면 크래드하지 않은 쪽이 더 강하다.

(라) 열처리에 의해 경도가 증가한다. 냉간 가공은 재질의 밀도가 높아지고 경도도 높아진다. 즉 경도 시험에 의해 열처리와 냉간 가공의 유무를 알 수 있다.

133. 리벳 작업을 위해 연한 재질판의 드릴 작업 방법으로 옳은 것은?
　　가.　90° 드릴날 고속 작업
　　나.　90° 드릴날 저속 작업
　　다. 118° 드릴날 고속 작업
　　라. 118° 드릴날 저속 작업

134. 프래스 가공의 분류중 굽힘 가공에 속하지 않는 작업은?
　　가. 시이밍 (Seaming)
　　나. 엠버씽 (Embossing)
　　다. 커링 (Curing)
　　라. 베이딩 (Bading)

135. 조종 계통의 케이블 장력을 측정하는 측정 공구는?
　　가. 케이블 드럼
　　나. 케이블 턴버클
　　다. 케이블 텐션 미터
　　라. 케이블의 장력 조절기

136. 나사의 유효 직경을 측정할 수 없는 것은 다음중 무엇인가?
　　가. 부피 테스트
　　나. 삼침법
　　다. 공구 현미경
　　라. 나사 마이크로미터

---

133. (가)　　　134. (가)　　　135. (다)　　　136. (가)

137. 토큐 렌치에 직각인 방향으로 유니버설 조인트를 달아 토큐를 걸 경우에 유니버설의 각도가 토큐 렌치에 비해 몇도 이내이면 토큐의 수정이 필요 없겠는가?

　가. 10°
　나. 15°
　다. 20°
　라. 25°

〔풀이〕 토큐 렌치에 대해 ±10° 이내에서 사용되면 수정할 필요가 없다.

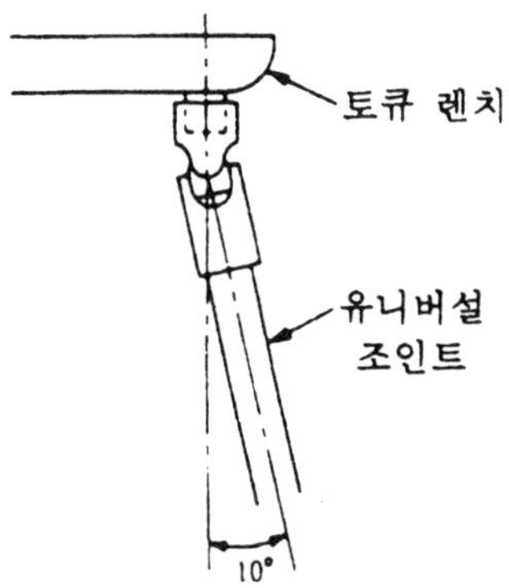

138. 판재의 가장자리에서 리벳 중심까지의 거리를 무엇이라 하는가?

　가. 연거리
　나. 열간격
　다. 리벳 간격
　라. 가공 거리

139. 트위스트 드릴의 신닝에 대해 설명하시오.

〔풀이〕 드릴은 회전하면서 구멍을 뚫어가는데 그때의 절삭 저항은 절삭 토큐와 절삭 추력(삽입력＝수직 분력)으로 나눠진다. 실제 드릴로 구멍을 뚫으면 티젤부의 삽입력이 커지므로 티젤부의 삽입력을 작게 하면 구멍을 뚫는데 능률이 올라간다. 그래서 절삭 저항을 줄일 목적으로 티젤부를 약간 깎아내서 작게 하여 삽입력을 작게 하는 것을 신닝이라고 한다.

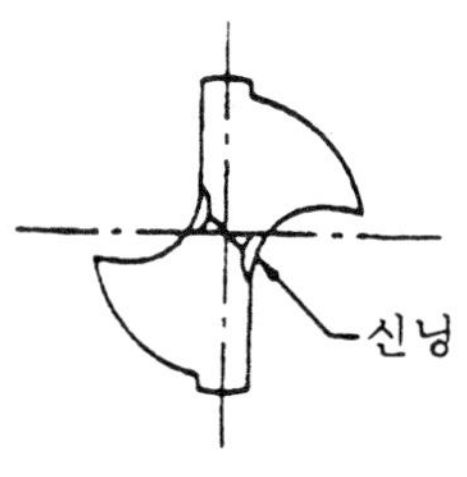

---

137. (가)　　　138. (가)　　　139. 풀이 참조

140. AN 12-17볼트(Bolt)를 올바르게 설명한 것은?
　가. 미 공해군 표준으로서 지름은 12/16in, 길이는 17/8in
　나. 미 국립 항공 기준으로서 지름은 12/16in, 길이는 17/8in
　다. 미 군사 항공 기준으로서 지름은 12/16in, 길이는 17/8in
　라. 미 공해군 표준으로서 지름은 12/8in, 길이는 17/16in

141. 턴버클의 나사는 일반적으로?
　가. 나사는 한쪽만 있으면 오른나사이다.
　나. 양쪽다 오른나사
　다. 양쪽 다 왼나사
　라. 한쪽은 오른나사, 한쪽은 왼나사

142. 턴버클의 안전 결선 방법에서 지름이 얼마 이하일 때부터 복선식을 쓰는가?
　가. 1/8in
　나. 3/32in
　다. 1/16in
　라. 5/16in

143. 다음 리벳중 가장 강도가 필요한 곳(날개의 스파)에 사용하는 것은?
　가. A 리벳
　나. M 리벳
　다. AD 리벳
　라. DD 리벳

〔풀이〕 DD 리벳으로 재질은 2024-T4로 담금질이 필요하다.

144. 연한 알루미늄에 드릴 작업을 할 때 드릴의 사잇각은?
　가. 45°
　나. 67°
　다. 90°
　라. 118°

---

140. (가)　　141. (라)　　142. (가)　　143. (라).　　144. (다)

145. 그림과 같이 구부러진 채널에서 전개도의 길이를 구하시오. 이때 굴곡 각도는 90°로 한다. (계산식도 명기할 것)

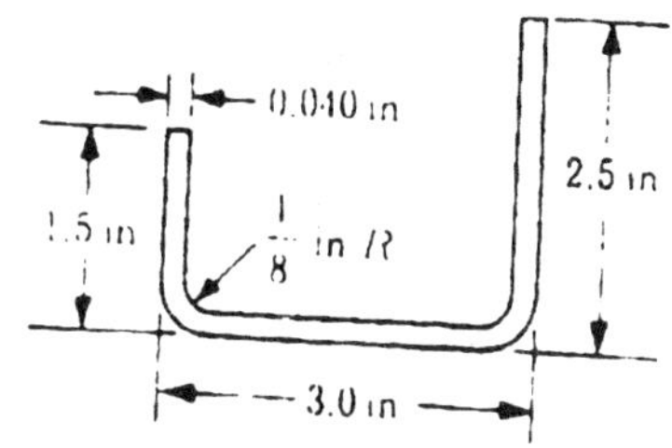

〔풀이〕 6.796 in

$$(1.5-SB) \quad BA \quad (3.0-SB\times2) \quad BA \quad (2.5-SB)$$
$$L\ (6.796\ in)$$

굴곡 반경 $r=1/8$ in, 판 두께 $t=0.040$ in

굴곡 각도 $A=90°$ 라고 하면

세트백(SB) $=K(r+t)$ 가 되어 90° 꺽어구부릴 때는 $K=1$이 된다. 따라서
뒤로 젖혀지는 높이 $=1(1/8+0.040)=0.165$ in

$$\text{굴곡 허용량(BA)} = 2\pi\left(r+\frac{1}{2}t\right)\times\frac{A}{360}$$
$$= 2\pi\times\left(\frac{1}{8}+\frac{1}{2}\times0.040\right)\times\frac{90}{360}$$
$$\fallingdotseq 0.228\,in$$

따라서 전개 길이 L은
$$L=(1.5-0.165)+(3.0-0.165\times2)+(2.5-0.165)+(2\times0.228)=6.796\,in$$

146. 다음중 맞는 설명은?
　가. 턴버클에 기름을 치는 것은 나쁘다.
　나. 볼트를 고정하는 코터핀과 안전선은 2번 사용해도 된다.
　다. 볼트를 규정 토큐까지 조였으나 코터핀의 구멍이 맞지 않아 구멍을
　　　맞추려고 더 조이면 최대 토큐를 넘기 때문에 느슨히 맞춘다.
　라. 납 용접이나 납땜을 한 강제품 부분이 파손되었을 때는 용접을 하
　　　면 커진다.

〔풀이〕 안전선을 2번 사용해서는 안된다. 턴버클을 윤활해서는 안된다.

---

145. 풀이 참조　　　　146. (가)

147. 리벳할 판두께를 T라 할 때 사용하여야 할 리벳의 직경은 $3T$이며,
그 그립(Grip)의 길이를 G라고 할 때 리벳의 총길이는?
　가. $1\frac{1}{2}\times 3DT+G$
　나. $3\frac{1}{2}\times 3T+G$
　다. $4\frac{1}{2}\times 3T+G$
　라. $7\frac{1}{2}\times 3T+G$

148. 스파를 고정시킨 볼트 구멍이 넓어지거나 균열이 생겼을 때의 처리로
바른 것은?
　가. 보강재를 대어 정상적인 구멍을 뚫는다.
　나. 부싱을 넣는다.
　다. 그 볼트의 사이즈보다 더 큰 볼트를 사용한다.
　라. 새로운 부재를 만들어 정상 구멍을 뚫는다.

　〔풀이〕 넓어진 구멍의 수리 방법이 FAA에 의해 승인된 경우를 제외하고는 스파
의 넓어진 볼트 구멍 또는 볼트 구멍 부근에서의 갈라짐에 대해 새로운 스파에서는 그
부분을 때우던가 아니면 스파를 새로 교환해야 한다.
　대부분의 경우 스파의 부착 부분을 교환할 때는 특히 스파의 바깥면에 항공기용의 합
판을 사용하여 스파의 새로운 부분에 겹쳐지게 하는 것이 좋다.

149. 두께가 다른 알루미늄판에 리벳을 칠 경우 리벳의 머리를 어느쪽에
두어야 하는가?
　가. 얇은 판쪽
　나. 적당한 공구를 사용하면 어느쪽도 무방하다.
　다. 어느쪽도 무방
　라. 두꺼운 판쪽

150. 턴버클의 사용 목적은?
　가. 조종 계통의 케이블 장력을 조절한다.
　나. 정비를 빈번히 하는 곳에 사용한다.
　다. 조타면을 고정시킨다.
　라. 조종 케이블의 장력을 온도에 따라 자동 유지시킨다.

---

147. (가)　　　148. (라)　　　149. (가)　　　150. (가)

151. 유효 길이가 15in인 토큐 렌치에 3in의 익스텐션바를 연결하고 너트에 840in·lb의 토큐를 걸려고 한다. 이때

① 토큐 렌치의 눈금을 읽으면 얼마인가?

② 토큐 렌치의 피봇에 가하는 힘(F)은 얼마인가?

〔풀이〕 ① $T = 700\text{in·lb}$

$$T = \frac{L \times \text{필요한 토큐}}{L + E}$$

$$= \frac{15 \times 840}{15 + 3} = 700\text{in·lb}$$

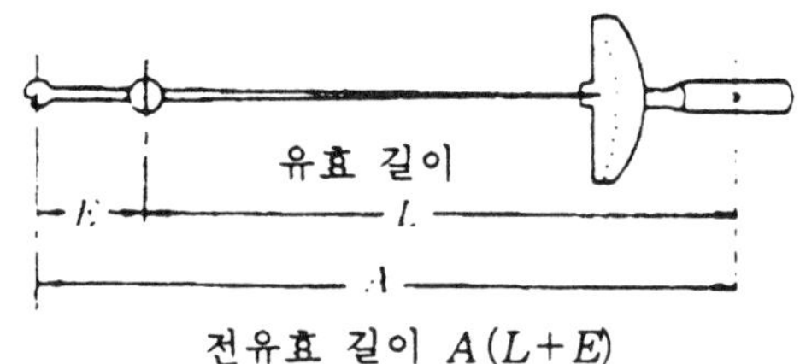

② $F = 46.67\text{ lb}$

$$F = \frac{\text{필요한 토큐}}{\text{전유효 길이}} = \frac{840}{18} = 46.67\text{ lb}$$

152. 트위스트 드릴의 사용으로 바른 것은?

가. 연한 재질일 때는 회전수를 빠르게 한다.

나. 직경이 큰 드릴을 사용할 때는 회전수를 빠르게 한다.

다. 드릴의 릴리프 각은 118°이다.

라. 날끝각은 강한 재질을 절삭할 경우에는 작게 한다.

〔풀이〕 트위스트 드릴은 보통 드릴의 명칭이고 연한 재질일 때 30m/분, 강한 재질일 때 20m/분이다. 동일한 재질에 구멍을 뚫을 때는 굵은 드릴의 경우는 가는 드릴의 경우보다 회전수를 느리게 한다.

릴리프각은 보통 12~15°이고 118°는 날끝 절삭각이다. 강한 재료를 절삭할 경우는 날끝각을 크게 한다.

피절삭재의 재료	날 끝 각	릴리프 각도
연한 강	90°~120°	12°~15°
단단한 강	120°~140°	8°~10°
알루미늄	100°	12°
목 재	60°	12°

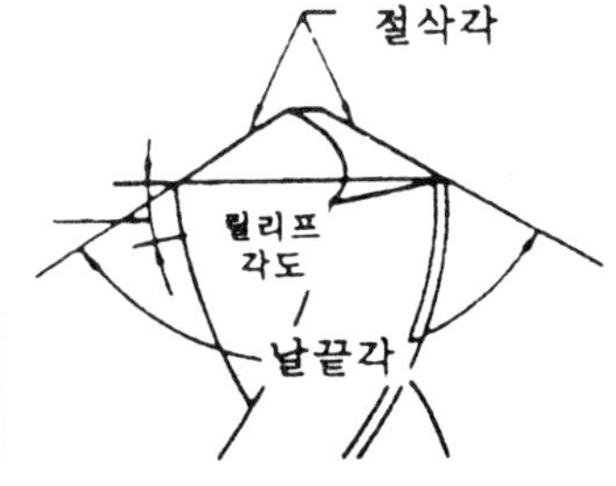

---

151. 풀이 참조   152. (가)

153. 그림과 같이 토큐 렌치(유효 길이 10in)에 익스텐션(5in)을 사용해서 조임 토큐를 500in · lb 로 하려면 토큐 렌치의 눈금은 얼마로 하면 되겠는가?

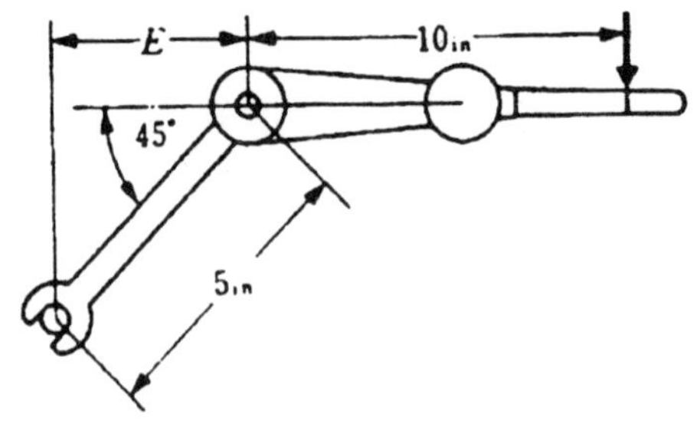

〔풀이〕 370in · lb

T : 필요한 토큐＝500in · lb

R : 토큐 렌치의 눈금 지시

L : 토큐 렌치의 유효 길이＝10in

E : 익스텐션의 유효 길이＝5n

F : 핸들에 거는 힘

$E=5\text{in}\times\cos45°=3.54\text{in}$

실제로 필요한 토큐

$$T=F\times(L+E) \quad\cdots\cdots ①$$

따라서 $F=T/(L+E)$

토큐 렌치의 눈금이 지시하는 토큐

$$R=F\times L \quad\cdots\cdots ②$$

①, ②식에 의해

$$R=\frac{T\times L}{L+E}=\frac{500\times10}{10+3.54}=370\text{in}\cdot\text{lb}$$

154. 다음 설명중 맞는 것은?

　가. 나사산의 지름은 유효 직경으로 표시한다.

　나. 크레비스 볼트는 전단에도 인장에도 사용된다.

　다. 풀스레드 나사는 전단에도 인장에도 사용된다.

　라. 정밀 공차 볼트 두께에는 0.032in 이상의 와셔를 사용한다.

〔풀이〕 ① 나사산의 호칭은 수 나사에서는 외경, 암 나사에서는 내경으로 표시한다.

② 크레비스 볼트는 전단에만 사용한다.

③ 풀스레드 나사는 축부 전길이에 나사가 나있는 것으로 인장에만 사용한다.

---

153. 풀이 참조　　　　154. (라)

155. 일반용 볼트보다 정밀하게 가공된 공차 볼트의 규격 번호는?
　가. MS 2036—MS 2037
　나. AN 135—AN 235
　다. MS 2004—MS 2024
　라. AN 173—AN 186

156. 구조물에서 전단에 의한 파손은 무엇을 보고 알 수 있나?
　가. 금속의 어긋난 정도
　나. 리벳의 돌출
　다. 리벳의 경사
　라. 위 모두

157. 다음 각종 형상에서의 단면 계수(Z)는 어느 것인가? 서로 맞는 것을
고르시오.

　가. 장방형　　　　　　　　　　　a. $Z = \dfrac{h^3}{6}$

　나. 정방형　　　　　　　　　　　b. $Z = \dfrac{\pi D^3}{32}$

　다. ㄷ자형　　　　　　　　　　　c. $Z = \dfrac{bh^2}{6}$

　라. 원형　　　　　d. $Z = \dfrac{bh^3 - b_1 h_1^3}{6h}$

〔풀이〕 (가)—(c), (나)—(a), (다)—(d), (라)—(b)
　단면 계수는 동일 단면적으로 비교하면 ㄷ형, 장방형, 정방형, 원형의 순서대로 크
다. 따라서 탄성은 ㄷ형의 단면이 있는 재료로 구성하는 것이 가장 유리하다.

---

155. (라)　　　156. (라)　　　157. 풀이 참조

158. 판금 작업중 신장 및 수축 가공 작업에 속하는 것은 어느 작업인가?
    가. 터닝 (Turning)
    나. 커얼링 (Curling)
    다. 시이밍 (Seaming)
    라. 펀칭 (Punching)

159. 리벳 건의 공기압이 적정하지 않을 때 일어나는 현상으로 맞는 것은?
    가. 압력이 너무 낮으면 리벳 머리가 찌그러진다.
    나. 압력이 너무 높으면 리벳 구멍이 커진다.
    다. 압력이 너무 낮으면 리벳 작업이 어렵다.
    라. 압력이 너무 높으면 리벳에 균열이 생긴다.

---

158. (가)   159. (다)

제5장. 용　　접

1. 용접할 때 용접되는 금속의 어느 두께까지 녹여 들어가는 것이 좋은가?

〔풀이〕 25~95%

2. 가스 용접 토치의 역화(Back Fire)란?

〔풀이〕 불꽃이 팁의 안쪽으로 들어가서 순간적으로 폭발음을 내면서 다시 나오거나 아주 꺼져버리는 현상을 역화라 한다. 폭발음을 낼 때 토치 앞부분에 높은 압력이 형성되어 용융 금속을 흐트러뜨리며 쇳물(Spatter)를 날려버린다. 이때 불꽃이 꺼지면 인화의 가능성이 있으므로 재빨리 가스 밸브를 닫아야 한다.
역화는 비교적 자주 발생하는 현상으로서 가스 유출 속도보다 연소가 빠를 때 일어나는 것인데 그 원인은 다음과 같다.
① 팁이 물체에 부딪혀 순간적으로 가스의 흐름이 멈출 때
② 팁의 구멍은 큰 반면에 가스를 조금씩 내보내어 노즐부의 유출 속도가 늦을 때
③ 팁이 과열되었을 때
④ 가스의 압력이 아주 낮을 때
⑤ 팁의 연결이 불충분할 때

3. 용접에서 언더컷팅(Undercutting)이란 무엇인가?

〔풀이〕 용접되는 금속과 용접에 간격이 생길 때

4. 용접 부분의 넓이는 어느 정도가 좋은가?

〔풀이〕 두께의 약 2~3배

5. 만약 용접이 제대로 되지 않았을 경우 어떻게 하는 것이 좋은가?

〔풀이〕 실패한 용접을 제거하고 다시 한다.

6. 용접하기 전에 해야 할 준비 과정은?

〔풀이〕 용접할 금속을 잘 닦아낸다.

7. 용접 방법의 종류에 대해 말하라.

〔풀이〕 버트(Butt), 플렌지(Flange), 랩(Lap), 필렛(Fillet), ……

8. 용접할 때 용융 금속이 자꾸 튀긴다면 이유는 무엇 때문인가?

〔풀이〕 용접기의 팁이 너무 가열되었을 때

9. 용접 튜브에 아마유(Linsed Oil)를 가끔 도포하는 이유는?

〔풀이〕 부식을 방지하기 위하여

10. 금속 튜브는 주로 어느 방법으로 수리하는가?

〔풀이〕 용접으로 수리한다.

11. 튜브에 덴트(Dent)가 생겼을 때 사용하는 수리법은?

〔풀이〕 패치 플레이트(Patch Plate)를 덮어 용접한다.

12. 용접봉(Weld Rod)은 무엇을 기준으로 결정하는가?

〔풀이〕 용접하는 금속의 종류와 두께에 따라

13. 용접기 팁(Tip)의 크기는 무엇으로 결정하는가?

〔풀이〕 용접하는 금속의 종류와 두께에 따라

14. 용접시 최대 온도를 얻을 수 있는 불꽃은?

〔풀이〕 중성 불꽃

15. 아세틸렌 라인의 압력은 어느 정도가 적당한가?

  〔풀이〕 약 5psi, 절대 15psi를 넘기지 말아야 한다.

16. 불꽃(Flame)의 세가지 종류는?

  〔풀이〕 중성, 탄화, 산화

17. 산소 라인의 압력을 어느 정도로 맞추는 것이 적당한가?

  〔풀이〕 약 15psi

18. 산소 라인(Oxygen Line)은 무슨 색으로 표시되어 있나?

  〔풀이〕 녹색

19. 산소 라인에서 산소가 새는 것을 검사하는 방법은?

  〔풀이〕 비눗물을 칠해서 거품을 찾는다.

20. 아세틸렌 라인(Acetylene Line)은 무슨 색으로 표시되어 있는가?

  〔풀이〕 적색

21. 고탄소강을 용접할 때 용접봉으로써 사용할 수 있는 것은?

  〔풀이〕 고탄소강 봉을 사용한다.

1. 용접봉을 선택할 때 가장 중요시할 것은 다음 어느 것인가?
   가. 용접될 금형의 형
   나. 불꽃의 온도
   다. 재질과 두께
   라. 용접봉의 길이

2. 용접으로 수리를 해서는 안될 것은 다음중 어느 것인가?
   가. 탄소강 부품
   나. 스텐레스강 부품
   다. 마그네슘 부품
   라. 납부착 부품

〔풀이〕 납부착 부품을 용접하면 납부착 혼합물이 가열된 강의 내부에 침입하여 그 재질을 약하게 한다. 이 때문에 납이 부착되어 있는 부품을 용접해서는 안된다.

3. 아크 용접에서 불활성 가스 텅스텐 아크 용접(TIG 용접)과 불활성 가스 메탈 아크 용접(MIG 용접)에 대해 간단히 설명하시오.

〔풀이〕 TIG 용접이란 소모되지 않는 텅스텐 전극봉을 사용하며, 아크 속에 따로 용접봉을 넣어 용접하는 것을 말한다. MIG 용접이란 전극봉 자체가 용접봉으로 그대로 녹아 용접하는 방법이다. MIG 용접에서는 자동적으로 용접봉이 보내져 용접봉과 모재 사이에 아크를 발생시키며 보통 직류 역극성으로 한다. MIG 용접의 특징은 용접 속도가 빠르고 두꺼운 판 등의 용접에 적합한 것이다.

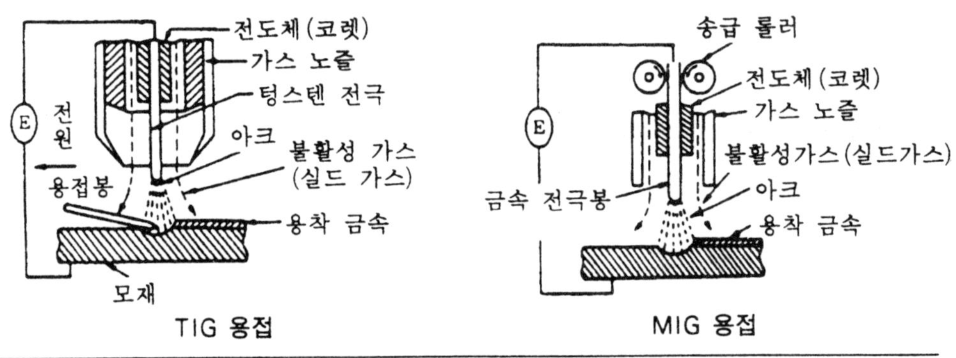

1. (다)   2. (라)   3. 풀이 참조

4. 다음은 용접에 관한 설명이다. 잘못된 것은?
   가. 아세틸렌 용접의 불꽃은 산화 불꽃이다.
   나. Al-Mg 합금, Al-Mg-Si 합금은 가스 아크 용접이 가능하다.
   다. 탄소 함유량이 많은 것은 용접하기 어렵다.
   라. 알루미늄 합금 등은 전기 전도도가 좋으므로 스폿이나 시임 용접을
       할 때 큰 전류가 필요하다.

   〔풀이〕 산소와 아세틸렌이 1 : 1로 완전히 혼합 연소일 때의 불꽃은 중성이다. 그
림처럼 백색심이 확실히 생긴다. 연강, 주철, 동, 알루미늄, 아연, 은, 니켈 등의 용접
은 이 중성 불꽃으로 행해진다.

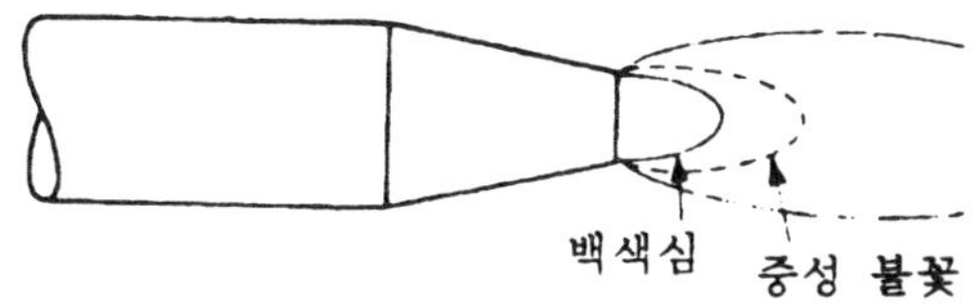

5. 다음은 접합의 종류에 관해서 쓴 것이다. 금속 아아크와 관계있는 것은?
   가. 납땜
   나. 압접법
   다. 기계적 접합점
   라. 용접법

6. 다음중 용접 이음을 설계할 때 주의할 사항이 아닌 것은?
   가. 필렛 용접은 될 수 있는 한 피하고 맞대기 용접을 하도록 한다.
   나. 될 수 있는 한 좋은 용접봉을 선택한다.
   다. 작업에는 지장이 없도록 용접 간격을 띄운다.
   라. 될 수 있는 한 아래보기 용접을 하도록 한다.

7. 아세틸렌 발생기실의 출입구에 관하여 설명한 것중 옳은 것은?
   가. 다른 건물의 입구에 있지 않으면 떨어지지 않아도 좋다.
   나. 다른 건물에서 15m 정도 떨어질 것
   다. 다른 건물이 내부 구조에서 0.5m 이하로 떨어질 것
   라. 다른 건물에서 1.5m 이상 떨어질 것

---

4. (가)   5. (라)   6. (나)   7. (라)

8. 다음 재료 중 용접시 용제를 필요로 하지 않는 것은?
    가. 인코넬
    나. 스테인레스강
    다. 알루미늄 합금
    라. 강

　　〔풀이〕 용접이나 납땜에 사용하는 용제는 용접봉이나 용접하는 부분에 먼저 칠한 뒤 금속의 녹은 부분이나 그 주위의 고온부를 용융된 용제가 덮어 생성된 산화물을 제거하거나 생성을 방지하는 것이다. 일반적으로 탄소강이나 일부의 합금강은 용제를 사용하지 않고 가스 용접을 할 수 있다.

9. 다음중 용접의 결점이 될 수 없는 것은?
    가. 열에 의한 제품의 변형
    나. 잔류 응력 증가
    다. 품질 검사 곤란
    라. 열 방향에 의한 재질 변화

10. 용접은 다음 어느 접합법에 속하는가?
    가. 역학적 접합법
    나. 화학적 접합법
    다. 야금적 접합법
    라. 기계적 접합법

11. 일반 아아크 용접시 보호 장갑과 헬멧을 사용하는 목적이 아닌 것은?
    가. 외관상 보기좋게 하기 위하여
    나. 유해 광선을 차단하기 위하여
    다. 쇳물로부터 얼굴을 보호하기 위하여
    라. 적외선으로부터 눈을 보호하기 위하여

12. 가스 용접시 적당한 불꽃의 종류를 표시한 것이다. 틀린 것은?
    가. 황동-산화 불꽃
    나. 경강-중성 불꽃

---

8. (라)　　　　9. (다)　　　　10. (다)　　　　11. (가)　　　　12. (라)

　　다. 연강-중성 불꽃
　　라. 구리-환원 불꽃

13. 용접이 리벳 이음에 비해 우수한 것은?
　　가. 기밀 수밀이 용이하다.
　　나. 공정수가 감소된다.
　　다. 기술이 필요치 않다.
　　라. 자재가 절약된다.

14. 산소, 아세틸렌 용접에서 역류나 역화의 원인이 아닌 것은?
　　가. 토치의 팁에 석회분이 끼었을 때
　　나. 산소 공급이 과대할 때
　　다. 토치의 팁이 느슨하게 풀렸을 때
　　라. 토치의 팁이 과열되었을 때

15. 다음중 저항 용접과 관계가 있는 것은?
　　가. 시임 용접
　　나. 아아크 용접
　　다. 가스 용접
　　라. 테르밋 용접

16. 용접해서는 안되는 부품은?

　　〔풀이〕① 케이블
　　냉간 가공으로 강도 특성을 증가시키는 부품은 용접해서는 안된다. 이것에 속하는
것으로 케이블이 있다.
　　② 납땜 부품
　　납땜 부품은 용접해서는 안된다. 그 이유는 납땜 혼합물이 가열된 강의 내부에 침
입하여 그 재질을 약하게 하기 때문이다.
　　③ 열처리에 의해서 기계적 성질이 개선된 부품
　　열처리에 의해서 그 기계적 성질을 개선한 합금강 부품을 용접해서는 안된다. 예를
들면 항공기용의 볼트, 턴버클의 피팅 등이 해당된다.

---

13. (가)　　　　14. (나)　　　　15. (가)　　　　16. 풀이 참조

17. 용접법의 개요를 설명한 것이다. 서로 맞는 것을 연결하시오.

    가. MIG 용접

    나. TIG 용접

    다. 플라즈마 용접

    라. 전자빔 용접

    ⓐ 소재와 전극 사이에 아크를 발생시키고 전극봉이 용접봉으로 그대로 녹아서 용착하는 방식

    ⓑ 높은 진공 중에서 고속으로 가속된 전자를 피용접부에 충돌시켜 그 운동 에너지가 변환되어 생긴 열 에너지를 이용하는 방식

    ⓒ 전극봉에 텅스텐을 사용하여 아크중에 다른 용접봉을 보내어 용접하는 방식

    ⓓ 가스중에서 아크를 발생하면 가스를 분리하여 원자 상태가 되고 이 때 발생하는 다량의 열을 이용하는 방식

[풀이] (가)-ⓐ, (나)-ⓒ, (다)-ⓓ, (라)-ⓑ

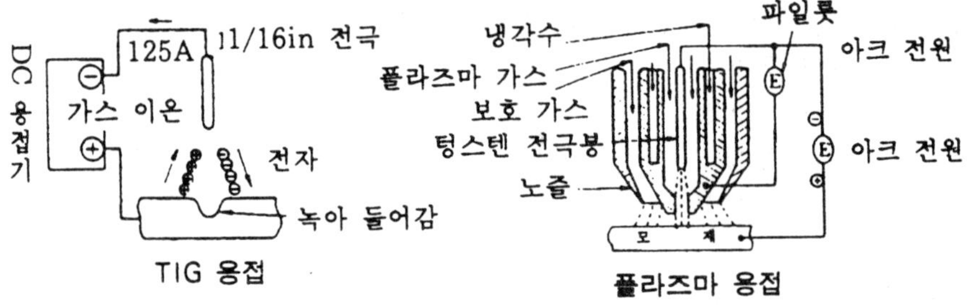

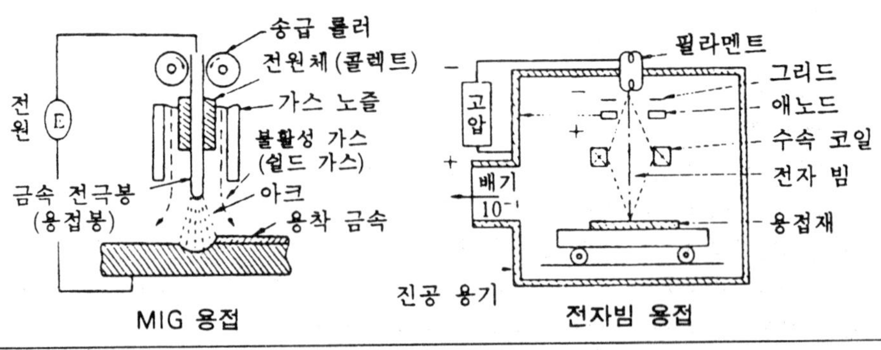

17. 풀이 참조

18. 전기 저항 용접의 특징에 관하여 틀린 것을 고르시오.
 가. 용접봉, 용제를 필요로 하지 않는다.
 나. 아크 용접에 비해 다량의 전류를 필요로 한다.
 다. 두꺼운 판의 용접에 적합하다.
 라. 다른 용접법에 비교하여 변형량이 적다.

 〔풀이〕 저항 용접은 얇은 두께의 판에 적합하다.

19. 가스 용접 작업중 불꽃에 산소의 양이 많으면 어떤 결과가 일어나는가?
 가. 재질이 강해진다.
 나. 경도가 높아진다.
 다. 아세틸렌의 소비가 많아진다.
 라. 용접부에 기공이 생긴다.

20. 용접부의 끝에서 균열이 발생했다면 그 원인은?
 가. 용접봉에 탄소가 함유되어 있음
 나. 냉각이 너무 빠르다.
 다. 용접봉의 사이즈가 불량
 라. 용접 불꽃의 조절 불량

21. 산소 아세틸렌 용접에 사용되는 아세틸렌 호스색은?
 가. 흑색
 나. 녹색
 다. 적색
 라. 백색

22. 용해 아세틸렌이 발생기 아세틸렌보다 좋은 점이 될 수 없는 것은?
 가. 폭발도가 적다.
 나. 가격이 싸다.
 다. 운반이 편리
 라. 순도가 높다.

---

18. (다)   19. (라)   20. (나)   21. (다)   22. (나)

23. 다음은 용접에 관한 설명이다. 틀린 것은 어느 것인가?

　가. 아세틸렌 용접 불꽃은 환원 불꽃이다.

　나. Al-Mg 합금, Al-Mg-Si 합금은 가스 아크 용접을 할 수 있다.

　다. 탄소 함유량이 많은 합금강은 용접하기 어려워진다.

　라. 알류미늄 합금은 전기 전도성이 좋으므로 스폿 용접과 시임 용접을 할 때에 큰 전류가 필요하다.

　〔풀이〕 (가) 아세틸렌 용접 불꽃은 환원 불꽃이 아니고 중성 불꽃이다.

　(나) 5052(Al-Mg계)와 6061(Al-Mg-Si계)은 아크 용접이 가능하다.

　(다) 탄소 함유량이 많은 합금강일수록 용접이 곤란하다.

　(라) 알루미늄 합금은 전기 전도성이 좋으므로 스폿 용접시 큰 전류가 필요하다.

24. 용접중 토치 안에서 역화를 일으켰을 때 조치 사항이 아닌 것은?

　가. 우선 산소 콕을 막는다.

　나. 긴급 조치후 역화의 원인을 조사하고 팁의 청결 또는 조임 정도를 검사한다.

　다. 긴급 조치후 산소를 약간 분출시키면서 물속에 팁을 넣어 냉각시킨다.

　라. 우선 아세틸렌 콕을 막는다.

25. 다음 산소-수소 용접시 최고 온도는 몇°C인가?

　가. 2,800°C

　나. 2,700°C

　다. 2,900°C

　라. 3,400°C

26. 다음 용접시의 특성중 부하 전류가 증가하면 단자 전압이 낮아지는 특성은?

　가. 용량 특성

　나. 정전압 특성

　다. 수하 특성

　라. 상승 특성

---

23. (가)　　　**24.** (가)　　　**25.** (다)　　　**26.** (다)

27. 용접봉을 선택할 때 제일 먼저 고려해야 할 점은?
    가. 용접봉의 사이즈
    나. 용접할 금속의 두께
    다. 용접할 금속의 종류
    라. 토치 끝의 사이즈

28. 다음중 가스 절단이 불가능한 것은?
    가. 알루미늄
    나. 고속도강
    다. 주철
    라. 합금강

29. 스테인레스 철판을 납땜하기 곤란한 이유는?
    가. 니켈을 함유하고 있으므로
    나. 강한 산화막이 있으므로
    다. 경도가 높으므로
    라. 재질이 강하므로

30. 알루미늄 합금을 용접할 때에는?
    가. 용접봉에만 용제를 사용한다.
    나. 모재와 용접봉에 다같이 용제를 사용한다.
    다. 모재에만 용제를 사용한다.
    라. 알루미늄 합금에는 용제를 사용해서는 안된다.

31. 양호한 가스 용접의 특성을 고르시오.
    가. 깊숙한 침투가 용접봉을 충분히 녹게 한다.
    나. 용접은 1/8인치 높이가 알맞다.
    다. 용접은 완만하게 모재를 파고 들어야 한다.
    라. 모재가 산화해서는 안된다.

　　〔풀이〕 가스 용접의 비드는 양호하게 침투하고 용률이 일정하고 직선이어야 한다. 비드의 상태는 겉은 동그랗게 튀어나오고 또한 모재를 완만하게 파고들어야 한다.

---

27. (다)　　　28. (가)　　　29. (나)　　　30. (다)　　　31. (다)

32. 강구조 부재를 용접할 때 와이어 브러쉬로 청소하지만 이종 금속으로 된 와이어 브러쉬(놋쇠 또는 청동)를 사용해서는 안되는데 이유는?
　가. 용접부의 재질을 강하게 한다.
　나. 금속이 열처리된다.
　다. 부식의 원인이 된다.
　라. 용접부가 약해져 파손될 가능성이 있다.

　〔풀이〕 놋쇠 또는 청동 부러쉬를 사용한 후에 미세한 찌꺼기가 용접 부재 내에 녹아들어가 재질이 약해지게 된다. 이 결과 용접부에 균열과 결점을 만드는 원인이 된다.

33. 옵셋 맞대기 용접시 적절한 가열 온도는?
　가.　900~1,000°C
　나.　1,000~1,100°C
　다.　1,100~1,200°C
　라.　1,200~1,300°C

34. 은도금할 때 사용하여야 할 불꽃형은 무엇인가?
　가. 산화 불꽃
　나. 산성 불꽃
　다. 중성 불꽃
　라. 환원 불꽃

35. 용접후에 너무 빨리 냉각시키면 어떤 상태가 되는가?
　가. 피팅이 지나치다.
　나. 용접 부위에 균열이 생긴다.
　다. 모재의 색깔이 변한다.
　라. 공기방울, 작은 기공, 슬래그 등이 섞인다.

　〔풀이〕 열은 금속을 팽창시키고 냉각은 금속을 수축시킨다. 만약 용접후에 금속을 너무 빨리 냉각시키면 고르지 못하게 수축되고 금속에 응력을 남기게 된다. 이 응력이 용접 주위에 균열을 만든다.

---

32. (라)　　　33. (다)　　　34. (다)　　　35. (나)

36. 연료 탱트를 용접 수리하기 전에 먼저 해야할 사항은?
    가. 질산과 물 용액으로 세척한다.
    나. 압축 공기로 2시간 동안 깨끗히 한다.
    다. 증기나 혹은 더운물을 1시간 30분 정도 흘러나가게 한다.
    라. 냉수로 전체적으로 세척한다.

37. 다음은 아크 용접이 가스 용접에 비해 좋은 점을 열거한 것이다. 틀린
    것은?
    가. 작업 시간의 단축
    나. 용융 속도가 빠르다.
    다. 열의 영향을 받지 않음
    라. 두꺼운 판을 용접할 수 있다.

38. 용접한 금속을 담금질하면 재질이 어떻게 변형하는가?
    가. 금속 색깔이 변한다.
    나. 금속의 입자 조성이 변한다.
    다. 접합 부분에 균열이 생긴다.
    라. 부식된다.

39. 산소 아세틸렌 장비의 연결부에 그리스나 오일을 쓰는 것은?
    가. 제작자가 권고한 주기마다
    나. 100시간 점검 때
    다. 추천할 수 없다.
    라. 1년마다 한번하는 점검 때

40. 다음은 여러가지 용접의 특징을 설명한 것이다. 틀린 것은?
    가. 가스 용접의 비드중 후진법은 기계적 성질이 우수하다.
    나. 가스 용접에서 수소와 산소의 혼합 가스를 사용하면 가장 값싼 용
       접을 할 수 있다.
    다. 금속 아아크 용접에서는 용접봉이 전극을 겸하고 있나.
    라. 탄소 아아크 용접에서는 탄소를 전극으로 사용한다.

---

36. (다)   37. (다)   38. (다)   39. (다)   40. (나)

41. 용접한 부분에 구멍과 돌출한 부분이 있을 때 알맞는 처리 방법은?
　가. 구멍을 납땜으로 메운다.
　나. 비드를 다시 가열하여 돌출 부분을 녹인다.
　다. 용접 부분을 모두 제거하고 다시 용접한다.
　라. 거친 표면을 줄질한다.

　〔풀이〕 패인 구멍과 돌출한 부분은 잘못된 용접 상태를 지시한다. 모든 용접 비드를 제거한 후 다시 용접을 한다.

42. 모재를 녹이지 않고 접합하는 것은 어느 것인가?
　가. 납땜
　나. 시임 용접
　다. 가스 용접
　라. 프라즈마 제트 용접

43. 다음중 용접에서 중성 불꽃은 무슨 색인가?
　가. 적색
　나. 흰색
　다. 청색
　라. 회색

44. 아크 용접은 어디에 속하는가?
　가. 납땜
　나. 단접
　다. 용접
　라. 압접

45. 아세틸렌은 공기중에서 몇도 정도면 폭발하는가?
　가. $305 \sim 315°C$
　나. $405 \sim 415°C$
　다. $505 \sim 515°C$
　라. $605 \sim 615°C$

---

41. (다)　　　42. (가)　　　43. (다)　　　44. (다)　　　45. (다)

46. 다음 그림에서 과도한 아세틸렌으로 용접된 것을 고르시오.

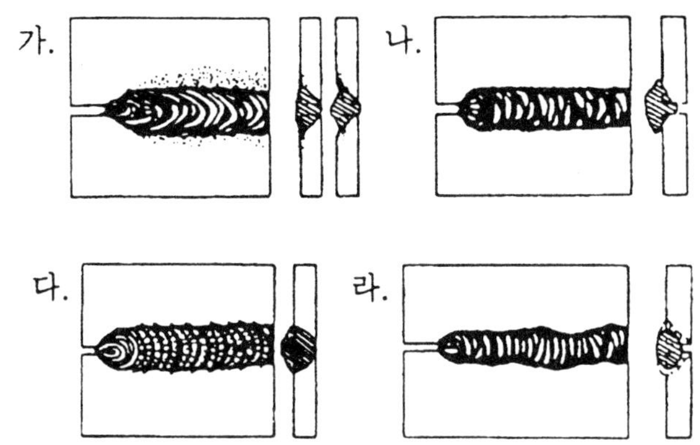

　　〔풀이〕 (가) 그림은 너무 빠른 속도로 용접한 예이다. 길고 뾰족한 겉모양을 한 리플(Ripple)은 과도한 열에 의해서 혹은 산화불꽃에 의해서 얻어진 것이다. 이때 단면을 잘라보면 공기방울, 기공, 슬래그 등이 섞여 있다.

　(나) 그림은 부적절한 침투와 콜드랩(Cold Lap)이 부족한 열에 의해서 형성되고 있다. 외관은 거칠고 불규칙하고 그리고 모서리는 모재를 파고들지 못했다.

　(다) 그림은 과도한 아세틸렌 불꽃으로 용접되었다. 비드 중심선을 따라서 튀어나온 것이 있고 용접 끝부분은 크래터(Crater)가 있다. 단면을 검사하면 기공이 있다.

　(라) 그림은 침투 깊이가 다양하다. 가끔 콜드 용접(Cold Weld)의 외관을 갖는다.

47. 다음은 용접 전류가 너무 클 때 생기는 결함이다. 관계 없는 것은?
　가. 용접봉의 피복이 떨어지기 쉽다.
　나. 언더컷이 생기기 쉽다.
　다. 블로우 호울이 생기기 쉽다.
　라. 용접부가 과열되어 용착 금속이 분산된다.

48. 강철을 용접할 때 연마에 사용하는 부러쉬는?
　가. 청동 부러쉬
　나. 거친 부러쉬
　다. 강 와이어 부러쉬만 사용한다.
　라. 아무거나 관계 없다.

---

46. (다)　　　47. (가)　　　48. (다)

49. 산소 아세틸렌 용접에서 아세틸렌의 압력이 15psi 이상일 때 어떠한 결과가 일어나겠는가?
　　가. 모재를 휘게 한다.
　　나. 폭발
　　다. 산화시키는 불꽃
　　라. 탄화(Carbonizing)

50. 다음은 용접 종류를 열거한 것이다. 열원으로 알루미늄 분말을 사용하는 것은?
　　가. 테르밋 용접법
　　나. 가스 용접법
　　다. 전기 저항 용접법
　　라. 불활성 가스 아아크 용접법

51. 테르밋 용접의 테르밋이란 무엇과 무엇의 혼합물인가?
　　가. 산화철과 붕산의 분말
　　나. 알루미늄과 산화철의 분말
　　다. 탄소와 규소의 분말
　　라. 붕산과 붕산의 분말

52. TIG 용접시 사용되는 불활성 가스로서 적당하지 않은 것은?
　　가. 탄산 가스
　　나. 수소 가스
　　다. 헬륨 가스
　　라. 아르곤 가스

　풀이) 불활성 가스는 흔히 헬륨 가스, 아르곤 가스, 탄산 가스를 사용한다.

53. 다음 용접중 전극과 용접봉을 겸하며, 용접봉을 연속적으로 공급하는 것은?
　　가. 프로젝션 용접
　　나. 점 용접

---

49. (나)　　　50. (가)　　　51. (나)　　　52. (나)　　　53. (다)

다. MIG 용접
라. TIG 용접

54. 다음 그림에서 A는 무엇을 나타내는가?

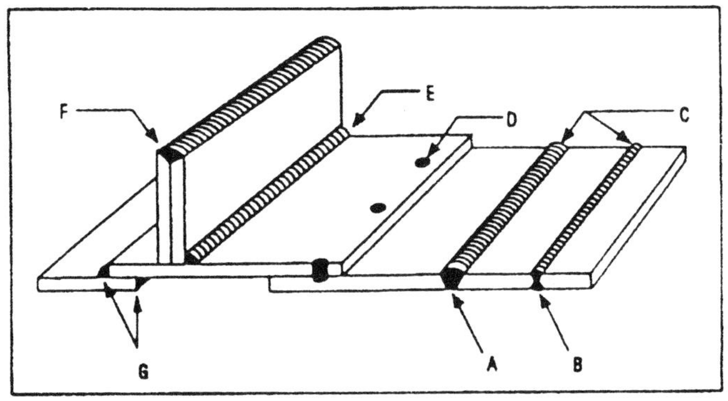

가. 필렛 (Fillet)
나. 버트 (Butt)
다. 랩 (Lap)
라. 에지 (Edge)

　〔풀이〕 A : 싱글 버트 용접 (Single Butt Weld)
　B : 2중 버트 용접 (Double Butt Weld)
　C : 버트 용접
　D : 로젯 용접 (Rosette Weld)
　E : 필렛 용접 (Fillet Weld)
　F : 에지 용접 (Edge Weld)
　G : 랩 용접 (Lap Weld)

---

54. (나)

제6장. 부식 및 페인트 작업

1. 표면 부식(Surface corrosion)이란?

〔풀이〕 표면 부식은 흔히 부식 생성물로서 가루 침전물을 수반하는 움푹팬 홈모양으로 나타나는데 화학적 또는 전기 화학적 침식에 의해서 발생한다. 때로는 부식이 표면 피막 밑으로 진행되어 표면의 부식물인지 또는 가루 침전물인지를 식별할 수 없는 경우가 있다. 페인트나 도금층 밑표면에 축적된 부식 생성물은 페인트나 도금층을 벗겨놓는 역할을 한다.

2. 마그네슘 합금에서 기계적인 방법으로 제거할 수 없는 부식을 중화시키는데 사용하는 것은?

〔풀이〕 크롬산 용액

3. 카드뮴 도금한 부품의 표면에 페인트가 잘 도포되게 하기 위해서 하는 작업은?

〔풀이〕 크롬산으로 에칭(Etching)한다.

4. 마그네슘 표피로부터 부식을 제거하는데 사용하는 기구의 형태는?

〔풀이〕 날카로운 강이나 탄화제 팁으로 된 절단 공구(Carbide Tipped Cutting Tool)

5. 유리구술 분사(Glass Bead Blasting)로 마그네슘 표면의 부식을 제거할 때 꼭 지켜야 하는 주의사항은?

〔풀이〕 다른 금속에 사용했던 것을 다시 마그네슘 표면의 부식 제거에 사용하지 않는다.

6. X-ray 검사에서 부식된 곳은 네가티브 필름(Negative Film)상에 어떻게 나타나는가?

〔풀이〕 검게(Dark) 나타난다.

7. 이질 금속간의 접촉 부식(Galvanic Corrosion)이란?

　　〔풀이〕 이질 금속이 서로 접촉되어 있는 상태에서는 물과 습기 또는
다른 용액에 의하여 어느 한쪽의 재료가 먼저 부식된다. 이러한 금속 상호
간의 부식 정도에 따라 알루미늄 합금의 경우 A군과 B군으로 구분하여 완
전한 이질 금속으로 취급하게 된다.
　A군과 B군에 속하는 알루미늄 합금은 다음과 같다.
　A군 : 1100, 3003, 5052, 6061
　B군 : 2014, 2017, 2024, 7075
　특히 넓은 면적의 A군 재료가 비교적 작은 면적의 B군 재료와 접촉할
때에는 완전히 이질 금속 재료로 간주하여 함께 사용해서는 안된다.

8. 구조를 침투하는 X-ray의 세기는 무엇이 결정하는가?

　　〔풀이〕 튜브에 공급하는 전압

9. 어떻게 해서 아노다이징이 부식으로부터 알루미늄 합금 구조를 보호하
　　는가?

　　〔풀이〕 단단하고 비기공성 산화막을 표면에 형성해서 표면으로부터 공
기와 습기를 차단시킨다.

10. 색소 침투 검사를 하려고 한다. 시험편을 세척하는 방법은?

　　〔풀이〕 증기에 의한 기름 제거(Vapor Degreasing) 또는 휘발성 솔
벤트 세제 사용

11. 알루미늄 합금 표면에 어떻게 양극 피막(Anodize)을 형성시키는가?

　　〔풀이〕 전기 분해 방법으로, 이때 부품은 양극이고 크롬산 전해질이다.

12. 아노다이즈 막은 전도체인가 아니면 절연체인가?

　　〔풀이〕 절연체

13. 입자간 부식(Intergranular Corrosion)이란?

〔풀이〕 입자간 부식은 합금의 결정 입자 경계선 또는 그 근방을 따라 생기는 부식으로서 합금 성분의 분포가 균일하지 못한 데에서 생긴다. 알루미늄 합금, 강력 볼트용 강, 스테인레스 강은 이와 같은 형태의 전기화학적 침식이 잘 발생한다. 합금 성분의 균질성의 결여는 가열 및 냉각중 합금 내에서 일어나는 변화에 의한다. 일반적인 입자간 부식은 금속 표면에 흔적이 나타나지 않지만, 대단히 심한 부식은 금속의 표면에 부풀어오른 돌기가 생기거나 얇은 조각으로 벗겨진다.

14. 응력 부식(Stress Corrosion)이란?

〔풀이〕 응력 부식은 강한 인장 응력과 적당한 부식 조건의 복합적인 영향으로 발생한다. 응력 부식에 의한 균열은 알루미늄 합금, 마그네슘 합금, 고강도강 등 금속 계통에서 발견되며 부식을 일으키는 조건은 알루미늄 부품에 철재 부싱을 꽉 끼워 놓으면 응력 부식이 발생한다. 또 응력을 충분히 제거하지 못하고 냉간 가공한 금속 재료에도 이와 같은 부식이 발생한다.

15. 알로다인 처리후 건조된 후에 표면에 나타나는 가루는 무엇을 나타내는가?

〔풀이〕 표면이 충분히 젖어 있지 않았던지 충분히 씻어내지 않았다.

16. 어떻게 해서 크롬산 아연 프라이머가 표면의 부식을 방지하는가?

〔풀이〕 크롬 이온이 금속의 표면에 붙어 있다.

17. 마찰 부식(Fretting Corrosion)이란?

〔풀이〕 마찰 부식은 서로 밀착한 부품간에 계속적으로 아주 작은 진동이 일어날 경우에 그 표면에 홈이 생기게 하는 부식으로 베어링, 커넥팅 로드, 너클핀, 스플라인 등과 같은 부품에 마찰 부식이 생기는데, 이러한 부품은 자주 교환해주어야 한다.

18. 크롬산 아연에 사용하는 희석재(Thinner)의 종류는?

〔풀이〕 톨루올(Toluol)

19. 크래드 알루미늄 표면에 더 좋은 크롬산 아연의 접착을 위해서 해야 될 것은?

〔풀이〕 약한 크롬산으로 에칭(Etching)하든가 고운 샌드페이퍼로 표면을 조금 거칠게 한다.

20. 성분이 서로 다른 이질의 금속은 어떤 이유로 접촉시켜서는 안되는가?

〔풀이〕 접촉 부분에서 전기 화학 작용으로 부식이 생길 가능성이 있다.

21. 양극 산화 처리(Anodizing)란?

〔풀이〕 금속 표면에 전해질인 산화 피막을 형성시키는 처리법을 말한다. 회박한 전해질 수용액 중에는 OH⁻가 방출되기 때문에 양극의 금속 표면이 수산화물 또는 산화물로 변화하여 고착되어 버리는데 이러한 현상을 양극 산화 처리라고 한다. 알루미늄 합금을 양극 산화 처리하면 부식에 대한 저항이 강해지고 페인팅이 좋은 표면이 된다.

22. 워시 프라이머(Wash Primer)는?

〔풀이〕 셀프 에칭 프라이머(Self-etching Primer)로 에칭을 위해 알콜-인산 촉매제를 사용한다.

23. 만족스럽게 알로다인(Alodine) 처리된 표면은?

〔풀이〕 일정하고 진주빛의 노란색을 띤 갈색

24. 워시 프라이머를 표면에 분사하기 전에 해야 되는 것은?

〔풀이〕 잘 섞고 30분간 기다린다.

25. 녹이 슨 강 부품에서 부식 부산물의 제거에 가장 좋은 것은?

〔풀이〕 연마제 분사(Abrasive Blasting)

26. 어떻게 크롬 도금이 강 부품을 부식으로부터 보호하는가?

〔풀이〕 표면으로부터 습기와 산소를 차단시킨다.

27. 어떻게 카드뮴 도금이 강 부품을 부식으로부터 보호하는가?

〔풀이〕 카드뮴 도금 자체가 부식되어 표면을 산화막으로 만들어서

28. 어떻게 해서 크래딩(Cladding)이 부식으로부터 알루미늄을 보호하는가?

〔풀이〕 순수 알루미늄이 공기중에서 산화 피막을 형성하여 합금의 이질 금속과 전해질의 접촉을 막는다.

29. 합금의 부적절한 열처리 때문에 발생하는 부식의 형태는?

〔풀이〕 내부 응력에 의한 입자간 부식(Intergranular Corrosion)으로 초기에는 현미경으로 발견할 수 있다.

30. 표면 부식(Surface Corrosion)이 발생한 초기에는 어떤 조짐을 발견할 수 있나?

〔풀이〕 페인트의 균열 및 부풀음

31. 입자간 부식을 탐지하는 방법은?

〔풀이〕 초음파 검사, 와전류 검사

32. 스프레이 건이 분무 중에 경사지면 어떤 칠의 결과가 생기는가?

〔풀이〕 칠이 고르지 못하다. 건(Gun)에 가까운 쪽은 두껍고, 떨어진 곳은 거칠다.

33. 스프레이 건 노즐과 칠하는 표면은 얼마의 거리를 유지해야 하는가?

〔풀이〕 6~10in

34. 스프레이 건(Spray Gun) 전체를 신나에 담그지 않는 이유는?

〔풀이〕 패킹(Packing)의 손상을 막기 위해서

35. 분무용 신나로 세척할 때 스프레이 건을 작동시키는 이유는?

〔풀이〕 통로를 닦아내고 니들(Needle)의 팁을 깨끗이 한다.

36. 바나나(Banana) 모양의 분무 형태는 어떤 상태에서 만들어지나?

〔풀이〕 스트레이건 윙 포트(Wing Port)의 어느 한 구멍이 막혔을 때

37. 배(Pear) 모양의 분무 형태는 어떤 상태에서 만들어지는가?

〔풀이〕 페인트 노즐 한쪽 주변에 말라붙은 물질에 의해

38. 덤벨(Dumbbell) 모양의 분무 형태는 어떤 상태에서 만들어 지는가?

〔풀이〕 과도한 분무 압력

39. 정상적인 페인트 작업에서 사용할 수 있는 최대 압력은?

〔풀이〕 10psi보다 커서는 안된다.

40. 분무 형태(Spray Pattern)의 모양을 결정하는 것은?

〔풀이〕 윙 포트 홀(Wing Port Hole)의 모양

41. 레이돔(Radome)에 사용할 수 없는 페인트는?

〔**풀이**〕 금속 도료를 갖고 있는 페인트

42. 폴리우레탄(Polyurthan) 칠을 끝내고 얼마후에 테이프(Tape)나 마스
크(Mask)를 붙일 수 있는가?

〔**풀이**〕 24시간 후에

43. 아크릴산 락카를 분무하기 위해서는 얼마의 신나를 섞어야 하는가?

〔**풀이**〕 아크릴산 : 신나＝4 : 5

44. 방금 칠한 크롬산 아연 위에 아크릴산 락카를 뿌리면 어떻게 되는가?

〔**풀이**〕 크롬산 아연이 일어날 것이다.

45. 금속의 **표면**에 에폭시 프라이머의 두께는 얼마로 하는가?

〔**풀이**〕 대략 0.0005in로 아주 얇게 **뿌린다.**

46. 워시 프라이머의 두께는 얼마여야 하는가?

〔**풀이**〕 0.0003in보다 두꺼워서는 안된다.

47. 워시 프라이머를 뿌린 **후** 언제 마지막 칠을 하는가?

〔**풀이**〕 30분 후에

48. 컨버젼 코팅(Conversion Coating)이 알루미늄 표피에 미치는 영향은?

〔**풀이**〕 표면에 녹지 않는 인산 피막을 형성한다.

49. 워시 프라이머(Wash Primer)를 섞은 다음 뿌리기 전에 30분을 기다
리는 이유는?

〔풀이〕 경화 작용(Curing Action)이 시작되길 기다린다.

50. 에나멜(enamel)을 분무하기 위해서는 얼마의 신나를 섞어야 하는가?

〔풀이〕 에나멜 : 신나=10 : 1

51. 엔진 에나멜(Engine Enamel)과 컨벤셔널 에나멜(Conventional Enamel)의 차이점은?

〔풀이〕 엔진 에나멜의 색소는 높은 온도의 조건에서도 색이 바래지 않는다.

52. 스프레이 건으로 페인트 칠할 때의 방법을 설명하시오.

〔풀이〕 ① 속도
 스프레이 건의 이동 속도를 너무 빨리 하면 페인트 막이 얇게 되고 너무 늦게 하면 두껍게 되어 페인트가 흐르게 된다. 그러므로 페인트 칠을 하는 속도의 결정은 페인트의 도프 상태를 잘 관찰하면서 스프레이 건을 작동시켜야 한다. 일반적으로 1초당 0.5m 움직이도록 하는 것이 표준 속도이다.
 ② 각도
 스프레이의 각도는 언제나 페인트면에 직각이 되도록 하는것이 좋다. 한쪽으로 스프레이건이 기울어지면 페인트면에 가까운 부분은 페인트막이 두껍게 되고 반대로 먼 부분은 얇은 막을 형성하며, 또 페인트막이 얼룩이 생긴다. 따라서 페인트 막을 일정한 두께로 페인팅 하려면 페인트 면에 대하여 수직으로 스프레이건을 작동시켜야 한다.
 ③ 거리
 스프레이할 때의 거리는 그림과 같이 거리가 가까우면 페인트가 충분히 분무 상태로 되기 전에 페인트칠이 되므로 페인트 막이 두껍게 되어 페인트가 고르게 못하며, 반대로 거리가 멀면 페인트 막이 얇게 되어 페인팅하는 횟수가 많아지므로 도료의 손실을 가져온다. 특히 라커와 같이 건조가 빠른 페인트로 페인팅 할 때에는 거리가 멀면 페인트면이 거칠게 된다. 페인트면과의 거리는 스프레이건의 종류에 따라 다른데, 일반적으로 20~25cm 정도가 적당하다.

③ 압력

　페인팅할 때의 압력이 낮으면 분자 입자가 거칠어지며 반대로 압력이 높으면 분무 입자가 고와지고 페인트면에 닿아 튀어나오는 양이 많아지므로 적절한 압력으로 페인팅해야 한다. 적당한 압력은 $2.5{\sim}4.0$ kg/cm²의 범위이다. 부분 수정을 할 때의 압력은 2.8kg/cm²로 한다.

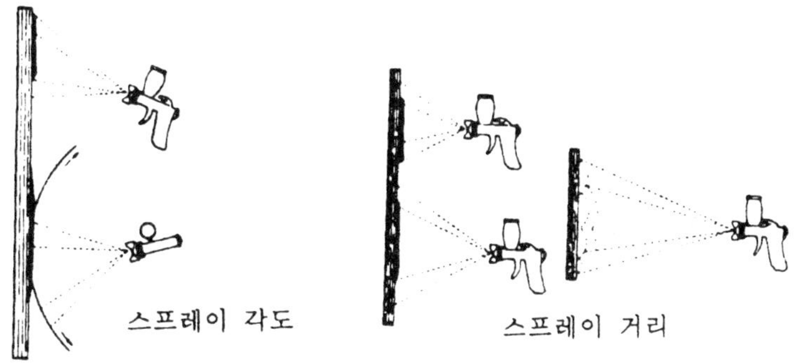

53. 새로운 실링(Sealing)를 사용하기 전에 연료 탱크의 오래된 실란트(Sealant)를 제거하는데 사용하는 것은?

　〔**풀이**〕 아세톤이나 에틸 아세톤

54. 피쉬아이(Fisheye)는 무엇인가?

　〔**풀이**〕 표면에 왁스, 실리콘, 기타 오염 물질 때문에 칠이 안되어서 분리된 부분이다.

55. 금속 표면에 형선된 필리폼(Filiform) 부식의 원인은?

　〔**풀이**〕 부적절하게 굳은 프라이머

56. 평평한 곳과 더 복잡하고 불규칙한 곳 중에서 어디부터 칠하는가?

　〔**풀이**〕 복잡하고 불규칙한 곳부터

1. 금속의 부식 종류와 설명으로 관계 있는 것을 연결하시오.
    가. 응력 부식(Stress Corrosion)
    나. 점식(Pitting)
    다. 입자간 부식(Intergranular Corrosion)
    라. 피로 부식(Corrosion Pitting)
    ⓐ 금속 조직의 불균일성에 기인하는 부식으로 부적당한 열처리를 행한 경우에 발생하기 쉽다.
    ⓑ 일정한 인장 응력이 가해진 상태에서 부식하기 쉬운 환경에 노출되면 합성 효과에 의해서 균열이 발생하는 것이다.
    ⓒ 부식 환경하에서 금속에 반복 응력이 가해져서 발생하는 것으로 부식의 검출은 균열이 진전하기까지 곤란하다.
    ⓓ 금속 표면의 균일성이 결여된 부분에 매개 물질이 접해서 발생한다.

    〔풀이〕 (가)-ⓑ, (나)-ⓓ, (다)-ⓐ, (라)-ⓒ

2. 알루미늄 합금에 사용되는 방부제는?
    가. 크롬산 아연
    나. 락카
    다. 석회
    라. 가성 소다

3. 금속 내부에 생긴 입자간 부식은 어떻게 탐지하는가?
    가. 금속 표면에 나타난 가루를 보고
    나. X-ray 검사를 하여
    다. 색체 침투 검사를 하여
    라. 금속 표면의 변색을 보고

4. 검은 갈색의 인산염 피막을 형성하여 부식을 방지하는 방법은?
    가. 파아커라이징
    나. 도금
    다. 양극 산화 처리
    라. 금속의 분무

---

1. 풀이 참조   2. (가)   3. (가)   4. (가)

5. 페인트 제거제의 취급법으로 틀린 것은?
　가. 아크릴 유리, FRP, 고무류에는 마스킹을 한다.
　나. 고온에서는 빨리 증발한다.
　다. 직사일광 아래서 장시간 제거제와 물의 혼합물을 방치해서는 안된다.
　라. 피부에 묻으면 많은 물로 씻는다.

　〔풀이〕 제거제의 비등점은 낮아서 고온에서는 증발이 늦다. 여름에 작업할 때는 저녁 때나 그늘진 곳에서 한다.

6. 본딩 와이어의 역할로 틀린 것은?
　가. 힌지부의 용착 방지
　나. 무선 장애의 감소
　다. 정전기 축적의 방지
　라. 이종 금속간 부식의 방지

　〔풀이〕 본딩(Bonding)은 기체 구조부 사이를 전도성 와이어로 접속하여 전위차를 없애는 것이다. 목적은 정전기 축적에 기인하는 무선 장애의 방지, 조종면의 힌지와 같은 부품을 낙뢰에 의한 장애로부터의 보호, 또 전기 기기의 접지를 위해 사용한다. 따라서 이종 금속간 부식의 방지는 틀린다. 와이어는 짧고 접속부의 저항은 $0.003\,\Omega$ 를 넘지 않을 것, 알루미늄 합금에는 알루미늄 합금 혹은 주석 또는 카드뮴 도금을 한 동 와이어, 강부품에는 황동 또는 청동 와이어를 사용한다.

7. 다음 도료중 내스카이드롤성이 있는 것은 어느 것인가?
　가. 락카
　나. 아크릴 락카
　다. 에나멜
　라. 에폭시 수지 도료

　〔풀이〕 에폭시 수지를 주성분으로 하는 합성수지 도료로서 내스카이드롤성, 내약품성 등에 요구되는 성분의 방식 도료로 사용된다. 또 폴리우레탄 도료도 내스카이드롤성이 있다.

---

5. (나)　　　　6. (라)　　　　7. (라)

8. 금속 표면상의 손상중 뜨거운 가스나 모래 및 화학 물질에 의해서 부분
품의 재료가 떨어져 나간 현상을 무엇이라 하는가?
　　가. 부품(Bulge)
　　나. 쪼임 (Gouging)
　　다. 침식 (Erosion)
　　라. 찌그러짐 (Brinelling)

9. 부식 방지법중 금속의 분무에 사용되는 재료는?
　　가. 알루미늄이나 아연
　　나. 탄소강
　　다. 마그네슘
　　라. 니켈강

10. 본딩 와이어의 작용으로 잘못된 것은?
　　가. 전기 장비품의 접지용 전선이 불필요하다.
　　나. 부품간 정전기의 축적 방지
　　다. 전해 부식 방지
　　라. 조종면 힌지의 벼락에 의한 용착 방지

11. 성분이 다른 이질 금속은 어떤 이유로 접촉시켜서는 안되는가?
　　가. 정전기가 발생해서 무선기 등의 송수신을 방해한다.
　　나. 접촉점에서 전기 화학적 작용으로 부식이 생길 가능성이 있다.
　　다. 열팽창 계수가 서로 다르다.
　　라. 인장 강도가 서로 다르다.

12. 다음중 맞는 것은 어느 것인가?
　　가. 침식, 찰식은 부식의 일종이다.
　　나. 알로다인 No. 1000 처리액은 알로다인 No. 1000 분말 4g에 물 1 l
　　　 의 비율로 용해된다.
　　다. 징크로미터 플라이머는 방식성이 풍부하나 에나멜 락카의 바탕칠에
　　　 는 적합하지 않다.
　　라. 알루미늄 합금과 강에서는 알루미늄 합금이 이온화 경향이 크다.

---

8. (라)　　　9. (가)　　　10. (다)　　　11. (나)　　　12. (나)

〔**풀이**〕① 금속이 물리적인 원인으로 손상될 경우는 부식이라고 하지 않는다.

② 징크로미터 플라이머는 금속의 방식성과 윗칠 도료에 대해 부착성이 풍부하여 에나멜 락카의 밑칠에 적합하다.

③ 이온화 경향이 큰 것부터 순서대로 다음과 같이 그룹으로 나눠볼 수 있다.

   Ⅰ : 마그네슘 및 그 합금

   Ⅱ : 알루미늄 합금, 카드뮴, 아연

   Ⅲ : 철, 납, 은 및 이들의 합금

   Ⅳ : 스테인레스강, 티타늄, 크롬, 니켈강 및 이들의 합금

13. 합금 입자의 분포가 고르지 못한 합금에 생길 수 있는 부식은?

   가. 이질 금속의 부식

   나. 응력 부식

   다. 입자간 부식

   라. 표면 부식

14. 도장 작업에서 스프레이건의 취급법으로 틀린 것은?

   가. 스프레이 패턴이 비틀어지는 경우는 공기압을 내린다.

   나. 브러쉬로 바르기에 비하여 페인트 농도를 엷게 한다.

   다. 건을 도장면에서 항상 15~25cm 뗀다.

   라. 각 스프레이마다 방아쇠를 잡아당긴다.

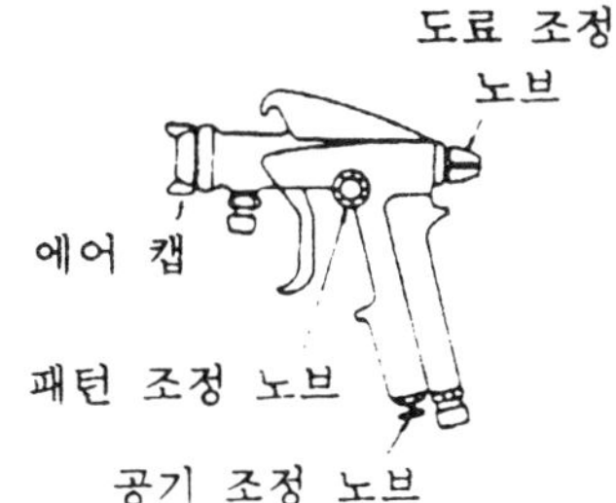

〔**풀이**〕스프레이 패턴이 비틀어지는 것은 공기 압력의 문제가 아니고 에어 캡(Air Cap)이 더러워졌기 때문이다. 에어 캡을 떼어내고 깨끗한 용제에 자주 세척해야 한다. 스프레이 건의 조정 장치는 다음과 같다.

① 도료 조정 노브—도료의 분출량을 바꾼다.

② 패턴 조정 노브—원형에서 타원형 패턴까지 변화시킨다.

③ 공기 조정 노브—공기의 흐름량을 조정하고 도료의 입자를 작게 하거나 미세하게 한다.

---

13. (다)　　　14. (가)

15. 양극 산화 처리 설명중 관계 없는 것은?
   가. 전기 화학적 도금이다.
   나. 부식을 방지하기 위한 양극 처리이다.
   다. 산화 알루미늄 도금이다.
   라. 강철에 처리가 용이하다.

16. 다음 부식 방지법중 금속의 표면에 전해질인 산화 피막을 형성하는 방법은?
   가. 금속의 분무
   나. 도금
   다. 양극 산화 처리
   라. 파커라이징과 벤더라이징

17. 재료의 방청법으로 바른 것을 서로 연결하시오.
   가. 강   ⓐ 디크로메이트 처리
   나. 마그네슘   ⓑ 알칼리 착색법
   다. 알루미늄   ⓒ 알로다인 처리
                  ⓓ 파커라이징
                  ⓔ 양극 처리

   〔풀이〕 (가)-ⓑ, ⓓ, (나)-ⓐ, (다)-ⓒ, ⓔ
   강의 화학 처리로서는 산화물 피막을 입히기 위한 알칼리 착색법과 인산염 피막을 입히는 파커라이징법 두개가 있다. 디크로메이트 처리는 마그네슘에 적용되고 크롬산을 포함하는 산성 액체를 사용하여 화학 피막을 구성한다. 알루미늄에는 알로다인 처리, 양극 처리가 이용된다.
   알로다인 처리는 화학적으로 금속 표면에 얇은 산화 피막을 생성시킨다. 양극 처리는 전기 화학적으로 금속 표면에 비교적 두꺼운 산화물 피막을 생성시키는 처리이다.

18. 금속의 표면상의 손상에서 표면에 날카로운 물체로 인하여 좀 얇게 새겨진 자국을 무엇이라 하는가?
   가. 패임(Dent)
   나. 침식(Erosion)

---

15. (라)   16. (다)   17. 풀이 참조   18. (다)

　　다. 찍힘(Nick)
　　라. 긁힘(Scratches)

19. 알루미늄 3003과 2024를 접촉 결합시킨 곳에 나타나는 부식은?
　　가. 이질 금속간의 부식
　　나. 응력 부식
　　다. 입자간 부식
　　라. 표면 부식

20. 부식의 종류중의 하나인 입자간 부식에 대해 설명하시오.

　　〔풀이〕 이 부식은 결정 입계상에 발생하는 것으로 초기의 상태에서는 쉽게 검출되기 어려우나 부식이 충분히 진행되면 금속이 부풀거나 떨어져 나간다. 이것은 합금 조직이 균일하게 밀집되어 있지 않고 군데군데 공간과 변형이 있고, 이 부분에 매개 물질이 있으면 합금 결정이 다른 성분 사이에서 국부 전지를 구성하고 결정 입자 경계 부분이 침식되어 이곳을 따라 침식이 진행되는 것이며 부적당한 열처리를 행한 경우에 발생되기 쉽다.

21. 아노다이징(Anodizing)이란?
　　가. 작업하는 동안에 생긴 모든 부분의 응력 집중을 제거시키는 방법
　　나. 부식을 막기 위해 전기 화학적 방법에 의하여 알루미늄 합금면에
　　　　얇은 산화 알루미늄을 입히는 방법
　　다. 재료를 무른 상태로 담금질하는 상태
　　라. 부서진 금속 조각을 제거시키는 방법

22. 철 금속과 같은 강자성체를 자분 탐상 검사(Magnetic Particle
　　Inspection)를 하려고 한다. 검사의 순서는?
　　가. 전처리-자화-검사-자분을 뿌린다-탈자-후처리
　　나. 전처리-자분을 뿌린다-자화-검사-탈자-후처리
　　다. 전처리(세척)-자화-자분을 뿌린다-검사-탈자-후처리
　　라. 전처리(세척)-자화-자분을 뿌린다-탈자-후처리-검사

---

19. (가)　　　　20. 풀이 참조　　　　21. (나)　　　　22. (다)

23. 밀착한 부위에 작은 진동이 발생할 때 생길 수 있는 부식은?
　　가. 프레팅 부식
　　나. 이질 금속간의 부식
　　다. 입자간 부식
　　라. 응력 부식

---

23. (가)

제7장. 비파괴 검사

1. 금속 재료 내부 깊게 발생하는 결함을 발견할 수 있는 검사법은?
   가. 형광 침투 탐상법
   나. 초음파 탐상법
   다. 자기 탐상법
   라. 와전류 탐상법

   〔풀이〕 초음파 탐상법은 초음파를 이용하여 재료 내부에 있는 결함으로부터의 반사파에 의해 그 위치 및 깊이를 알 수 있다. (가), (다), (라)는 모두 표면 또는 표면 부근의 결함을 검사하는 방법이다.

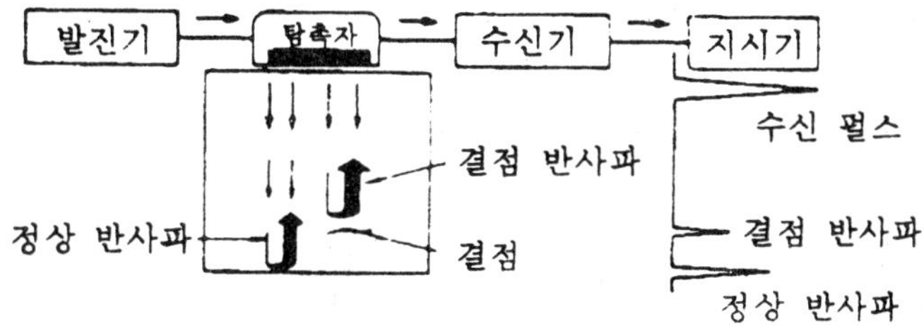

2. 비파괴 시험중 자분이 필요한 시험 방법은 어느 것인가?
   가. 침투 탐상법
   나. 초음파 탐상법
   다. 자기 탐상법
   라. 방사선 탐상법

3. 다음의 비파괴 검사중 맞는 것은 어느 것인가?
   가. 침투 탐상 검사는 플라스틱 표면의 손상은 탐지하지 못한다.
   나. 전자 유도 검사는 깊은 위치의 결점을 검출할 수 있다.
   다. 초음파 탐상 검사는 금속이나 비금속 모두에 사용할 수 있다.
   라. 자분 탐상 검사는 자력의 방향과 관계없이 결점을 검출할 수 있다.

   〔풀이〕 ① 초음파 검사는 파장이 짧은 초음파를 재료의 한쪽면에 보내어 재료 내의 불연속 또는 반대쪽에서 반사되는 경과 시간을 측정함으로써 금속 및 비금속 재료의 내부 결점을 검출한다.
   ② 침투 탐상 검사는 표면의 노출된 결점을 검출하는 것으로 비금속 재료에도 적용된다.

---

1. (나)   2. (다)   3. (다)

③ 전자 유도 검사는 전도성 재료의 결점 검출에 사용되는 방법으로 표면 및 표면층
부의 결점의 검출에 한정된다.

④ 자분 탐상 검사는 자속과 직각 방향의 결점을 검출한다.

4. 색소 침투 탐상 검사를 하려고 한다. 처리 순서를 쓰시오.
전처리 → ① → ② → ③ → ④ → ⑤
ⓐ 현상, ⓑ 침투, ⓒ 세척, ⓓ 검사, ⓔ 후처리

〔풀이〕 ①→ⓑ, ②→ⓒ, ③→ⓐ, ④→ⓓ, ⑤→ⓔ
색소 침투 탐상 검사는 시험품의 표면에 노출되어 있는 결점에 침투액을 침투시키고
다음 4단계로 되는 기본 처리에 의해 실제의 손상보다도 확대된 지시 모양을 형성하므
로 육안으로 쉽게 관찰할 수 있게 한 방법이다.

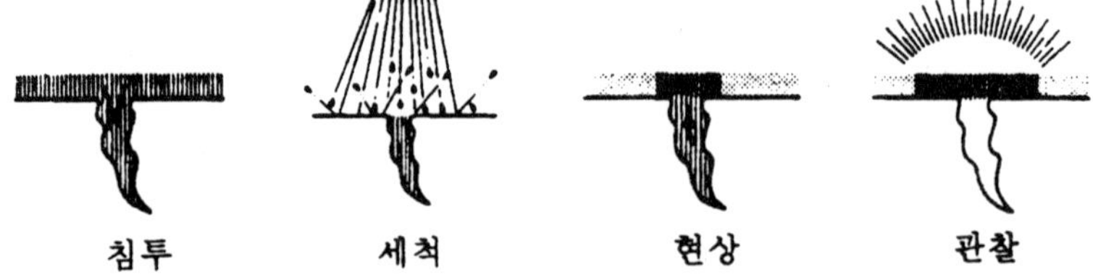

5. 비파괴 검사에 대한 설명으로 맞는 것은 어느 것인가?
가. 바퀴 휠은 자분 탐상 검사에 적합하다.
나. 자분 탐상 검사에서 피 검사품의 홈과 자속은 평행이다.
다. 색소 침투 검사에서는 양극 처리 피막을 검사 부품에서 떼내지 않
아도 좋다.
라. 전자 유도 탐상 검사(와전류)는 자기의 흡인 작용을 이용한 것이다.

〔풀이〕 바퀴 휠은 재질이 알루미늄 합금으로 자화가 불가능하므로 탐상 검사에는
적합하지 않다.
자분 탐상 검사는 철, 강의 자성체에 적용 가능하고 자력선과 결함이 직교했을 때 효
과가 있다.
색소 침투 검사에서는 침투액의 침투력이 크므로 양극 처리 피막을 제거할 필요가 없다.
와전류 검사는 재료 위에 놓은 코일에 교류를 가하면 재료에 유도 전류(와전류)가 생
겨서 코일에는 그것에 의해 교류가 유기된다. 이 유기분으로 재료의 결함을 검출한다.

---

4. 풀이 참조　　　　5. (다)

6. 볼트 축 방향의 균열(Crack)이 발견되었을 때의 마그나 플럭스 검사의
   방법으로 다음 어느 것이 옳은가?
   가. 볼트 축의 사면으로 전류를 흐르게 한다.
   나. 볼트 축의 수직으로 전류를 흐르게 한다.
   다. 볼트 축에 코일을 감아서 전류를 흐르게 한다.
   라. 볼트 축의 종방향으로 전류를 흐르게 한다.

7. 치수 측정 검사를 뜻하는 것은?
   가. 침투 측정법
   나. 몰입 검사법
   다. 와류 검사법
   라. 비교 검사법

8. 다이체크 검사법의 결점은 무엇인가?
   가. 회전 방향 균열은 시간이 많이 걸린다.
   나. 이 방법은 시간이 많이 걸린다.
   다. 이 방법은 대단히 번거롭다.
   라. 발견하여야 할 균열이 부품의 표면에 있어야 한다.

9. 자분 탐상 검사에서 습식 연속법은 무엇인가? 다음에서 고르시오.
   가. 부품을 자화하면서 자분을 부착시키는 방식으로 내부의 결함까지
       발견할 수 있다.
   나. 부품을 자화한 후 잔류 자기에 의해 자분을 모으는 방법으로 내부
       의 결점을 발견할 수 있다.
   다. 부품을 자화한 후 잔류 자기에 의해서 자분을 모으는 방법으로 표
       면의 결함을 발견할 수 있다.
   라. 부품을 자화하면서 자분이 부착되는 형상으로 표면의 결점을 발견
       할 수 있다.

　　〔풀이〕 자분 탐상 검사는 강자성체의 표면 및 표면 부근의 결점을 검출하는 것으로
내부의 결점 검출에는 적합하지 않다. 또 자화한 후 검사하는 부분에 자분을 뿌리는 방
법에 따라서 건식법과 습식법으로 구별한다.

---

6. (라)   7. (라)   8. (라)   9. (라)

건식법은 미세한 자분(강자성체)을 분말을 직접 뿌리는 방식이고 습식은 등유 등 점도가 낮은 액체에 자분을 고르게 분산시켜 사용하는 것으로 미세한 결점에도 반응한다.

10. 허니컴 구조에서 스킨 박리(Delamination)를 점검하는 간단한 방법은 어느 것인가?
　가. X선 투영
　나. 와류 탐상 검사
　다. 절연 저항 쳉크
　라. 코인 태핑(Coin Tapping)

〔풀이〕 동전 또는 특별한 두드리는 공구를 사용해서 허니컴 구조의 스킨 부분을 쳐서 음에 의해 박리 상태를 판단한다. 박리 부분은 정상인 부분과 비교하여 음이 조금 낮아진다.

11. 비파괴 검사 종류에서 색소 침투 검사를 하려고 한다. 필요한 재료는?
　가. 전처리용 세제(Solvent), 침투액, 침투액 제거제, 현상제
　나. 물, 비눗물, 침투액, 현상제, X선
　다. 비눗물, 침투액, 철분, 현상제
　라. 솔벤트, 침투액, 철분, 현상제

12. 고응력 알루미늄 합금 피팅(Fitting)의 내부 구조 상태를 검사하기 위한 가장 안전한 비파괴 검사 방법은?
　가. X선 혹은 라디오 그래픽 검사
　나. 다이체크 검사
　다. 자성체 검사
　라. 형광 침투 검사

13. 다음중 자장을 이용한 것은 어느 것인가?
　가. X-선 검사
　나. 다이체크
　다. 자기 분말 검사
　라. 방사선 동위원소 검사

---

10. (라)　　　11. (가)　　　12. (가)　　　13. (다)

14. 보어스코프 검사는?
    가. 간접 육안 검사
    나. 직접 육안 검사
    다. 반투명 검사
    라. 표면 육안 검사

15. 무리한 착륙을 한 후나 혹은 정기 점검을 할 때 강착 장치에서 특히 유의해서 점검할 곳은?
    가. 강착 장치를 장착하는 언저리
    나. 타이어
    다. 제동 장치
    라. 차륜 허브

16. FAA 규정상 마그나 플럭스(Magna Flux) 검사에 합격한 볼트에 착색하는 색은?
    가. 갈색
    나. 초록색
    다. 오렌지색
    라. 노란색

17. 형광 침투법으로 검사할 수 있는 것은 어느 것인가?
    가. 내부 기공
    나. 결정 용액
    다. 표면 균열
    라. 편석

18. 비파괴 검사에 대한 다음 설명중 맞는 것은?
    가. 형광 침투 검사는 표면이 거칠어도 영향을 받지 않는다.
    나. 형광 침투 검사는 어두운 곳에서 라이트로 검사한다.
    다. 축을 통과하는 전류법과 코일법으로 둥근 봉의 축 방향 및 원주 방향의 결점을 검출한다.
    라. 전자 유도 검사는 같은 위치의 결점을 검출할 수 있다.

---

14. (가)   15. (가)   16. (다)   17. (다)   18. (다)

〔풀이〕 ① 형광 침투 검사는 시험품의 표면이 거칠면 영향을 받고 일반적으로 라이트가 아니라 자외선 등이 필요하다. 또 색소 침투 탐상 검사는 밝은 곳이면 실내·실외 구별이 없다.

② 자분 탐상 검사에서의 시험품의 자화는 검출할 결점의 방향을 고려하여 결합 방향에 대해 직각으로 자장을 가할 필요가 있다. 일반적으로는 결합의 방향을 예측할 수 없으므로 서로 직각인 자장을 얻을 수 있는 자화 방법을 사용하면 된다.

③ 전자 유도 검사에서는 금속 조각의 표면 및 표면 가까운 곳에 코일의 자속에 대해 직각인 평면상에 와전류가 흐르기 때문에 표면 밑의 깊숙한 곳에 있는 결함은 검출할 수 없다.

19. 다음 시험법중 비파괴 시험은?
    가. 초음파 탐상법
    나. 크리이프 시험
    다. 굴곡 시험
    라. 인장 시험

20. 비파괴 검사 종류에 속하지 않는 것은?
    가. 방사선 검사법
    나. 자력 결함 검사법
    다. 섬유 광학 기구 검사법
    라. 형광 침투 검사법

21. 주조 제품의 내부 흠집을 발견하는 가장 적합한 방법은?
    가. 염색 침투 검사
    나. 형광 탐상 검사
    다. 자기 검사
    라. X선 검사

〔풀이〕 주물의 흠집은 대부분 재료의 내부에 존재하는데 외부에 나와있지 않은 것은 (가)와 (나) 등의 침투 탐상 검사는 사용할 수 없는 것이 원칙이지만 표면 근처에 작은 흠집이 모여있는 경우에는 침투 탐상 방법을 이용할 수 있다. (다)는 주철이 자화되기 어려워 사용할 수 없다.

---

19. (가)   20. (다)   21. (라)

22. 얇은 금속으로 도장된 재료를 비파괴 검사하려면 어느 방법이 적당한가?
　　가. 형광 침투 검사
　　나. 초음파 탐상 검사
　　다. 자기 탐상 검사
　　라. 와전류 탐상 검사

23. 비파괴 검사에 대해 다음중 바르게 설명한 것은?
　　가. 랜딩기어 스트러트에 대해 방사선 투과 검사는 유효하다.
　　나. 색소 침투 탐상 검사를 하기 전에 카드뮴 도금을 제거한다.
　　다. 전자 유도 검사는 내부의 결함에도 사용할 수 있다.
　　라. 초음파 탐상 검사는 금속과 비금속 모두에 사용할 수 있다.

　　〔풀이〕 ① 방사선 투과 검사는 재료에 방사선을 투과시켜 그것을 X선 필름이나 형광판 등에 비추어 투과상을 만들고 내부의 결점을 알아내는 것이다. 특정한 검사 영역을 한정하여 실시하는 경우는 유효하다. 랜딩기어 스트러트와 같이 형상이 복잡하고 또 검사 영역이 광범위할 때는 적합하지 않다.
　　② 색소 침투 탐상 검사를 할 때는 카드뮴 도금이나 양극 처리 피막을 제거할 필요는 없다.
　　③ 전자 유도 검사는 표면 및 표면층의 결점을 검출하는 것으로 내부의 결함 검출에는 적당하지 않다.
　　④ 초음파 탐상 검사는 파장이 짧은 초음파를 재료의 한면에 보내어 재료 내의 불연속 또는 반대쪽으로부터 반사되어 오는 경과 시간을 측정함으로서 금속 및 비금속 재료의 내부 결함을 검출한다.

24. 금속 내부에 생긴 입자간 부식은 어떻게 탐지하는가?
　　가. 금속 표면의 변색을 보고
　　나. 색소 침투를 하여
　　다. X-ray 검사를 하여
　　라. 금속 표면에 나타난 가루를 보고

25. X선 작업과 관계된 사항중 옳지 못한 것은?
　　가. 보호 장구 없이 항상 작업해도 무방하다.

---

22. (라)　　　23. (라)　　　24. (다)　　　25. (가)

나. 방사선 발생원으로부터 먼거리에서 작업해야 한다.

다. 보호구를 사용해야 한다.

라. X선 작업자 및 X선 부근의 작업자는 정기적으로 신체검사를 받아
  야 한다.

제8장. 연료 계통

1. 항공기 연료 탱크는 어느 정도의 내압에 견디어야 하는가?
   가. 3.5psi
   나. 5.0psi
   다. 8.0psi
   라. 10.0psi

2. 연료 탱크의 벤트 시스템의 목적에 대해 쓰시오.

　〔풀이〕 탱크 벤트 시스템은 연료 탱크의 상부 여유 부분을 외기와 통기시켜 탱크의
내외 압력차가 생기지 않도록 하는 것으로 다음과 같은 목적이 있다.
　① 탱크 안과 밖의 압력차를 없애서 탱크 팽창이나 찌그러짐을 막음과 동시에 구조
　부분에 불필요한 응력의 발생을 막는다.
　② 연료의 탱크로의 유입 및 탱크로부터의 유출을 쉽게 하여 연료 펌프의 기능을 확
　보하고 엔진으로의 연료 공급을 확실히 한다.

3. 연료 탱크 벤트 라인이 가지는 기능은?
   가. 연료 탱크를 감압하고 연료의 증발을 막는다.
   나. 연료 탱크를 가압하고 연료의 이송을 도운다.
   다. 연료 탱크 내의 연료의 증기를 배출하여 발화를 막는다.
   라. 연료 탱크 내외의 차압을 작게 하여 탱크 보호와 연료의 이송을 확
   　실히 한다.

　〔풀이〕 (나) 및 (다)도 기능의 일부이기는 하지만, 모든 것을 만족하지 않는다. 따
라서 주가 되는 기능을 만족하는 답은 (라)라고 할 수 있다.

4. 연료 탱크는 온도 팽창을 고려해서 여유가 있어야 하는데, 그 여유로
   맞는 것은?
   가. 20% 이상
   나. 15% 이상
   다. 10% 이상
   라.　2% 이상

---

1. (가)　　　　2. 풀이 참조　　　　3. (라)　　　　4. (라)

5. 연료 탱크의 플래퍼 밸브의 목적으로 맞는 것은?

　가. 가변 리스트릭터로 작용한다.

　나. 부압이 되는 것을 말한다.

　다. 체크 밸브로서 작용한다.

　라. 압력을 낮춘다.

6. 다음중 틀린 것은 어느 것인가?

　가. 인테그랄 탱크는 내부를 시일링하여 박테리아 방지코팅을 한다.

　나. 앤티서지 밸브는 기체가 뱅크했을 때 연료의 쏠림을 방지한다.

　다. 급유 압력은 급유차의 능력에 의해서 결정된다.

　라. 콜렉터 탱크는 (−)중력시에 엔진으로의 연료 공급을 원활히 한다.

　〔풀이〕 (가)의 박테리아 방지 코팅에 관해서는 사용하는 연료와 그 품질, 사용하는 구역 등에 의해 다른데 일반적으로는 코팅되어 있으므로 (가)는 맞다.

　(나)의 앤티서지 밸브는 인테그랄 탱크의 리브에 붙어있는 플래퍼 밸브가 그 목적이므로 (나)는 맞다.

　(다)는 보급차의 능력에 의한 것이 아니고 기체 연료 계통의 허용 압력에 의한 것이므로 (다)가 틀리다.

　(라)는 연료 탱크와 엔진 사이에 설치된 비교적 용량이 작은 탱크이고 중력 공급 방식에 특히 유효하다.

7. 항공기에 연료 보급을 할 때의 주의사항으로 잘못된 것은 어느 것인가?

　가. 항공기는 건물 및 다른 항공기에서 규정 거리 이상 떨어뜨린다.

　나. 기체 근처에서 후래쉬를 쓰는 사진 촬영을 해서는 안된다.

　다. 기체 근처에서는 불꽃 방지 장치가 없는 자동차를 운전해선 안된다.

　라. 작업자의 작업복은 청결한 것이면 아무 것이나 상관 없다.

　〔풀이〕 정전기의 발생을 방지하기 위해 작업자는 목면의 작업복 만을 착용할 것

8. 케로신계 제트 연료의 인화점은 약 몇도인가?

　가. $20°C$

　나. $50°C$

---

5. (다)　　　　6. (다)　　　　7. (라)　　　　8. (나)

　　다. 100°C
　　라. 120°C

9. 항공기의 연료의 급유와 배유 작업 및 항공기의 정비 작업중 반드시 하
　여야 할 사항은?
　　가. 공항 관제소장의 허가를 받아야 한다.
　　나. 접지를 해야 한다.
　　다. 방화 책임자의 지시를 받아야 한다.
　　라. 청소를 하여야 한다.

10. 항공기의 연료를 빼기 위한 가장 좋은 장소는?
　　가. 항공기를 접지하고 공기 조절이 되는 격납고 내
　　나. 적당한 장비를 갖춘 격납고 내
　　다. 환기가 잘되는 옥외에서
　　라. 위의 전부

11. 연료 탱크 내의 배플판의 목적으로 맞는 것은?
　　가. 급유시의 연료의 흘러넘침을 방지
　　나. 탱크 내부 구조의 보전
　　다. 탱크 내의 연료의 서지 억제
　　라. 연료의 팽창 때문에 공간을 주기 위해

12. 중력 공급식 연료 계통에서는 적어도 이륙시의 연료 소비량의 몇% 유
　량을 공급할 수 있어야 하는가?
　　가. 90%
　　나. 100%
　　다. 125%
　　라. 150%

　　〔풀이〕중력식 연료 공급 계통의 연료 공급량은 이륙 출력에 있어서 발동기의 실제
의 연료 소비량의 150% 이상이어야 한다.

---

9. (나)　　　　10. (다)　　　　11. (다)　　　　12. (라)

13. 탱크 내의 연료를 배출할 때의 주의사항으로 맞는 것은?
   가. 엔진 정지후에 가능하면 빨리 한다.
   나. 통풍이 좋은 옥외에서 한다.
   다. 항공기의 통신 시스템을 ON으로 해서 화염에 대비하여 관제탑과
   연락이 가능하게 해놓고 한다.
   라. 작업 통제를 할 수 있는 격납고 내에서 한다.

14. 연료 계통의 내부에서 연료가 누설되고 있는 것을 어떻게 발견할 수
   있는가?
   가. 계통에서 탈수후 압력계를 점검한다.
   나. 선택 밸브를 작동할 동안 압력 지시계를 관찰한다.
   다. 계통의 각 부품을 육안 검사한다.
   라. 연료 흐름을 점검한다.

15. 탐사침형의 연료량 지시 장치가 다른 형과 다른 점은 무엇인가?
   가. 부자는 탐사침을 작동한다.
   나. 탱크 내에 운동 부품이 없다.
   다. 연료는 일종의 축전지판으로 작동
   라. 연료와 공기가 도선으로 작동한다.

16. 항공기 연료 덤프 밸브는?
   가. 날개끝으로부터 방출하여야 한다.
   나. 10분 이내에 연료를 방출하여야 한다.
   다. 화재의 위험이 없도록 한다.
   라. 위의 전부

17. 연료 탱크는 특정 박테리아에 의해 부식되는 경우가 있는데, 이것을
   막으려면 어떻게 해야 되는가?
   가. 연료에 박테리아를 없애는 첨가제를 많이 넣는다.
   나. 연료를 저온으로 유지한다.
   다. 연료의 정제에 특히 주의한다.
   라. 연료 탱크의 수분을 자주 ■준다.

---

13. (나)   14. (다)   15. (나)   16. (다)   17. (라)

〔**풀이**〕 박테리아가 번식하려면 연료중에 포함된 수분이 필요하다. 따라서 연료의 물을 빼는 작업이 필요하지만 박테리아를 줄이는 약품을 탱크 내면에 발라서 막는 법도 있다.

18. 탱크마다 탐사침을 가지고 있는 연료량 지시 장치는 어느 형인가?
    가. 기계식
    나. 전기식
    다. 수동식
    라. 전자식

19. 연료 펌프와 연료 스트레이너에 대해 다음 설명중 맞는 것은?
    가. 기어식 연료 펌프는 바이패스 밸브에 의해 분출 압력을 확보한다.
    나. 베인식 연료 펌프는 가솔린에 의해 윤활과 냉각을 행한다.
    다. 원심식 연료 펌프는 작동하지 않을 때는 연료의 흐름이 크게 저해
        된다.
    라. 연료 스트레이너(필터)는 이물질이나 먼지는 분리하지만, 수분을
        모으는 기능은 없다.

    〔**풀이**〕 ① 기어식 펌프의 경우는 릴리프 밸브에 의해 분출력이 조정된다.
    ② 베인식은 항상 베인이 케이스에 접해 있어서 연료로 언제나 윤활과 냉각이 행해
    진다.
    ③ 원심식 펌프는 작동하지 않을 때 연료가 임펠러 사이를 자유롭게 통과하므로 흐름
    을 저해하는 일은 없다.
    ④ 스트레이너는 연료 계통의 가장 낮은 곳에 부착되어 있어 이물질이나 먼지의 분리
    외에 연료중의 물을 모으는 역할도 한다. 따라서 드레인 또는 드레인 밸브가 부착
    되어 있다.

20. 가스터빈 엔진 연료의 구비 조건중 틀린 것은?
    가. 단위 중량당 발열량이 커야 한다.
    나. 연료의 대량 생산이 가능하고 가격이 싸야 한다.
    다. 연료의 빙점이 높아야 한다.
    라. 연료의 증기압이 낮아야 한다.

---

18. (라)   19. (나)   20. (다)

21. 항공기 급유 및 배유시의 안전사항중 틀린 것은?
　가. 3점 접지는 급유중 정전기로 인한 화재를 예방하기 위한 것이다.
　나. 3점 접지란 항공기와 연료, 항공기와 지면, 연료차와 사람을 접지
　　하는 것을 말한다.
　다. 15m 이내에서 흡연이나 인화성 물질을 취급해서는 안된다.
　라. 반드시 3점 접지를 하고 연료차량은 항공기와 충분한 거리를 유지
　　해야 한다.

---

21. (나)

제9장. 산소 및 여압 계통

1. 고압 산소 계통의 압력은 어느 정도 되는가?

  〔풀이〕 보통 1,800에서 2,400psi

2. 산소 라인은 무슨 색으로 표시되어 있나?

  〔풀이〕 네모가 그려진 녹색

3. 산소 마스크를 소독하는 과정은?

  〔풀이〕 비눗물로 씻고 물로 헹군 다음 머시오레이트(Merthiolate)로 소독한다.

4. 하이팍시아(Hypoxia)란 무엇인가?

  〔풀이〕 '산소 결핍증'이라고 하며, 혈액 내의 산소가 이산화탄소로 인해 모자라게 될 때 체내에 큰 타격을 주는 것을 말한다. 보통 산소 압력이 1.8psi보다 낮아질 때 일어날 수 있는 현상이다.

5. 산소통의 산소량을 측정하는 방법은?

  〔풀이〕 계량기를 읽는다.

6. 산소 계통의 누출을 점검할 때 쓰기 적합한 것은?

  〔풀이〕 비눗물을 의심스러운 곳에 발라서 거품이 일어나는 곳을 찾는다.

7. 고압 산소통은 주로 무엇으로 만들어졌는가?

  〔풀이〕 스테인레스강

8. 연속 흐름 산소 계통(Continuous Flow Oxygen System)은 어떻게 작동하는가?

〔풀이〕 계속적으로 마스크로 산소가 공급된다.

9. 비행기에 쓰이는 산소와 일반적으로 쓰이는 산소와 다른 점은?

〔풀이〕 'Aviation Breathing Oxygen'이라 표시되어 있으며 수분이 없어야 한다.

10. 산소통의 시험 주기는?

〔풀이〕 3AA 산소통은 5년마다 수압 시험을 하고 3HT 산소통은 3년마다 시험한다.

11. 희석-요구 산소 계통(Diluter-demand Oxygen System)은 어떻게 작동하는가?

〔풀이〕 사용자가 숨을 들어마실 때만 산소가 공급되며, 공급 산소와 공기의 비율은 통상 100% 산소와 정상 회석이 고도에 따라 자동으로 조절되기도 한다.

12. 베어퍼 사이클 계통(Vapor Cycle System)에 쓰이는 냉매로는 어떤 것이 쓰이는가?

〔풀이〕 Freon R-12

13. 어떤 경우에 조종사가 희석-요구 계통에서 100% 산소 시스템으로 바꾸게 되는가?

〔풀이〕 조종석 내의 공기가 오염되었을 때

14. 배기 히터(Exhaust Heater)를 검사하는 방법은?

〔풀이〕 2psi의 수압을 쓰는 수압 시험을 한다. 또는 최소 10배 이상의 확대경으로 세밀히 검사한다.

15. 공기 조절 계통(Air Conditioning System)을 설명하시오.

〔풀이〕 이 계통은 냉각 장치와 히터를 이용하여 객실 내부로 들어가는 압축 공기의 온도를 인체에 알맞게 조절해주는 장치이다. 중요한 기능은 환기 공기, 가열 공기 및 냉각 공기를 공급하는 것이다.

환기 공기는 객실을 환기시키기 위하여 항공기의 램 에어 덕트(Ram Air Duct)를 통하여 객실 내로 들어가게 한다. 이 램 에어는 주로 냉각과 가열에 사용되는 덕트를 지나면서 공기의 온도가 조절되고 송풍기의 팬에 의해서 송풍된다. 또 공기의 가열은 압축기에서 공기가 압축될 때 자동적으로 열을 받게 되거나 또는 엔진의 브리드 에어로서 얻는다.

대형 항공기의 경우에는 배기 가스에 의한 열교환 만으로 필요한 온도를 얻기가 불가능하므로 연소 히터를 장치하여 램 에어를 가열시킨다. 이 가열 히터에는 온도가 규정값 이상에 도달하는 경우, 가열기에 공급되는 연료를 자동적으로 차단시키는 솔레노이드 밸브가 있다.

냉각 공기의 공급 방식에는 에어 사이클 냉각 방식과 베이퍼 사이클(Vapor Cycle) 냉각 방식이 있는데 어느 한 방식을 사용하여 냉각 공기를 공급한다.

에어 사이클 냉각 방식은 냉각 터빈과 공냉식 열교환기로 구성되어 있는 기계적 냉각 방식이고 베이퍼 사이클 방식은 프레온 가스를 냉매로 하는 냉각 방식으로 열대 지방이나 기후가 무더운 지방에서 주로 사용한다. 현대 항공기에는 주로 에어 사이클 냉각 방식을 사용하고 있다.

16. 연소 히터(Combustion Heater)를 통과하는 공기는?

〔풀이〕 연소 공기와 통풍 공기

17. 배기 히터 머프는 주로 어떤 타입의 비행기에 쓰이는가?

〔풀이〕 주로 소형 왕복엔진 비행기에 쓰인다.

18. 연소 히터에 쓰이는 연료는 어떠한 것을 쓰고 있는가?

〔풀이〕 항공용 연료

19. 배기 히터의 공기는 어디로부터 들어오는 것인가?

〔풀이〕 외부 공기

20. 연소 히터의 세가지 작동법은?

〔풀이〕 시동(Start), 작동(Run), 그리고 퍼지(Purge) : 시동은 연료, 점화기, 송풍기를 모두 작동시키는 것이고 작동은 점화기를 끈 상태로 작동시키는 것이고 퍼지는 송풍기 만 작동시키는 것이다.

21. 연소 히터의 배기관이 샌다면 어떤 결과를 초래하는가?

〔풀이〕 일산화탄소에 중독될 염려가 있다.

22. 배기 히터의 배기관이 샐 경우 어떤 일이 일어날 수 있는가?

〔풀이〕 객실 내에서 일산화탄소에 중독될 가능성이 많다.

23. 에어 사이클 머신(Air Cycle Machine)의 터빈은 어떤 힘으로 돌아가는가?

〔풀이〕 엔진으로부터 오는 압축 공기

24. 에어 사이클 머신의 터빈은 어떤 작동을 하는가?

〔풀이〕 방출 팬(Discharge Fan)을 돌려준다.

25. 증발기(Evaporator)에 얼음이 얼었다면 이것은 무엇을 말하는가?

〔풀이〕 시스템 안에 수분이 들어 있다.

26. 압축기(Compressor)가 고장나는 주요 원인은?

〔풀이〕 압축기의 윤활이 잘 되어있지 않거나 액체가 투입됐을 경우

27. 팽창 밸브(Expansion Valve)와 증발기(Evaporator) 사이의 거리는 무엇에 의해 결정되어지나?

　〔풀이〕 냉매 프레온의 온도

28. 사이트 글래스(Sight Glass)를 들여다보니 거품이 일고 있다. 이것은 무슨 뜻인가?

　〔풀이〕 냉매 프레온이 부족하다.

29. 베이퍼 사이클 계통(Vapor Cycle System)을 깨끗이 씻어내는 방법은?

　〔풀이〕 진공 펌프로 냉각제를 빼낸 다음 질소를 사용하여 수분을 제거한다.

30. 베이퍼 사이클 머신의 주요 원리를 설명해보라.

　〔풀이〕 팽창 챔버에서 팽창된 냉매 프레온이 저압 액체 상태로 증발기로 가면서 저압 기체로 변한다. 그후 압축기를 통과하면서 저압에서 고압 기체가 된다. 이 고압 기체는 응축기(Condenser)에서 바깥에서 들어오는 공기와 부딪히며 기체에서 액체로 응축한다. 그리고 리시버(Receiver)를 통해 다시 팽창 챔버로 돌아가며 저압 액체로 바뀐다.

31. 에어 사이클 엔진의 팽창은 무슨 역할을 하는가?

　〔풀이〕 공기의 온도를 낮춘다.

32. 제빙 부트(De-icer Boot)를 세척하는데 적당한 것은?

　〔풀이〕 비눗물

33. 비행기 조종석의 앞 윈드쉴드는 주로 어떻게 가열시키는가?

　〔풀이〕 전기를 통하게 하여 열을 발산시킨다.

34. 날개 제빙 계통은 어떻게 작동되는가?

〔풀이〕 뉴메틱 펌프에 의해서 압축된 공기가 분배 밸브를 통해서 고무로 만들어진 제빙 부트에 투입되면서 부풀어지는 부트에 의해 얼음이 떨어져 나가도록 되어 있다.

35. 날개의 얼음을 방지하기 위하여 주로 어느 부분을 가열시키는가?

〔풀이〕 날개의 리딩에이지 안쪽

36. 날개 방빙 계통에 쓰이는 열은 어디에서부터 오는 것인가?

〔풀이〕 엔진의 압축 공기로부터

37. 방빙(Anti-ice)과 제빙(De-ice)의 차이점은?

〔풀이〕 방빙이라는 말은 얼음이 생기기 이전에 미리 방지한다는 말이고 제빙이란 말은 이미 생겨버린 얼음을 제거한다는 말이다.

38. 열 교환기(Heat Exchanger)의 역할은?

〔풀이〕 엔진 압축기에서 오는 뜨거운 공기를 식혀준다.

39. 제빙 라인(De-icer Line)은 어떤 색의 테이프가 감겨져 있는가?

〔풀이〕 다이아몬드가 그려진 회색

40. 피토 튜브(Pitot Tube)의 얼음을 방지하는 방법은?

〔풀이〕 전기로 가열한다.

41. 프로펠러의 제빙 계통(De-Icing System)은 어떠한 것들이 있는가?

〔풀이〕 고온 부트와 전기 작동

42. 객실 여압 계통(Cabin Pressurization System)을 설명하시오.

〔풀이〕 객실 여압 장치가 항공기에 마련되어 있지 않으면 고도에 따라 달라지는 대기압이 객실이나 조종실에 그대로 전달된다. 만약 항공기가 인간이 견딜 수 없는 고도에서 비행을 하게 된다면 객실 내의 기압을 인체에 적당한 기압으로 맞춰주어야 한다. 따라서 객실 내의 압력을 높여주어야 하며 이를 위하여 밖으로부터 신선한 공기를 객실 내로 송풍시킨다.

여압 공기의 공급은 왕복 엔진에서는 별도의 공기 압축기로 공급을 하나 제트 엔진에서는 엔진 압축기로부터 공급을 한다. 여압 공기의 공급 방법에는 엔진 브리드식과 공기 구동 압축기식 및 기계적 구동 압축기식이 있다. 엔진 브리드식은 제트 엔진 비행기에 많이 사용되는 것으로 압축기의 지정된 단(Stage)에 공기 브리드관을 설치하여 압축된 공기를 객실에 공급하게 된다.

공기 구동 압축기식은 제트 엔진의 압축기에서 공급되는 압축 공기를 이용하여 원심식 터빈을 구동시키고 이 터빈의 동력으로 원심식 소형 압축기를 구동시켜 따로 마련된 공기 흡입구를 통하여 압축된 공기를 객실에 공급하게 된다. 그리고 기계적 구동 압축기식은 왕복 엔진 비행기에 사용되는 것으로 임펠러나 루우츠 블로워(Blower)에 의하여 압축된 공기를 객실에 공급하게 된다. 압축된 공기를 객실에 공급할 때 공기량을 조절해야 하는데 이와 같은 장치에는 공기압식 유량 조절 장치와 자동 유량 조절 장치가 있다.

공기압식 유량 조절 장치는 고정 용량의 엔진 구동 압축기에 연결되어 순항 고도에서 요구되는 공기 유량을 객실에 공급하도록 한다. 이 방식은 왕복 엔진을 가진 비행기에 사용하는 것으로 스필 밸브(Spill Valve)의 출구쪽에 벤투리를 두어 대기로 배출해야 할 공기량을 조절해준다.

자동 유량 조절 장치는 피스톤형 밸브에 의하여 제트 엔진의 압축기로부터 객실로 공급하는 공기의 흐름을 자동 조절해준다. 객실로 공급하는 공기의 압력을 일정하게 조절해주는 장치에는 아웃 플로우 밸브(Outflow Valve), 객실 압력 조절기 및 안전 밸브가 있다. 아웃 플로우 밸브는 공기를 일정한 기압이 되도록 공급된 압축 공기를 기체의 외부로 배출하게 하는 밸브이다. 일반적으로 이 아웃 플로우 밸브는 전기 모터에 의하여 열리고 닫히는 버터플라이식 밸브를 사용한다. 객실 압력 조절기는 지정된 객실 기압이 되도록 아웃 플로우 밸브의 위치를 정하고 차압 밸브에 의해서 객실 압력이 제한되도록 한다.

객실 압력 안전 밸브에는 차압이 규정된 값보다 큰 경우에 작동하는 압력 릴리프 밸브와 대기압이 객실 압력보다 높은 경우에 작동되는 부압 릴리프 밸브(Negative Relief Valve), 그리고 제어 스위치에 의하여 작동되는 펌프 밸브 등이 있다.

43. 등압 범위(Isobaric Pressure Range)란 무엇인가?

〔풀이〕 기체 내의 고도(객실 고도)를 미리 맞추어 놓고 비행기의 고도가 바뀌어도 상관 없이 일정한 객실 고도를 유지하는 것을 말한다.

44. 비여압 범위(Unpressurized Range)란 무엇인가?

〔풀이〕 0에서 12,500피트까지는 기체 내의 여압 계통(Pressurizing System)이 없어도 인체에 영향을 미치지 않는데, 이 고도 범위를 말한다.

45. 차압 범위(Differential Pressure Range)란 무엇인가?

〔풀이〕 비행기의 실제 고도와 객실 고도 사이에 일정한 압력 차이를 두는 것을 말한다.

46. 객실 차압을 계산하는 법을 설명해 보라.

〔풀이〕 기내 압력－현재 고도의 압력＝기내 압력과 바깥 압력의 차이

47. 네가티브 압력 릴리프 밸브(Negative Pressure Relief Valve)의 역할은 무엇인가?

〔풀이〕 기체 내의 기압이 바깥 기압보다 낮아지는 것을 방지한다.

48. 아웃 플로우 밸브(Outflow Valve)의 역할은 무엇인가?

〔풀이〕 기체 내의 압력을 일정하게 유지하기 위해 여압 공기를 기체 외부로 방출하거나 차단하는 작용을 한다.

49. 믹싱 밸브(Mixing Valve)의 역할은 무엇인가?

〔풀이〕 기내로 들어오는 공기의 온도를 조절한다.

1. 산소 계통의 작업을 하는 경우에 틀린 것은 어느 것인가?
   가. 산소 배관의 누출 검사시 전용 탐지액이 없으면 비눗물을 이용한다.
   나. 압력을 가하고 있을 때 새는 경우는 개폐 밸브를 급격히 닫아서는
      안된다.
   다. 산소 용기를 방화벽에서 2in 이상 분리시킬 것
   라. 산소 계통의 피팅의 나사 부분에는 누출 방지를 목적으로 테프론
      테이프를 쓰기도 한다.

   〔풀이〕 산소 용기는 고온에 노출되면 내압이 상승하여 위험하므로 열의 영향을 받
지 않는 곳에 장착한다. 방화벽에서 2in 이상 분리시킨다는 규정은 없다.

2. 산소 취급시 또는 보급시 주의할 사항중 틀린 것은?
   가. 화재에 대비하여 소화기를 항상 비치하고 15m 이내에서 흡연이나
      인화성 물질 취급을 금한다.
   나. 산소를 보급하거나 취급시 환기가 잘 되도록 한다.
   다. 액체 산소 취급시 동상예방을 위하여 장갑, 앞치마, 고무장갑 등을
      착용한다.
   라. 취급시 오일이나 그리스 등과 혼합하여도 다른 위험성은 없다.

3. 산소 계통의 누출 점검을 할 때 어떻게 하여야 하는가?
   가. 모든 피팅을 토크하고 균열을 점검한다.
   나. 피팅에 세척용 솔벤트를 사용하여 누출이 있으면 빠르게 퍼진다.
   다. 의심이 나는 곳을 특수한 비누용액을 사용하여 거품이 나는가를 점
      검한다.
   라. 다이 침투(Dye Penetrant)로 균열을 점검한다.

4. 산소를 충진한 용기를 저장할 경우의 최고 온도는?
   가. 25°C
   나. 30°C
   다. 35°C
   라. 40°C

---

1. (다)　　　　2. (라)　　　　3. (다)　　　　4. (라)

〔풀이〕 산소 용기 저장을 위한 최고 온도는 40°C이므로 반드시 그 이하의 온도에 보관할 것

5. 산소 보충 없이 10,000피트에서 비행할 때 제일 먼저 나타나는 인체 현상은?
　가. 입술과 손톱이 파랗게 된다.
　나. 시력과 판단력을 해친다.
　다. 머리가 아프고 피로하다.
　라. 맥박과 호흡이 증가된다.

6. 산소 계통에서 산소 용기의 압력을 저압으로 바꾸는데는 다음 어느 것을 사용하는가?
　가. 압력 릴리프 밸브(Pressure Relief Valve)
　나. 압력 리듀서 밸브(Pressure Reducer Valve)
　다. 캘리브레이티드 픽스트 오리피스(Calibrated Fixed Orifice)
　라. 딜류터 디멘드 레귤레이터(Diluter Demand Regulator)

〔풀이〕 그림과 같이 고압 산소 용기 내의 고압 산소는 수동 개폐 밸브(정상적으로는 열려 있음)를 통해 먼저 감압 밸브(Pressure Reducer Valve)에서 감압되어 배관을 지나 산소 조정기로 보낸다.

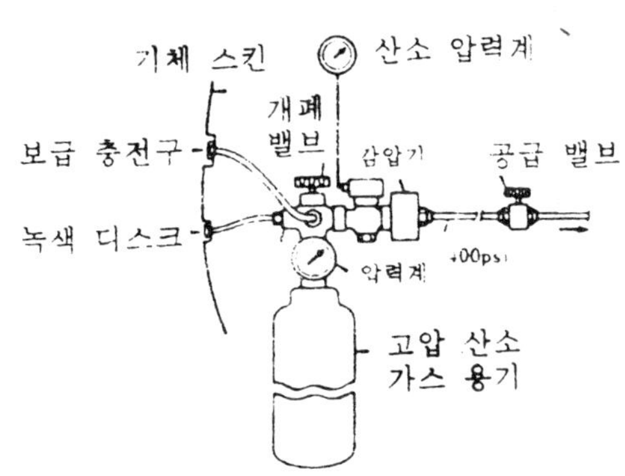

7. 여압에 대한 설명중 틀린 것은?
　가. 여압해야 할 공간은 여객실, 조종실, 화물실 등이다.
　나. 항공기가 고공을 비행하게 되면 공기 압력이 낮으므로 가압하여 준다.
　다. 여압의 주된 원인은 고공의 온도가 낮기 때문이다.
　라. 여압을 제한하는 요소는 기체 구조의 강도 때문이다.

---

5. (다)　　　　6. (나)　　　　7. (다)

8. 고도 비행시 뜨거운 공기와 찬 공기를 혼합하여 객실로 공급하는데, 이
　때 사용되는 장치는?
　　가. 히팅 밸브(Heating Valve)
　　나. 아웃 플로우 밸브(Out Flow Valve)
　　다. 캐빈 믹싱 밸브(Cabine Mixing Valve)
　　라. 냉각 밸브(Cooling Valve)

9. 산소 계통을 충분히 여압한 뒤 누출 비율이 다음중 어느 것을 초과하여
　서는 안되는가?
　　가. 24시간 동안에 1%
　　나. 누출이 전혀 없어야 한다.
　　다. 24시간 동안에 112%
　　라. 12시간 동안에 12%

10. 산소 용기의 취급시 주의사항중 바른 것은 어느 것인가?
　　가. 증류수는 수소를 발생하므로 가까이 해서는 안된다.
　　나. 실내에 두면 위험하므로 실외에 두어야 한다.
　　다. 연결부에 그리스를 칠해서는 안된다.
　　라. 압력이 감소하면 열을 이용하여 항상 고압력이 되게 한다.

　　〔풀이〕 그리스는 산소와 화합하여 연소하기 쉬워서 위험하므로 연결부에는 칠해서
는 안된다.

11. 여압 계통에 대해 잘못 설명한 것은?
　　가. 자동 조절 모드에서 기체가 지상에 있으면 여압 제어 밸브는 열려
　　　있다.
　　나. 여압의 비율과 객실 고도는 조종실에서 설정 가능하나 최대 차압의
　　　설정은 콘트롤러로 행해진다.
　　다. 상공을 비행중 여압중에 급격한 강하를 하면 외기압보다 객실압이
　　　낮아지는 수가 있다.
　　라. 최대 차압이 큰 기체일수록 객실 고도는 높아진다.

---

8. (다)　　　　9. (라)　　　　10. (다)　　　　11. (라)

〔풀이〕 (나)에서 최대 차압의 세트는 콘트롤러로 한다. 기체 구조를 유지하려고 작동하는 감압 밸브는 그것이 최대 차압을 만드는 것은 아니다. (다)의 현상은 있을 수 있다. (라)는 최대 차압이 클수록 객실 고도는 낮게 할 수 있다.

12. 항공기용 산소와 상업용 산소 사이에 차이점은?
　　가. 조종사의 야간 시계를 좋게 하기 위하여 항공기용 산소에 수소를 첨가하여야 한다.
　　나. 항공기용 산소는 수분 함유량이 적다.
　　다. 항공기용 산소는 폭발성이 적다.
　　라. 차이점이 없다.

13. 객실 고도의 상승률(Rate of Climb)이 과대할 때 행하는 조작으로 맞는 것은?
　　가. 아웃 플로우 밸브를 천천히 연다.
　　나. 아웃 플로우 밸브를 급히 닫는다.
　　다. 객실 압축기의 회전을 내린다.
　　라. 객실 압축기의 회전을 높인다.

14. 에어 사이클 냉각실의 공기 조정 장치의 흐름 순서로 맞는 것은?
　　C : 압축기
　　T : 터빈
　　P : 1차 열교환기
　　S : 2차 열교환기
　　가. C→P→T→S
　　나. T→P→C→S
　　다. P→S→C→S
　　라. P→C→S→T

15. 소형 왕복 엔진의 에어콘용 압축기의 구동 방법으로 가장 많이 사용되는 것은?
　　가. 유압 모터
　　나. 램 에어

---

12. (나)　　　13. (나)　　　14. (라)　　　15. (다)

다. 엔진 구동 밸브
라. 전기 모터

16. 에어컨디션 계통에 믹싱 밸브는?
　가. 객실 공기와 화물실 공기를 혼합한다.
　나. 객실 공기와 외부 공기를 혼합한다.
　다. 더운 공기, 찬 공기, 서늘한 공기의 흐름을 조절한다.
　라. 저습도를 위하여 케빈 공기를 건조한 공기로 혼합한다.

17. 에어컨디션 계통에 제트 펌프의 목적은 무엇인가?
　가. 믹싱 밸브(Mixing Valve)를 통하는 많은 양의 차가운 공기를 빨아들인다.
　나. 열교환기를 통하는 많은 양의 공기를 빨아들인다.
　다. 블리이드 공기를 터빈까지 펌프한다.
　라. 압축기 프레온을 펌프한다.

18. 산소 계통에 관하여 틀린 것은 어느 것인가?
　가. 공급 방식에는 고정식, 화학적 발생식이 있다.
　나. 누출은 거품을 일으키므로 소량의 기름 종류를 섞은 비눗물을 칠해본다.
　다. 장착 장치(고압관)에는 은 납땜이 사용된다.
　라. 저압관에서도 연결 부위에는 오일과 그리스 등을 접촉시켜서는 안된다.

　〔풀이〕 기름 종류는 산소 계통에 접촉시켜서는 안된다.

19. 여압된 항공기는 비행 고도와 객실 고도와의 차이가 있기 때문에 스킨
　(Skin) 강도는 충분해야 하는데, 이때 안전 계수는?
　가. 1.2
　나. 1.3
　다. 1.5
　라. 2

───

16. (다)　　　17. (나)　　　18. (나)　　　19. (다)

20. 25,000ft 이상을 비행할 수 있도록 증명을 받은 비행기의 산소 흡입 장치 및 분배 장치의 수는?
   가. 전원이 사용할 수 있는 수
   나. 좌석수의 5%를 초과하는 수
   다. 좌석수의 10%를 초과하는 수
   라. 좌석수의 15%를 초과하는 수

   〔풀이〕 좌석의 수보다 적어도 10% 많아야 한다.

21. 산소 장치를 취급할 때 주의할 사항을 쓰시오.

   〔풀이〕 ① 공구, 작업대, 손에 기름, 그리스 등을 제거할 것
   ② 배관이나 장비품에 물, 오일, 이물질 등이 달라붙지 않게 할 것
   ③ 밸브의 개폐는 천천히 할 것
   ④ 산소의 충진중에는 접속 부분을 조이지 않는다.
   ⑤ 장착이나 장탈시에는 연결 부분을 항상 청결히 하고 일반 테이프는 사용하지 않는다.
   ⑥ 연결 부분의 고착 방지제는 산소 계통 전용의 것을 사용한다.
   ⑦ 나사 부분에는 전용인 테프론 테이프를 사용한다.
   ⑧ 불이나 고온부로부터 떨어질 것

22. 여압 장치가 되어 있는 항공기의 설계 순항 고도에서 객실 고도가 대략 얼마일까?
   가. 해면 고도
   나. 5,000피트
   다. 8,000피트
   라. 10,000피트

23. 산소 용기의 사용 가능 여부를 결정하는 방법은?
   가. 고압 질소를 사용한 압력 시험
   나. 압축 공기를 사용한 압력 시험
   다. 산소를 사용한 압력 시험
   라. 물을 사용한 압력 시험

---

20. (다)   21. 풀이 참조   22. (다)   23. (라)

〔풀이〕 고압 산소 용기는 정기적으로 수압 시험을 받아야 한다. 이 시험에서 산소 용기에 물을 채우고 실제 작용 압력의 3/5을 가한다.

24. 제트 항공기의 여압 및 에어 컨디셔닝 계통을 위한 공기는 터보 제트 엔진의 어떤 부분에서 오는가?
    가. 배기 부분
    나. 압축기 부분
    다. 연소 부분
    라. 흡입구 부분

〔풀이〕 터보 제트 엔진의 압축기 부분(Compressor Section)으로부터의 브리드 에어(Bleed Air)가 여압 및 에어 컨디셔닝 계통에 사용된다.

25. 프레온 베이퍼 사이클 냉각 계통에서 응축기의 냉각 공기는 어디서 오는가?
    가. 터빈 엔진 압축기
    나. 주변 공기
    다. 서브 쿨러 공기(Subcooler Air)
    라. 여압된 캐빈 공기

〔풀이〕 응축기 코일을 지나는 공기는 주변이나 외부 공기이고 이 공기는 가열된 냉매(Refrigerant)로부터 열을 빼앗는다. 이 열의 손실로 인해서 냉매는 증기를 액체로 응축시킨다.

26. 표준 중량의 고압 산소 용기의 수압 시험을 행하는 주기는?
    가. 매 5년
    나. 매 4년
    다. 매 3년
    라. 매12년

〔풀이〕 표준 중량의 산소 용기는 매 5년마다 수압 시험을 받아야 한다. 표준 중량 이하의 중량 산소 용기는 매 3년 마다 수압 시험을 받는다.

---

24. (나)   25. (나)   26. (가)

27. 여압 항공기의 비상용 혹은 백업(Backup)용으로 단순하고 최소의 정비 만이 요구되는 것은?

　가. 액체 산소 계통
　나. 화학 산소 발생 계통
　다. 고압 산소 계통
　라. 저압 산소 계통

　〔풀이〕 화학 산소 발생 계통은 여압 항공기의 비상용이나 백업용으로 사용되는데 덜 복잡하고 공간이나 무게가 효율적이고 정비가 간단하다.

28. 만약 산소 용기 압력이 정해진 최소 압력 이하로 떨어지면 어떤 현상 이 나타나는가?

　가. 압력 감소 장치(Pressure Reducer)가 고장난다.
　나. 용기의 서멀 플러그(Thermal Plug)가 파열된다.
　다. 자동 고도 조절 밸브가 열린다.
　라. 용기 내에 습기가 모여서 부식이 생긴다.

　〔풀이〕 만약 산소 용기를 빈 상태로 놓아두면 내부에 습기가 모여서 녹이나 부식이 생기게 되는 원인이 된다. 이런 이유로 산소 용기의 내부 압력은 절대로 50psi 이하로 내려가게 해서는 안된다.

29. 연속 흐름 산소 계통(Continuous-flow Oxygen System)의 마스크 에 공급되는 산소량을 조절하는 것은?

　가. 오리피스(Calibrated Orifice)
　나. 라인 밸브(Line Valve)
　다. 감압 밸브(Pressure Reducing Valve)
　라. 조종사의 조절기(Pilot's Regulator)

　〔풀이〕 기본적인 연속 흐름 산소 계통에서 정해진 크기의 오리피스가 마스크로 공급되는 산소량을 조절한다. 그렇지만 오리피스로 가는 압력은 수동 혹은 자동 압력 조절기에 의해서 결정된다.

---

27. (나)　　　28. (라)　　　29. (가)

30. 객실 여압 계통의 아웃 플로우 밸브(Outflow Valve)의 기본적인 기능은?
　가. 일정한 체적의 객실 공기를 배출시킨다.
　나. 지나치게 여압되지 않도록 한다.
　다. 원하는 객실 압력을 유지한다.
　라. 모든 고도에서 같은 객실 공기압을 유지한다.

　〔풀이〕 여압 계통에서 아웃 플로우 밸브의 기능은 객실로부터 빠져나가는 공기량을 조절해서 객실 압력을 유지한다.

31. 프레온 계통의 점검에서 사이트게이지로 공기 방울이 계속 지나는 것을 보았다. 이것은 무엇을 지시하는가?
　가. 프레온이 약간 과충전되었다.
　나. 프레온 충전이 너무 많이 되었다.
　다. 시스템에 적절한 양의 공기가 있다.
　라. 프레온 충전이 낮다.

　〔풀이〕 프레온 계통의 사이트게이지에 공기방울이 보이는 것은 프레온의 충전이 적다는 뜻이다.

32. 급강하시 외기보다 객실 내의 압력이 낮아지면 외기의 높은 압력이 객실로 유입된다. 이 역할을 하는 것은?
　가. 냉각 밸브(Cooling Valve)
　나. 안전 릴리프 밸브(Safety Relief Valve)
　다. 네가티브 밸브(Negative Valve)
　라. 객실 믹싱 밸브(Cabin Mixing Valve)

33. 휴대용 고압 산소 용기의 산소량을 결정하는 방법은?
　가. 실린더 무게를 측정한다.
　나. 용기에 붙어있는 압력 게이지를 보고서
　다. 마스크에서 압력을 측정해서
　라. 사용중에 흐름 지시계(Flow Indicator)를 보고서

---

30. (다)　　　31. (라)　　　32. (다)　　　33. (나)

〔**풀이**〕휴대용의 고압 산소 용기의 이용 가능한 산소량은 용기에 붙어있는 압력 게이지에서 지시되는 압력을 보고 알 수 있다.

34. 딜류터 디멘드 산소 조절기(Diluter Demand Oxygen Regulator)에서 디멘드 밸브(Demand Valve)가 열리는 시기는?
　　가. 딜류터 콘트롤이 정상(Normal)에 세트될 때
　　나. 사용자가 100% 산소를 요구할 때
　　다. 사용자가 숨을 쉴 때
　　라. 실린더 압력이 500psi 이상일 때

　　〔**풀이**〕마스크를 쓴 사람이 숨을 들이쉴 때마다 밸브가 열린다.

---

34. (다)

제10장. 방/제빙 계통

1. 기화기 결빙은 어떤 방법으로 제거되는가?
   가. 알콜 분사와 가열된 흡입 공기
   나. 알콜 분사와 흡입관을 가열하여
   다. 에틸렌 클리콜 분사와 가열된 흡입제
   라. 전기로 가열된 공기를 흡입하고 에틸렌 글리콜 분사

   〔풀이〕 기화기 결빙은 기화기의 목(Throat)에 알콜을 분사하고 가열된 흡입 공기
로 제거한다.

2. 피토 튜브의 얼음 형성을 막는데 사용하는 것은?
   가. 피토 헤드에 내장된 전기식 가열 장치
   나. 피토 헤드 주위에 장착된 피토 히터
   다. 피토 헤드에 장착된 브랑켓(Blanket)형 히터
   라. 피토 헤드의 바닥에 장착된 가스켓 히터

   〔풀이〕 전기식 히터가 피토 헤드에 내장되어 얼음 형성을 막는다.

3. 방빙 장치가 되어 있지 않는 곳은?
   가. 엔진의 전방 카울링
   나. 동체 리딩에이지
   다. 꼬리날개 리딩에이지
   라. 주날개 리딩에이지

4. 전기적으로 가열되는 윈드 쉴드에서 열 센서(Heat Sensor)는 어디에
   위치하는가?
   가. 유리 내부에 박혀 있다.
   나. 유리 외부 표면에
   다. 유리 주위에
   라. 프레임에 붙인다.

   〔풀이〕 전기적으로 가열되는 윈드쉴드에서 서미스터형 열 센서(Thermistor-type
Heat Sensor)는 유리 판넬층 사이에 위치한다.

---

1. (가)   2. (가)   3. (나)   4. (가)

5. 꼬리날개의 방빙 장치에 대한 설명중 틀린 것은?
　가. 리딩에이지 부분은 고강도를 요하지 않으므로 스킨 만으로 되어 있고 이 속에 방빙용 도관이 들어 있다.
　나. 방빙 장치는 지상에서도 결빙에 대비하여 작동시킬 수 있다.
　다. 방빙 장치를 수평, 수직 안전판의 리딩에이지에 설치하는 비행기도 있다.
　라. 방빙을 위해 리딩에이지에 뜨거운 공기를 불어넣는다.

6. 뉴메틱형 제빙 부트(Surface-bonded Deicer Boots)를 장착할 때의 설명으로 옳은 것은?
　가. 고무와 날개 스킨 사이에 타이어 탈크(Tire Talc)를 바른다.
　나. 제빙 부트가 장착되는 부분의 페인트를 모두 제거한다.
　다. 고무와 날개 스킨 사이에 글리세린과 물을 바른다.
　라. 고무와 날개 스킨 사이에 실래스틱 콤파운드(Silastic Compound)를 바른다.

　〔풀이〕 접착형 제빙 부트를 항공기의 날개에 장착할 때 부트가 접착될 부분의 페인트를 모두 제거하여 깨끗하게 하고 접착제를 바르는데 이때 디아이서 부트 제작사의 지시를 반드시 준수한다.

7. 제빙 장치의 색표시는?
　가. 적색과 백색
　나. 회색
　다. 적색과 청색
　라. 적색과 녹색

8. 다음중 제빙 장치에 사용되는 액체는?
　가. 알콜
　나. 가성 소다
　다. 벤젠
　라. 솔벤트

---

5. (나)　　　6. (나)　　　7. (라)　　　8. (가)

9. 터빈 엔진에서 만약 얼음 때문에 압축기가 움직이지 않을 때 얼음을 녹
   이는 가장 적합한 방법은?
   가. 제빙액
   나. 뜨거운 물
   다. 방빙액
   라. 고온 공기

   〔풀이〕 터빈 엔진 내부의 얼음은 따뜻한 공기를 엔진으로 보내서 모든 회전 부품이
자유롭게 움직일 때까지 녹인다.

10. 건조한 윈드 쉴드에 레인 리펠런트(Rain Repellant)를 사용할 수 없
    는 이유는?
    가. 유리를 에칭(Etching)시킨다.
    나. 뿌옇게 되어 시계를 제한한다.
    다. 유리를 분리시킨다.
    라. 열이 축적되어 유리에 균열을 만든다.

    〔풀이〕 시러피(Syrupy : Chemical Rain Repellant)를 비가 오지 않는 상태에
서 윈드쉴드에 분사하면 윈드쉴드의 시계를 제한한다.

11. 터보 제트 항공기의 날개 리딩에이지부의 빙결은 무엇으로 방지하는가?
    가. 각 날개에 위치한 연소 히터로부터 더운 공기
    나. 리딩에이지부에 공기로 작동되는 팽창 부츠
    다. 리딩에이지부에 합성 고무 부츠를 전기적인 열로
    라. 엔진 압축기부의 뜨거운 브리드 공기

12. 항공기 표면에서 서리를 제거할 때 사용하는 액체의 **혼합액으로** 맞는
    것은?
    가. 에틸렌 글리콜과 이소프로필 알콜
    나. 중성세제
    다. MEK와 에틸렌 글리콜
    라. 나프타와 이소프로필 알콜

---

9. (라)   10. (나)   11. (라)   12. (가)

　〔풀이〕 항공기의 서리(Frost)는 제빙액으로 제거하는데 흔히 제빙액은 에틸렌 글리콜과 이소프로필 알콜 성분을 포함하고 있다.

13. 피토/스태틱 히터를 교환한 후에 정상적인 작동은 무엇으로 확인할 수 있는가?
　　가. 전류계 지시
　　나. 전압계 지시
　　다. 연결 부분의 시각 검사
　　라. 시스템의 저항 검사

　〔풀이〕 시각 검사는 기본적인 것으로 모든 연결 부분을 검사한다. 피토/스태틱 튜브 히터가 작동할 때 전류계 지시를 점검해서 히터의 적절한 작동을 최종적으로 검사한다.

14. 글리콜 혼합액을 사용했을 때 서리가 방지되는 것은 몇시간 정도인가?
　　가. 7～9시간
　　나. 10～12시간
　　다. 12～15시간
　　라. 16～18시간

15. 항공기 제빙 장치의 열은 어떻게 조절되는가?
　　가. 수동으로 게이트 밸브를 사용
　　나. 더운 공기 덕트에 있는 서모 스위치
　　다. 압축기부에 있는 서모스텟
　　라. 조절식의 레오스텟(Rheostat)

16. 뉴메틱 제빙 부트 시스템에서 팽창 순서를 조절하는 것은 무엇인가?
　　가. 부트 구조
　　나. 진공 펌프(Vacuum Pump)
　　다. 분배 밸브(Distribution Valve)
　　라. 흡입 릴리프 밸브(Suction Relief Valve)

　〔풀이〕 분배 밸브가 뉴메틱 제빙 부트 시스템의 팽창 순서를 조절한다.

---

13. (가)　　　14. (나)　　　15. (나)　　　16. (다)

17. 빗방울 제거 이외의 목적으로 사용되는 것은?
　가. 윈드쉴드 와이퍼
　나. 공기 커튼
　다. 제빙 부츠
　라. 레인 리펠런트

　〔풀이〕 (다)는 제빙 장치이고 나머지는 전부 빗방울 제거 장치이다.
　(가)는 와이퍼 브레이드를 적절한 압력으로 누르면서 움직여 빗방울을 기계적으로 제거한다.
　(나)는 압축 공기를 이용하여 윈드쉴드 전면에 공기 커튼을 만들어 부착된 빗방울 등을 날려서 건조시키거나 부착을 막는 것이다.
　(다)는 날개 또는 꼬리날개의 리딩에이지에 붙어있는 고무로 된 부츠(팽창 가능한 일연의 고무만으로 구성된다)에 고압 공기를 흘려 팽창하거나 수축하므로써 얼음을 깨서 제빙하는 것이다.
　(라)는 표면 장력이 작은 화학액으로 윈드쉴드 전면에 분사하여 피막을 만들어서 물방울이 그대로 공기의 흐름에 의해 날아가도록 한다.

18. 왕복 엔진 항공기에서 제빙 부트를 부풀리는 압력 소스는?
　가. 베인형 펌프
　나. 지로터 펌프
　다. 기어형 펌프
　라. 피스톤형 펌프

　〔풀이〕 제빙 부트를 부풀리기 위해서 왕복 엔진은 에어 펌프(Air Pump)를 사용하는데 베인형 펌프이다.

19. 항공기에 장착되어 있는 공기식 제빙 부츠는 어느때 작동되는가?
　가. 얼음이 형성된다고 생각될 때
　나. 이륙 전에
　다. 계속적으로
　라. 얼음이 형성된 후에

---

17. (다)　　　18. (가)　　　19. (가)

20. 뉴메틱 제빙 계통이 작동하지 않을 때(OFF) 제빙 부츠를 부풀리지 않
    은 상태로 유지하는 것은 에어 펌프의 진공인데 이 진공을 조절하는 것은
    어느 것인가?
    가. 분배 밸브(Distributer Valve)
    나. 이젝터(Ejector)
    다. 압력 조절기(Pressure Regulator)
    라. 흡입 릴리프 밸브(Suction Relief Valve)

〔풀이〕 흡입 릴리프 밸브는 뉴메틱 제빙 계통이 OFF일 때 제빙 부츠를 부풀리지
않도록 에어 펌프의 진공을 조절한다.

21. 일부 항공기는 에어포일과 흡입구 덕트 리딩에이지를 가열하여 결빙을
    막는다. 비행중에 언제 이런 방빙 계통을 작동시키는가?
    가. 항공기 비행중에 계속
    나. 결빙이 계속될 때 주기적으로
    다. 외기 온도가 0°C 이하일 때는 항상 작동시킨다.
    라. 결빙 상태가 처음 나타나거나 혹은 결빙 상태가 예상될 때

〔풀이〕 방빙 계통은 처음 결빙이 나타날 때 혹은 결빙 상태가 예상될 때 작동시킨
다. 날개의 리딩에지는 가열된 공기를 계속 공급해서 따뜻하게 유지한다. 시스템이 리
딩에이지의 제빙이 되도록 설계되면 상당히 뜨거운 공기가 날개의 안쪽으로 공급되기
때문에 과열을 방지하기 위하여 짧은 기간으로 제한한다.

22. 전기적으로 가열되는 윈드 쉴드에서 온도 감지 장치(Temperature-
    Sensing Element)로 사용되는 것은?
    가. 저항(Resistor)
    나. 서미스터(Thermistor)
    다. 캐패시터(Capacitor)
    라. 콘덴서(Condensor)

〔풀이〕 서미스터(전기 저항의 특수한 형태로 저항은 온도와 반비례 관계이다)는 전
기적으로 가열되는 윈드쉴드의 온도 센서로 사용된다.

---

20. (라)   21. (라)   22. (나)

23. 다음중 알칼리 세척제의 특징이 아닌 것은?
   가. 인화성이 없다.
   나. 독성이 없다.
   다. 추운 날씨에 적당하다.
   라. 페인트를 칠한 표면이 변색되지 않는다.

24. 대형 제트 항공기에서 제빙 장치의 열은 엔진의 압축기부에서 날개까
   지 도관을 통하여 공급된다. 이 장치는 다음 어느때 작동하는가?
   가. 조종사가 추울 때
   나. 빙결 상태하에서만
   다. 외부 공기 온도가 $32°F$로 내려갈 때는 언제나
   라. 고고도 비행시는 항상

25. 뉴메틱 제빙 계통에서 오일 분리기(Oil Separator)의 목적은?
   가. 오일이 제빙 부츠를 상하지 않게 하기 위해
   나. 제빙 부츠에서 소모되는 공기에서 오일을 제거한다.
   다. 진공 계통에 오일이 축적되지 않게
   라. 진공 펌프로부터 오일을 제거한다.

   〔풀이〕 뉴메틱 제빙 계통의 오일 분리기는 습식형 진공 펌프(Wet Type Vacuum Pump)의 출구에 위치한다. 엔진으로부터의 오일은 펌프의 윤활과 시일에 사용된다. 펌프를 지난 다음에는 이 오일은 배출 공기와 함께 섞여나간다.
   오일 분리기는 공기로부터 오일을 분리시켜서 오일을 엔진 크랭크 케이스로 리턴시킨다. 이 오일은 제빙 부츠에 이르기 전에 제거되어 제빙 부츠의 손상을 막는다.

---

23. (다)   24. (나)   25. (가)

제11장. 중량과 평형

1. 비행기의 자체 중량 C. G(EWCG)를 찾아내는 방법은?

〔풀이〕 비행기를 저울로 측정하기 전에 비행기의 한 곳을 기준선으로 정하고 저울에 올리는 부분과 기준선과의 거리를 재어 이것을 암이라 한다. 만약 오른쪽 바퀴가 올라가 저울에 측정된 무게가 300 lbs이고(비행기의 기준선이 엔진 뒤의 방화벽에 위치) 기준선과 오른쪽 바퀴의 거리가 72in 라고 하면 오른쪽 바퀴의 힘은 이 72in와 무게 300 lbs를 곱하면 21,600 in · lbs의 모멘트가 된다. 이렇게 앞바퀴의 모멘트도 구하고 왼쪽 바퀴의 모멘트도 구한 다음 세개의 모멘트를 더해서 비행기의 자체 중량으로 나누면 중량 CG를 찾을 수 있다.

2. 테어 무게(Tare Weight)란?

〔풀이〕 항공기의 무게를 측정할 때 사용된 장비, 즉 잭, 초크 등의 무게를 말한다. 항공기의 무게를 측정할 때에는 측정값에서 테어 무게를 빼야 한다.

3. 오일 무게의 기준은?

〔풀이〕 갤론당 7.5파운드

4. 중량과 균형을 계산할 때 모멘트를 계산하는 방법은?

〔풀이〕 중량과 암을 곱하여

5. 중량과 균형을 계산할 때 연료 무게의 기준은?

〔풀이〕 갤론당 6파운드

6. 최대 이륙 중량이란?

〔풀이〕 비행기가 뜰 수 있는 최대 중량
자체 중량+유상 하중

7. 사람 몸무게의 기준은?

　　〔풀이〕 평균 1인당 170파운드(77kg)

8. 암의 단위는?
　　〔풀이〕 인치 또는 센티미터

9. 유상 하중이란 무엇인가?

　　〔풀이〕 탑승객, 연료 그리고 짐 등의 무게

10. 실제 중량이란?

　　〔풀이〕 스케일 중량－테어 중량

11. 최대 착륙 중량이란?

　　〔풀이〕 기체의 무리 없이 안전하게 착륙할 수 있는 최대 중량

12. 비행기를 저울에 올릴 때 주의사항은?

　　〔풀이〕 기체가 지면과 수평을 유지하고 바람의 영향을 받지 않게 한다.

13. 비행기의 자체 중량(조종사나 승객 또는 짐들의 무게가 포함되지 않은 비행기 자체의 중량)을 계산하는 방법은?

　　〔풀이〕 비행기를 세개의 저울에 올려놓고 세개의 중량을 다 더한다. 이것을 Scale 중량이라 하며 여기서 테어 중량(중량 측정에 쓰인 도구의 중량)을 빼면 Net 중량(비행기 자체의 중량)이 나온다.

14. 후방 C. G 점검이란?

　　〔풀이〕 비행기 C. G의 뒤쪽으로 최대한 무게를 실어 균형이 범위 내에 있는지 확인하는 것

15. 전방 C.G 점검이란?

　[풀이] 비행기 C.G의 앞쪽으로 최대한 무게를 실어 균형이 범위 내에 있는지 확인하는 것

16. 평균 공력 시위(Mean Aerodynamic Chord : MAC)란?

　[풀이] 날개의 공기 역학적인 특성을 대표하는 부분의 시위를 평균 공력 시위라 하며 시위가 일정한 날개에서는 실제 시위와 동일하다. 항공기의 무게중심은 평균 공력 시위상의 위치로 나타내며 무게중심을 표시하는 방법은 평균 공력 시위에 대한 %로 표시한다. 평균 공력 시위의 %로 항공기의 무게 중심을 구할 때는 다음과 같은 식을 사용한다.

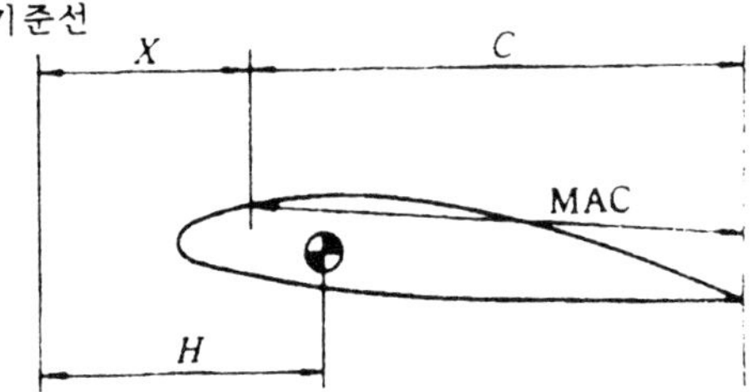

　위 그림에서 $H : 400cm$, $X : 350cm$, $C : 200cm$일 때 무게중심을 평균 공력 시위에 대한 퍼센트로 나타내어라.

$$\text{무게중심의 MAC의 위치} = \frac{H-X}{C} \times 100 = \frac{400-350}{200} \times 100 = 25(\%)$$

1. 항공기의 중량과 평형을 계산할 때 항공기는 균형이 어떤 상태라고 가정하는가?
    가. 적재 상태의 항공기의 평균 모멘트 암(Average Moment Arm)이 CG 범위에 있을 때
    나. 항공기의 모든 모멘트 암이 CG 내에 있을 때
    다. 승객의 이동으로 모멘트 암이 CG 범위를 벗어나는 원인이 되지 않을 때
    라. 조종사가 조종면 트림을 사용해서 불균형을 보상할 수 있을 때

〔풀이〕 항공기는 적재 상태에서 평균 모멘트 암이 CG 범위 내에 있을 때를 균형 상태로 본다.

2. 앞바퀴형 항공기의 무게중심은 어디에 위치하는가?
    가. 앞바퀴 바로 뒤
    나. 메인 랜딩기어 바로 뒤
    다. 메인 랜딩기어와 앞바퀴의 중간 부근
    라. 메인 랜딩기어 바로 앞

3. 항공기의 최대 중량은?
    가. 자체 중량에 승무원과 고정 장비를 더한 무게
    나. 자체 중량에 유상 하중을 더한 무게
    다. 자체 중량에 승무원, 승객, 고정 장비를 더한 무게
    라. 자체 중량에 승무원, 최대 연료, 화물실의 화물을 포함한 수리

〔풀이〕 항공기의 유상 하중은 최대 중량에서 항공기의 자체 중량(Empty Weight)을 뺀 것이다. 그러므로 최대 중량은 자체 중량과 유상 하중을 더한 무게이다.

4. 뒷바퀴형 항공기에서 무게중심은 어디에 있는가?
    가. 뒷바퀴 바로 앞
    나. 메인 랜딩기어 바로 뒤
    다. 메인 랜딩기어와 뒷바퀴의 중간 부근
    라. 메인 랜딩기어 바로 앞

---

1. (가)   2. (라)   3. (나)   4. (나)

5. 항공기의 유상 하중(Useful Load)에 포함되는 것은?
   가. 승무원, 사용가능한 연료, 승객, 화물
   나. 승무원, 사용가능한 오일, 고정 장치
   다. 승무원, 승객, 사용가능한 연료, 오일, 화물실, 고정 장비
   라. 승무원, 동력 장치, 사용가능한 연료, 오일, 화물실, 승객

   〔풀이〕 항공기의 유상 하중은 자체 중량(Empty Weight)과 최대 허용 중량 (Maximum Allowable Gross Weight) 사이의 차이이다. 이것에는 고정 장비 혹은 필수 장비는 포함되지 않는다.

6. 항공기의 무게중심이 기준선에서 220cm에 있고 MAC의 전방 한계는 기준선에서 200cm인 곳에 위치에 있다. MAC가 80cm인 경우 중심은 몇% MAC에 있는가?
   가. 20%
   나. 25%
   다. 30%
   라. 35%

7. 운항 자체 무게(Operating Empty Weight)에 포함되지 않는 무게는 무엇인가?
   가. 장비품
   나. 오일
   다. 사용할 연료
   라. 승무원의 수화물

8. 항공기의 중량 측정을 위하여 다음과 같이 준비한다. 준비 작업 내용중 옳지 못한 것은?
   가. 승객에 해당하는 하중을 정위치에 배치시킬 것
   나. 음료수 및 세척용수를 저장 탱크에 가득 채울 것
   다. 윤활유와 작동유는 각 탱크에 가득 채울 것
   라. 모든 연료를 가능한 배유시킬 것

---

5. (가)   6. (나)   7. (다)   8. (가)

9. 헬리콥터의 중량과 평형을 계산할 때 고려할 것은?
　　가. 헬리콥터의 비행 고도는 중량과 평형이 문제가 되지 않는 고도이다.
　　나. 고정익 항공기와는 다르다. 왜냐하면 로우터의 회전은 MAC(Mean
　　　　Aerodynamic Chord)의 위치를 찾기가 힘들기 때문이다.
　　다. 테일에 장착된 구성품의 암은 계속 변한다.
　　라. 고정익 항공기와 똑같은 방법으로 한다.

　　〔풀이〕 항공기의 중량과 평형을 계산할 때 항공기가 고정익이든 혹은 회전익이든
차이가 없다. 절차는 같지만 중량과 평형의 실질적인 영향은 고정익보다 헬리콥터가 더
욱 민감하다.

10. 항공기의 무게중심을 맞추어야 하는 이유는?
　　가. 무게중심에 연료 탱크를 위치시키기 위해
　　나. 어느 일부분에 무게가 집중하면 구조물이 위험하므로
　　다. 항공기의 안정성과 조종성을 확보하기 위해
　　라. 날개의 강도를 알맞게 조절하기 위해

11. 항공기의 자체 중량(Empty Weight)의 결정에 대한 옳은 설명은?
　　가. 각 중량 측정 지점(Weighting Point)에 총중량을 더하고 기준선
　　　　까지의 측정 거리를 곱한다.
　　나. 각 중량 측정 지점의 순수 중량을 더하고 기준선까지의 측정 거리
　　　　를 곱한다.
　　다. 측정치에서 테어 무게(Tare Weight)를 빼고 각 중량 측정 지점의
　　　　무게를 더한다.
　　라. 각 중량 측정 지점에서 기준선까지의 측정 거리를 곱하고 테어 무
　　　　게를 뺀 측정치를 곱한다.

　　〔풀이〕 항공기의 무게를 측정할 때 항공기를 측정 저울 위에 올려놓고 초크를 받쳐
서 롤링을 막는다. 초크의 무게는 테어 무게라고 부른다.
　항공기의 자체 중량은 측정치로부터 테어 무게를 빼서 순수 중량을 얻는다. 각 중량
측정 지점으로부터의 순수 무게를 더해서 전체 순수 중량을 얻는데 이것이 항공기의 전
체 자체 중량이다.

---

9. (라)　　　　10. (다)　　　　11. (다)

12. 수송기에 무게가 4,500kg인 엔진을 중심으로부터 900cm되는 곳에 장착하는 경우 이로 인해 생기는 중심에서의 모멘트는?

　　가. 4,000,000kg · cm

　　나. 4,050,00kg · cm

　　다. 4,100,000kg · cm

　　라. 4,150,000kg · cm

13. 어떤 항공기의 자체 중량이 2,100파운드, 자체 중량의 CG는 +32.5였다. 이때 다음과 같은 변화가 생겼다. 새로운 자체 중량과 CG는?

　　① +73에 있는 2개의 18파운드 승객 좌석을 제거했다.

　　② 구조의 개조가 +77 위치에서 행해져 무게가 17파운드 증가되었다.

　　③ 25파운드되는 좌석과 안전벨트가 +74.5 위치에 장착되었다.

　　④ 35파운드 무게의 무선 장비가 +95 위치에 장착되었다.

　　가. +30.44

　　나. +34.01

　　다. +33.68

　　라. +34.65

〔풀이〕

항 목	무 게	암	모 멘 트
항공기	2,100	32.5	68,250
좌석 (제거)	36 (—)	73	2,628 (—)
개조 작업	17	77	1,309
좌석	25	74.5	1,862.5
무선 장비	35	95	3,325
Total	2,141	33.68	72,118

새 자체 중량은 2141이고 CG는 동체 스테이션 33.68에 위치한다.

14. 두 무게가 지레의 받침점에서 평형되었다면 다음에서 맞는 것은?

　　가. CG는 변할 것이다.

　　나. 모멘트가 같아야 한다.

---

12. (나)　　　　**13.** (다)　　　　**14.** (나)

다. 지레의 받침점이 중앙에 있어야 한다.
라. 무게가 같아야 한다.

15. 항공기가 출발하기 위해 승객과 화물을 모두 탑재했을 때 무게중심을 전방 무게 중심 한계점 내로 이동시키기 위해 조치할 수 있는 사항은?
    가. 자동 조종 계통 및 전자 전기 계통 장비를 분리한다.
    나. 비행중 사용하지 않을 조종 계통을 제거한다.
    다. 벨러스트를 화물실에 임시로 설치한다.
    라. 무게가 무거운 착륙 장치를 제거한다.

16. 항공기가 적재 상태에서 4,954파운드이고 CG는 +30.5인치이다. CG 범위는 +32.0in~+42.1in이다. 현재의 CG를 CG 범위 내로 하려면 필요한 최소 발라스트 무게를 구해라. 발라스트 암(Ballast Arm)은 +162 in이다.
    가. 61.98파운드
    나. 30.58파운드
    다. 46.25파운드
    라. 57.16파운드

〔풀이〕 이 항공기의 CG는 허용 범위를 1.5in 벗어났다. 현재의 CG는 동체 스테이션 30.5이고 전방 CG 한계는 스테이션 32.0이다.

동체 스테이션 162에 장착하는 발라스트의 양을 찾기 위해서는 항공기의 자체 중량에 움직여야 하는 CG 거리를 곱한 다음 이때 얻어진 수치를 발라스트 위치와 원하는 CG 위치 사이의 거리로 나눈다.

$$\text{발라스트 무게} = \frac{\text{자체 중량} \times \text{벗어난 거리}}{\text{새 CG와 발라스트까지의 거리}}$$

$$= \frac{4954 \times 1.5}{162 - 32} = 57.16 \ \text{lb}$$

57.16파운드의 발라스트를 동체 스테이션 162에 장착하면 자체 중량 CG가 동체 스테이션 32.0으로 된다.

---

15. (다)   16. (라)

17. 기체 중량의 중심을 구하는 식과 그림을 바르게 연결하시오.

가. $CG = -\left(D + \dfrac{F \times L}{W}\right)$

나. $CG = D - \left(\dfrac{F \times L}{W}\right)$

다. $CG = D + \left(\dfrac{R \times L}{W}\right)$

라. $CG = -D + \left(\dfrac{R \times L}{W}\right)$

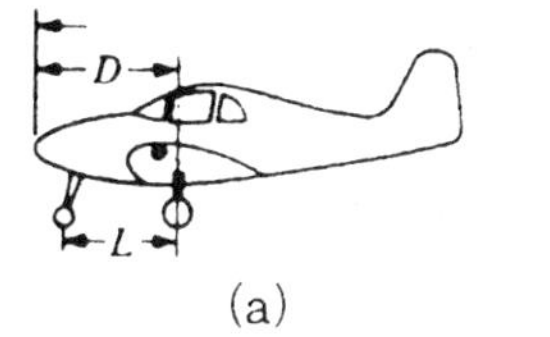

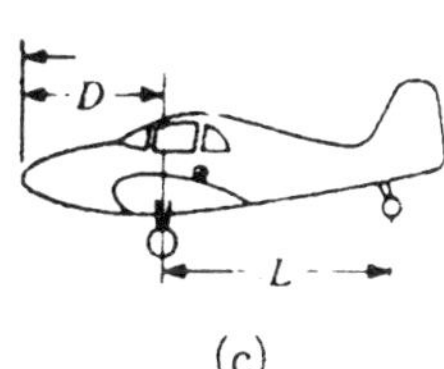

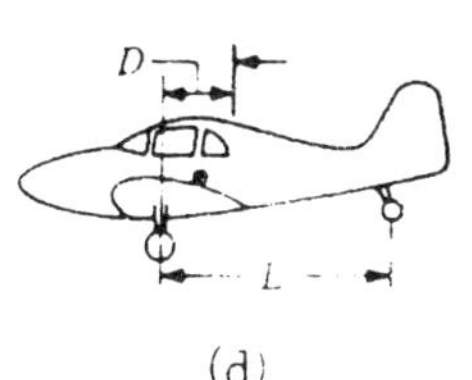

(b)

CG : 기준선에서 항공기 중심까지의 거리
W : 중량 측정시의 항공기 중량
D : 기준선에서 주차륜 중량 측정점까지의 수평 거리
L : 주차륜의 중량 측정점에서 전륜 또는 미륜의 중량 측정점까지의 수평 거리
F : 전륜 중량 측정점에서의 중량
R : 미륜 중량 측정점에서의 중량

〔풀이〕 (가)-(b), (나)-(a), (다)-(c), (라)-(d)

18. 항공기를 잭으로 들어올리기 전에 해야 할 일은?
　가. 어떠한 전자 장비도 다 제거해야 한다.
　나. 항공기에 연료를 보급한다.
　다. 항공기가 가로 방향으로 수평 상태에 있나 확인
　라. 응력 판넬 혹은 응력판을 확인한다.

19. 중량과 평형 점검에서 항공기의 오일 탱크에 오일은 무엇으로 고려되는가?
　가. 자체 하중
　나. 유효 하중

---

17. (라)　　　**18.** (다)　　　**19.** (나)

다. 유압 계통에 작동유와 같이
라. 항공기 자기 무게의 일부분

20. 다음과 같은 항공기의 자체 중량 CG를 구하시오.
- 테일 기어와 메인 기어 중심선 사이의 거리　360.26 in
- 우측 메인 기어의 순수 무게　9,980파운드
- 좌측 메인 기어의 순수 무게　9,770파운드
- 테일 기어의 순수 무게　1,970파운드

항공기의 중량을 측정할 때 다음과 같은 상태였다.
① 화장실 물탱크는 가득차 있었다.　34파운드, +352
② 유압 작동유　22파운드, -8
③ 제거 가능한 발라스트　146파운드, +380

〔풀이〕 60.31in

① 먼저 항공기의 자체 중량 CG를 먼저 구한다. 단, 측정 당시의 유압 작동유는 필수 장비에 속하므로 자체 중량에 포함된 것으로 간주한다.

항 목	무 게	암	모 멘 트
우측 메인기어	9,980	30.24	301,795.2
좌측 메인기어	9,770	30.24	295,444.8
테일 기어	1,970	390.5	769,285
Total	21,720	62.91	1,366,525

② 물과 발라스트를 수정했을 때 새 자체 중량은 21,540파운드이고 새 자체 중량 CG는 동체 스테이션 60.31이다.

항 목	무 게	암	모 멘 트
항공기	21,720	62.91	1,366,525
물	34 (-)	352	11,968 (-)
발라스트	146 (-)	380	55,480 (-)
Total	21,540	60.31	1,299,077

20. 풀이 참조

21. 항공기의 전체 자체 중량이 5,862파운드이고 모멘트는 885,957이었
   다. 그러나 항공기의 중량을 측정할 당시 20파운드의 알콜이 +24 위치
   에 실려 있었고 23파운드의 유압 작동유가 +1이 위치의 탱크 안에 있었
   다. 항공기의 자체 중량 CG를 구하시오.
   가. 150.700
   나. 151.700
   다. 154.200
   라. 151.365

   〔풀이〕 자체 중량을 찾기 위해 항공기의 무게를 측정할 때 리저버에 가득찬 유압
작동유는 포함되지만 알콜은 필요 장비에 해당되지 않는다.
   자체 중량에서 알콜을 빼고 계산하면 새 자체 중량은 5,842파운드이고 새 자체 중량
CG는 동체 스테이션 151.365에 위치한다.

항 목	무 게	암	모멘트
항공기	5862	151.13	885,957
알콜	20(−)	84 1680(−)	
total	5842	151.365	884,277

22. 항공기에 변화가 있기 전에 자체 중량이 2,886파운드이고 자체 중량
   CG는 +35.23이었으며, 모멘트가 101,673.78이 있다. 그후 다음과 같
   은 변화가 있었다.
   · 15파운드짜리 승객 좌석 2개를 +71에서 제거하였다.
   · 캐비닛(97파운드)을 +71에 장착하였다.
   · 좌석과 안전벨트(20파운드)를 +71에 장착하였다.
   · 무선 장비(30파운드)를 +94에 장착하였다.
   이런 변화는 새 자체 중량 CG를 어떻게 변하게 하는가?
   가. 본래의 자체 중량 CG에서 전방으로 1.62in 움직인다.
   나. 본래의 자체 중량 CG에서 후방으로 1.62in 움직인다.
   다. 본래의 자체 중량 CG에서 전방으로 2.03in 움직인다.
   라. 본래의 자체 중량 CG에서 후방으로 2.03in 움직인다.

---

21. (라)   22. (나)

〔풀이〕 변화에 의해서 자체 중량이 3,003파운드이고 자체 중량 CG가 동체 스테이션 36.85로 움직였다. 새 자체 중량 CG는 본래 위치에서 후방으로 1.62in 움직였다.

항 목	중 량	암	모멘트
항공기	2886	35.23	101,673.78
캐비닛	97	71	6887
좌석 (제거)	30 (−)	71	2130 (−)
좌석 (장착)	20	71	1420
무선 장비	30	94	2820
total	3003	36.85	110,670.78

23. 무연료 중량(Zero Fuel Weight)이란?
    가. 항공기에 액체가 없는 상태에 모든 승무원, 승객, 화물을 더한 무게
    나. 총중량에 연료, 승객, 화물을 더한 무게
    다. 기본 운용 중량에서 승무원, 연료, 화물을 제외한 무게
    라. 적재 상태의 항공기에서 연료를 제외한 최대 허용 가능한 무게

 〔풀이〕 항공기의 무연료 중량은 적재 상태의 항공기에 연료를 제외한 최대 허용 가능한 무게이다. 무연료 중량에 포함되는 것은 화물, 승객, 승무원의 무게이다.

24. 항공기의 총모멘트가 125,200kg·cm이고 총무게가 500kg인 항공기의 중심 위치는?
    가. 250.4
    나. 240.5
    다. 230.7
    라. 500

25. 항공기 무게 측정 방법중 옳지 않은 것은?
    가. 가능하면 윤활유를 배출시킨다.
    나. 부정확한 값이 나오지 않도록 브레이크를 걸어놓는다.
    다. 비행기에 불규칙하게 사용되는 품목은 제거한다.
    라. 항공기 자세를 수평으로 하고 연료를 가능한 한 배출시킨다.

---

23. (라)   24. (가)   25. (나)

26. 양력 중심이 무게중심 뒤에 있는 것은 무엇 때문인가?
    가. 더 좋은 수직 안정을 갖기 위해
    나. 항공기 후방에 조금 무거운 영향을 주기 위해
    다. 항공기 전방이 조금 무거운 영향 때문
    라. 꼭 같은 위치에 있을 수 없기 때문에

---

26. (다)

제12장. 헬리콥터

1. 테일 로우터의 갑작스런 정지는 어떠한 2차적인 손상을 줄 수 있는가?

　〔풀이〕① 테일 붐의 비틀림(Twist)
② 행거 베어링 마운트의 손상
③ 테일붐 마운트의 손상

2. 메인 로우터의 갑작스런 정지는 어떠한 결과를 가져오는가?

　〔풀이〕① 분해(Disassembly)와 오버홀(Overhaul)
② 일부 부품의 폐기 처리
③전체 로우터 헤드의 폐기 처리

3. 플래핑 힌지(Flapping Hinge)란?

　〔풀이〕그림 (a)와 같이 전진 브레이드(Advancing Blade)는 양력이
크므로 위로 올라가고 후진 브레이드(Retreading Blade)는 양력이 감소
되므로 수평 위치로 점차 되돌아온다. 이러한 압력의 불균형 때문에 회전
날개는 위아래로 움직이는데 이것을 회전
날개의 플래핑 운동이라 한다. 이 힌지는
그림 (b)와 같이 각각의 브레이드가 마스
트(Mast)를 중심으로 자유롭게 위아래로
움직이도록 하며, 통상 여러개의 브레이드
를 가진 헬리콥터에 주로 사용된다. 회전
브레이드의 양력의 불균형을 해결하는 또다
른 방법은 시소(Seesaw) 구조이다. 이 구
조는 그림 (c)와 같이 두개의 브레이드가
연결되어 전진 브레이드는 상승하고 후진
브레이드는 하강하여 시소 운동을 한다. 이
것은 반고정형 회전 날개에 사용된다.

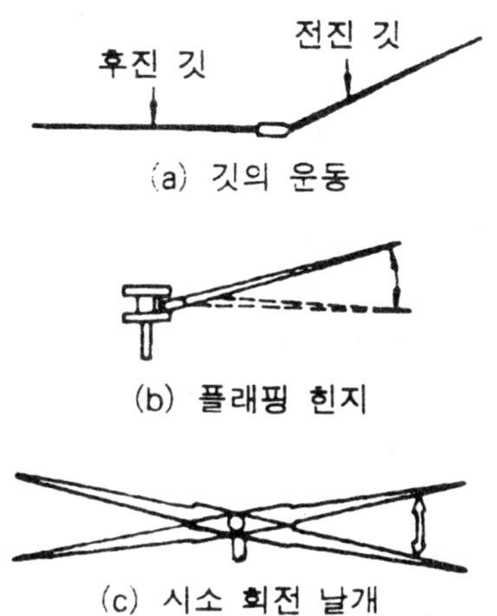

(a) 깃의 운동

(b) 플래핑 힌지

(c) 시소 회전 날개

4. 코리올리 효과를 설명하시오.

　〔풀이〕로우터 브레이드의 전진 브레이드는 양력의 증가로 위로 올라가
기 때문에 마스트에 가까워지므로 가속되어 전방으로 앞서세 된다. 이것을

피겨 스케이팅 선수가 양손을 안으로 모아 회전 속도를 가속시키는 원리와
같다. 반면에 후진 브레이드는 마스트에서 멀어져 속도가 떨어지며 이로
인해 브레이드는 뒤로 처지게 된다. 이와 같은 현상을 날개의 코리올리의
효과라 한다.

　회전 날개에서 코리올리의 효과를 시정하지 않으면 회전 브레이드는 기하
학적으로 불균형을 일으켜 심하게 진동하게 되므로 브레이드 루트(Blade
Root) 부근에 이상 응력이 발생한다. 플래핑 힌지를 사용하는 회전 브레
이드는 시소 회전 브레이드보다 코리올리 효과의 영향을 더많이 받는다.

5. 드래그 힌지(Drag Hinge)란?

　〔풀이〕 로우터 브레이드의 브레이드가 앞서고 뒤로 처지는 현상을 회
전 브레이드의 리드래그(Lead-lag) 운동이라 한다. 브레이드와 허브의 연
결 부분에 리드래그 힌지를 설치하여 코리올리 효과에 의한 회전 날개의
기하학적 불균형을 해소하는데,　이것을
드래그 힌지라고도 한다.

　이것은 그림과 같이 시위 방향으로 리드
래그 운동을 하도록 허용하며 브레이드의
이동 거리를 제한하고 운동을 부드럽게
하기 위하여 힌지 댐퍼를 장착한다.

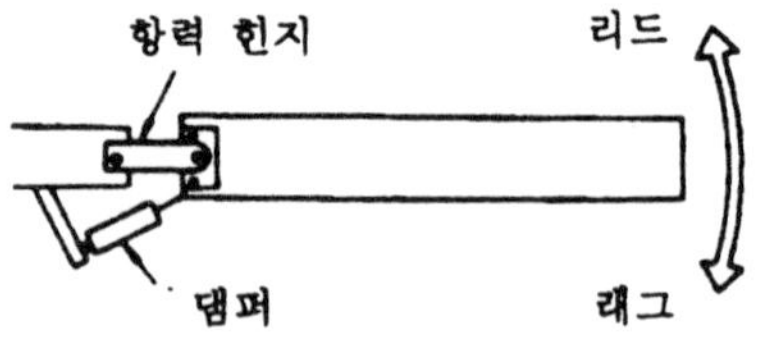

6. 콜렉티브 피치 레버(Collective Pitch Lever)를 설명하시오.

　〔풀이〕 이 레버는 조종사의 왼쪽
에 위치하여 왼손으로 조작하는 레버
로서 헬리콥터를 상승 또는 하강 운
동하게 한다.

　콜렉티브 피치 조종 계통은 그림과
같이 스와시 플레이트를 위아래로 움
직여 메인 로우터 브레이드의 모든
브레이드의 피치각을 동시에 증감시
킴으로써 양력의 증감에 의해 헬리콥
터는 상승 하강 운동을 하게 한다.

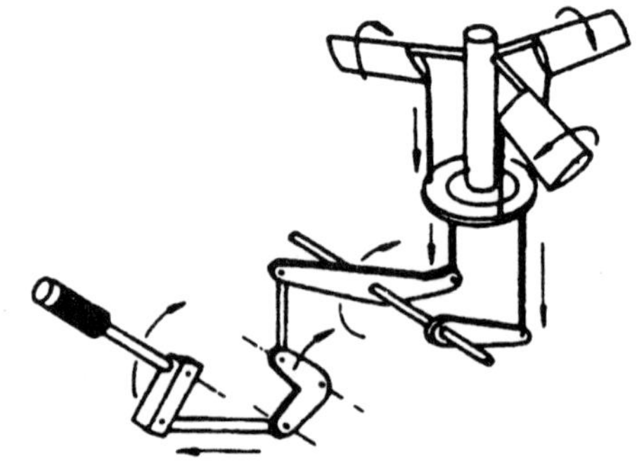

7. 오버 러닝 클러치(Over Running Clutch)란?

〔풀이〕 오버 러닝 클러치는 프리휠 클러치(Freewheel Clutch)라고
도 하며 엔진의 작동이 불량하거나 오토로테이션 비행중 메인 로우터 브레
이드의 회전에 지장이 초래되는 현상, 즉 엔진 브레이크의 역할을 방지하
기 위한 것이다.

엔진이 정상 작동을 할 때에는 엔진의 출력을 메인 로우터 브레이드에 전
달하지만 엔진의 고장이나 출력 감소에 의해 엔진의 회전이 주회전 날개보
다 늦을 경우는 엔진을 로우터 브레이드와 분리시킨다. 이 클러치의 종류
에는 로울러형과 스프래그형이 있다.

8. 오토 로테이션(Auto Rotation)이란?

〔풀이〕 엔진의 동력 없이 로우터 브레이드의 자유 회전에 의해서만 비
행하는 상태를 말한다. 헬리콥터의 트랜스밋션은 엔진이 정지되었을 때 로
우터 브레이드를 엔진으로부터 자동적으로 떨어지도록 하여 오토로테이션
이 가능하도록 한다.

동력 비행 상태에서는 공기의 흐름이 로우터 브레이드 하방으로 향하지
만, 오토 로테이션 상태에서는 공기 흐름이 로우터 브레이드 상방으로 향
하여 회전 운동이 계속된다.

9. 사이클릭 피치(Cyclic Pitch) 조종 계통을 설명하시오.

〔풀이〕 사이클릭 조종 계통은 그림과 같
이 메인 로우터 브레이드가 회전하는 동안 기
계적 연결 장치에 의해 각각의 브레이드의 피
치를 변화시키는 장치이다.

메인 로우터 브레이드는 스와시 플레이트에
연결되어 조종간에 의해 메인 로우터 브레이
드의 회전면을 원하는 방향으로 기울인다. 이
때 기체는 경사지며 헬리콥터는 원하는 방향
으로 비행하게 된다.

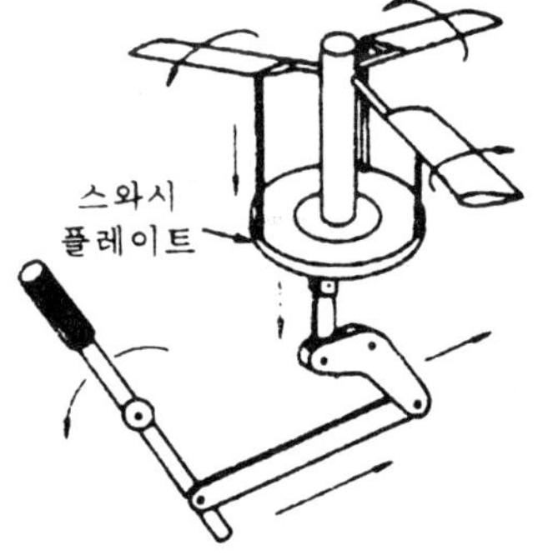

1. 헬리콥터의 테일 로우터가 메인 로우터의 토큐를 정확히 보상할 수 없
   을 때의 원인으로 맞는 것은?
   가. 파워 트랜스밋션의 고장
   나. 엔진 출력이 감소되었다.
   다. 테일 로우터의 리깅이 잘못되었다.
   라. 메인 로우터가 트랙을 벗어났다.

   〔풀이〕 메인 로우터에 의해서 발생한 토큐의 정확한 보상은 테일 로우터의 정확한
   리깅(Rigging)에 의한다.

2. 헬리콥터에서 가장 큰 하중을 담당하는 곳은?
   가. 후방
   나. 객실
   다. 중간 부분
   라. 하부

3. 헬리콥터의 특성에 대한 설명중 옳지 못한 것은?
   가. 수직 이착륙을 할 수 있다.
   나. 공중 정지 비행을 할 수 있다.
   다. 2차원 공간에서 모든 방향으로 직선 이동할 수 있다.
   라. 회전 날개에서 양력과 추력을 발생한다.

4. 헬리콥터에서 세로축(롤)에 대한 움직임은 다음 무엇에 의해서 움직이
   게 되는가?
   가. 트림 피치 콘트롤
   나. 콜렉티브 피치 콘트롤
   다. 사이클릭 피치 콘트롤
   라. 테일 로우터 피치 콘트롤

   〔풀이〕 헬리콥터가 세로축 또는 가로축에 대해서 움직이는 것은 사이클릭 피치 콘
   트롤을 전후좌우로 움직여서이다.

---

1. (다)   2. (다)   3. (다)   4. (다)

5. 헬리콥터 엔진 시동시 클러치로 동력을 차단하는 이유는?
   가. 충분한 회전수에 도달하지 않으면 양력이 원심력보다 커져서 지나
       치게 위로 들리므로
   나. 꼬리 로우터 브레이드로 동력이 전달되는 것을 방지하기 위해
   다. 시동시 엔진에 부하를 주지 않기 위해
   라. 지상의 안전성이 확립될 때 동력을 연결하기 위해

6. 초기의 헬리콥터에 사용된 구조중 공간 마련이 어렵고 정밀하게 가공하
   기 힘든 구조는?
   가. 박스형 구조
   나. 세미 모노코크 구조
   다. 모노코크 구조
   라. 트러스 구조

7. 헬리콥터의 지상 정비 지원은 어느 범위에 속하는가?
   가. 운항 정비
   나. 시한성 정비
   다. 공장 정비
   라. 벤치 체크

   〔풀이〕 지상 정비 지원은 지상 취급, 보급, 세척, 작동 점검을 말한다.

8. 헬리콥터의 수직 비행은 무엇에 의해서 조종되는가?
   가. 콜렉티브 피치를 변화시켜서
   나. 로우터 디스크를 경사시켜서
   다. 싸이클릭 피치를 변화시켜서
   라. 메인 로우터의 rpm을 증감시켜서

   〔풀이〕 헬리콥터 로우터 계통에 의해서 만들어지는 양력의 크기는 메인 로우터 계
통의 콜렉티브 피치에 의해서 결정된다. 헬리콥터의 수직 비행은 콜렉티브 피치
(Collective Pitch)를 증감시켜서 조종한다.

---

5. (다)   6. (라)   7. (가)   8. (가)

9. 콜렉티브 피치 조종이란 무엇인가?
   가. 메인 로우터 브레이드의 양력을 동시에 증가, 감소시키는 조작
   나. 메인 로우터 브레이드의 회전각에 따라 받음각을 조절하는 조작
   다. 메인 로우터 브레이드가 전진 회전시 받음각을 감소시키는 조작
   라. 로우터 브레이드의 회전축을 운동하고자 하는 방향으로 기울이는
   조작

10. 엔진과 로우터 브레이드 사이의 감속비는 대략 얼마 정도인가?
   가. 1 : 10
   나. 5 : 1
   다. 10 : 1
   라. 20 : 1

11. 헬리콥터 변속기의 고장 탐구에 대한 사항중 오일의 압력 지시가 흔들
   리는 경우의 고장은?
   가. 계기 및 변환기의 결함
   나. 윤활유 펌프의 수준이 낮다.
   다. 윤활의 펌프의 고장
   라. 방열기가 막혔다.

12. 다음중 사이클릭 피치 조종에 대한 설명중 틀린 것은?
   가. 로우터 브레이드의 회전축을 운동하고자 하는 방향으로 기울이는
   조작
   나. 메인 로우터 브레이드의 전진 회전시 받음각을 감소시키는 조작
   다. 메인 로우터 브레이드의 회전각에 따라 받음각을 조절하는 조작
   라. 메인 로우터 브레이드의 양력을 동시에 증가, 감소시키는 조작

13. 헬리콥터의 조정 계통의 힌지가 아닌 것은?
   가. 항력 힌지
   나. 플래핑 힌지
   다. 로테이션 힌지
   라. 페더링 힌지

---

9. (가)   10. (다)   11. (가)   12. (라)   13. (다)

14. 다음중 **헬리콥터**의 지상 정비 작업에 속하지 않는 것은?
　가. 견인 작업
　나. 계류 작업
　다. 호이스트 작업
　라. 벤치 체크

15. **헬리콥터**의 태일 로우터 브레이드 피치각의 감소는?
　가. 헬리콥터의 꼬리 부분이 메인 로우터 축주위의 토큐 회전 방향과
　　반대로 돌게 한다.
　나. 좌측 앤티토큐 페달을 밟아서 이루어진다.
　다. 헬리콥터의 꼬리 부분이 메인 로우터 축주위의 토큐 회전 방향과
　　같은 방향으로 돌게 된다.
　라. 이륙 rpm에 의해서 만들어진 메인 로우터 토큐를 상쇄시키려고

　〔**풀이**〕 앤티토큐 테일 로우터가 있는 싱글 로우터 헬리콥터에서 메인 로우터의 토
큐는 동체를 시계 방향으로 돌리려는 경향이 있다. 테일 로우터는 동체를 반시계 방향
으로 돌려서 메인 로우터 토큐에 의한 동체의 시계방향 회전을 보상한다.
　테일 로우터의 피치를 감소시키면 메인 로우터의 토큐는 기체를 시계 방향으로 돌리
려 한다.

16. **헬리콥터**의 지면 **효과**가 있을 때 일어나는 현상중에서 잘못된 것은?
　가. 같은 엔진의 출력으로 많은 무게를 지탱할 수 있다.
　나. 양력의 크기가 증가한다.
　다. 항력의 크기가 증가한다.
　라. 로우터 브레이드의 받음각이 증가하게 된다.

17. 목재로 된 **헬리콥터**의 로우터 브레이드에서 길이 방향의 평형을 맞추
　는데 사용되는 것은?
　가. 브레이드의 팁 포켓
　나. 트레일링에이지에 위치한 탭
　다. 브레이드의 윗면에 볼록 나온 두개의 핀
　라. 금속 코어

---

14. (라)　　　　**15.** (다)　　　　**16.** (다)　　　　**17.** (나)

18. 전진 브레이드와 후진 브레이드의 양력차를 보정하는 것은?
　　가. 사이크릭 훼더링과 플랩핑에 의한다.
　　나. 트랙킹에 의한다.
　　다. 테일 로우터의 추력 증가와 감소에 의한다.
　　라. 웨이트 발란스에 의한다.

19. 평형 스트립은?
　　가. 테일 로우터 브레이드의 구동축의 정적 평형 유지
　　나. 테일 로우터 브레이드의 구동축의 정적 평형 유지
　　다. 테일 로우터 브레이드의 구동축의 동적 평형 유지
　　라. 메인 로우터 브레이드의 구동축의 동적 평형 유지

20. 가스터빈 엔진을 장착한 헬리콥터를 시동하기 전에 회전 날개 제동 장치의 레버 위치는?
　　가. 차단
　　나. 최소 열림
　　다. 정상
　　라. 작동

21. 헬리콥터 로우터 브레이드의 트랙킹(Tracking)은 언제 하는가?
　　가. 로우터가 장착되기 전에 특수 고정 장비에 위치시킨 상태로
　　나. 콜렉티브 피치각과 브레이드가 정해진 rpm에 있을 때
　　다. 브레이드가 정지한 상태로 동체의 중심선을 기준으로 한 기준선을
　　　　참고로 하여
　　라. 브레이드가 동체 중심선과 일치할 때 특정 브레이드와 동체 구조
　　　　사이를 측정하여

　　〔풀이〕 헬리콥터 로우터 브레이드의 트랙킹은 브레이드가 정해진 rpm이고 콜렉티브 피치각이 정해진 위치에 있을 때 행한다.
　　트랙의 상태는 트랙킹 플래그(Tracking Flag)의 사용이나 스트로브 라이트(Strobe Light)를 사용한다.

---

18. (가)　　　19. (다)　　　20. (가)　　　21. (나)

22. 헬리콥터 브레이드 팁 속도의 일반적인 제한 범위는 얼마인가?
    가. 200m/s
    나. 225m/s
    다. 250m/s
    라. 275m/s

23. 그림중의 곡선 ①∼⑥에 해당
    하는 마력을 아래 보기에서 각각
    고르시오.
    〈보기〉
    · 유해 저항에 의한 마력
    · 테일 로우터 마력
    · 악세서리 마력
    · **총필요 마력**
    · 메인 로우터 유도 마력
    · 메인 로우터 형상 저항에 의
    한 마력

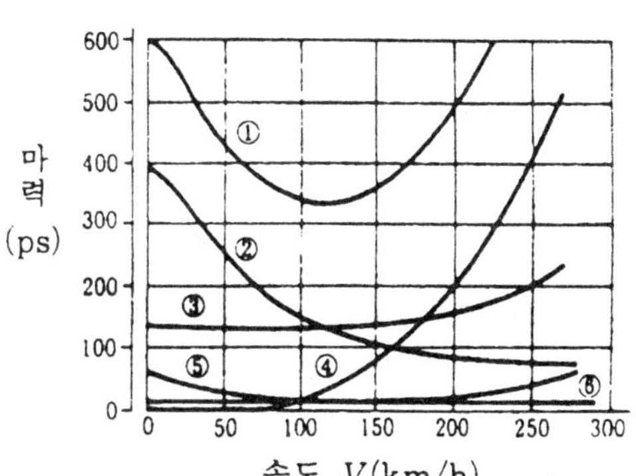

    〔**풀이**〕 ① **총필요마력**
   ② 메인 로우터 유도 마력
   ③ 메인 로우터 형상 저항에 의한 마력
   ④ 유해 저항을 위한 마력
   ⑤ 테일 로우터 마력
   ⑥ 악세사리 마력

24. 헬리콥터의 테일 로우터 브레이드 구동 계통에서 기어 박스는 보통 몇
    개인가?
    가. 1
    나. 2
    다. 3
    라. 4

---

22. (나)   23. 풀이 참조   24. (나)

25. 다음중 저주파수 진동이 아닌 것은?
　　가. 주회전 날개 1회전당 1회 발생하는 진동
　　나. 주회전 날개 1회전당 2/3회 발생하는 진동
　　다. 횡전 진동 1회당 1회 발생하는 진동
　　라. 횡전 진동 1회전당 2/3회 발생하는 진동

26. 중간 주파수 진동은 언제 그 효과가 큰가?
　　가. 수직 하강 비행시
　　나. 전진 비행시
　　다. 허버링 비행시
　　라. 지상 시동시

27. 트랙킹 점검은 어떠한 진동을 방지하기 위함인가?
　　가. 진동과는 관계 없다.
　　나. 고 주파수 진동
　　다. 중간 주파수 진동
　　라. 저 주파수 진동

28. 저주파수 진동중 2/3회 진동의 원인은?
　　가. 헤드
　　나. 날개 깃
　　다. 베어링
　　라. 감쇠 장치

29. 상대풍(Relative Wind)과 브레이드의 코드 라인에 의해서 형성된 각을 무엇이라고 하는가?
　　가. 세로 상반각
　　나. 상승각
　　다. 취부각
　　라. 받음각

　　〔풀이〕 받음각은 상대풍의 방향과 날개의 코드 라인 사이에 형성된 각이다.

---

25. (라)　　　26. (나)　　　27. (라)　　　28. (라)　　　29. (라)

30. 헬리콥터 동체의 구조 형식중 모노코크형 구조에 속하지 않는 것은?
    가. 벌크헤드
    나. 정형재
    다. 링
    라. 스트링거

31. 헬리콥터 기어 박스의 고장으로 인한 고주파수 진동의 원인으로 옳지
    못한 것은?
    가. 장착 볼트의 헐거움
    나. 기어 박스 베어링의 결함
    다. 기어의 손상
    라. 냉각기의 과열

32. 하버링중 테일 로우터에 사용되는 마력은 엔진 출력을 100%라 할 때
    몇 %인가?
    가. 1～ 5%
    나. 7～10%
    다. 12～15%
    라. 17～20%

33. 전진 비행중인 헬리콥터가 순항 형태에서 방향 변경은 어떻게 이루어
    지는가?
    가. 메인 로우터 브레이드의 피치각을 변경시켜서
    나. 테일 로우터 rpm을 변경시켜서
    다. 메인 로우터 디스크를 원하는 방향으로 경사시켜
    라. 테일 로우터를 경사시켜

    〔풀이〕 헬리콥터는 전진 순항 비행 형태에서 방향의 변경은 메인 로우터 디스크를
원하는 방향으로 경사시켜서 이루어진다. 로우터 디스크는 사이클릭 피치 콘트롤을 사
용하여 원하는 방향으로 경사시킨다.
    수직축에 대해서 회전하는 동체의 방향은 테일 로우터의 피치에 의해서 결정되지만
비행 방향을 변경시키지는 않는다.

---

30. (라)   31. (라)   32. (나)   33. (다)

34. 샌드위치 구조는 종래의 보강재나 스트링거를 댄 외판에 비해 어떠한가?
  가. 강도 및 강성이 크고 가볍다.
  나. 강도 및 강성이 작고 가볍다.
  다. 강도 및 강성이 크고 무겁다.
  라. 강도 및 강성이 작고 무겁다.

〔풀이〕 샌드위치판의 외판은 현재 사용되는 것보다 가볍고 강도와 강성이 크다.

35. 주회전 날개의 깃이 5개인 헬리콥터에서 주회전 날개가 1회전하는 동안에 발생하는 중간 주파수 진동은 몇 회인가?
  가. 2/3회
  나. 1회
  다. 5회
  라. 10회

36. 헬리콥터에서 테일 로우터 브레이드가 하는 역할은?
  가. 항력 억제
  나. 토큐 상쇄
  다. 항력 발생
  라. 양력 발생

37. 중간 주파수 진동의 원인이 아닌 것은?
  가. 엔진의 회전수가 너무 낮을 때
  나. 기계적인 진동 흡수 장치의 기능 저하
  다. 변속기 장착 볼트의 부적당한 체결 토크값
  라. 동체 운동과 적재 화물의 간섭 효과

38. 헬리콥터의 무슨 조종이 과하중(Over Load)에 의하여 영향을 받는가?
  가. 사이클릭 피치 테일 로우터 콘트롤
  나. 사이클릭 피치 콘트롤
  다. 테일 로우터 콘트롤
  라. 콜렉티브 콘트롤

---

34. (가)   35. (다)   36. (나)   37. (가)   38. (라)

39. 알루미늄 합금 파이프의 수리에서 굴곡 부분(Heel) 이외의 긁힌 손상의 수리는 일반적으로 두께의 몇 %까지 허용되는가?
　　가. 2.5%
　　나. 3%
　　다. 5%
　　라. 10%

　〔풀이〕 500psi 이하 10%, 500psi 이상 5%로 되어 있고 알루미늄 합금 파이프는 500psi 이상이 일반적이다.

40. 델타 힌지에 대한 설명중 옳은 것은?
　　가. 회전축에 수평으로 장착하는 힌지
　　나. 돌풍시 원상 위치로 환원하려는 작용
　　다. 플래핑과 페더링을 연결시키는 기구
　　라. 이상 모두 틀린다.

41. 헬리콥터에서 트랙 작업시 필요한 점검 장비의 종류가 아닌 것은?
　　가. 텔레스코우프
　　나. 스트로보스코우프
　　다. 페더링 플랙
　　라. 트랙킹 플랙

42. 2개의 브레이드 로우터 시스템을 장착한 헬리콥터에서 발생하는 심한 비정상적인 수직 진동이 있을 때 이것은 무엇을 지시하는가?
　　가. 로우터 브레이드가 균형을 벗어났다.
　　나. 브레이드 코닝 스톱이 고장났다.
　　다. 브레이드 드롭 스톱이 적절하게 조절되지 않았다.
　　라. 로우터 브레이드의 트랙이 벗어났다.

　〔풀이〕 로우터 브레이드의 트랙이 벗어나면 헬리콥터의 비정상적인 수직 진동을 일으킨다.

---

39. (다)　　　40. (다)　　　41. (다)　　　42. (라)

43. 헬리콥터의 진동중 회전 날개와 무관하며, 기관이나 동력 구동 장치 등에서 발생되는 진동은?

　가. 저주파수 진동
　나. 중간 주파수 진동
　다. 고주파수 진동
　라. 꼬리 진동

44. 다음 헬리콥터의 운동중 콜렉티브 피치 레버(Collective Pitch Lever)로 조종하는 운동은?

　가. 좌우 운동
　나. 전진 운동
　다. 수직 방향 운동
　라. 방향 조종 운동

45. 다음 헬리콥터의 운동을 페달로 조종하는 운동은?

　가. 수직 방향 운동
　나. 방향 조종 운동
　다. 좌우 운동
　라. 전후진 운동

46. 테일 로우터 브레이드의 구성 요소가 아닌 것은?

　가. 스와시 플레이트
　나. 꼬리 회전 날개 헤드
　다. 피치 변환 기구
　라. 꼬리 회전 날개 깃

47. 전진 브레이드와 후진 브레이드의 양력차를 보정하는 것은?

　가. 테일 로우터의 추력 증가와 감소에 의한다.
　나. 트랙킹에 의한다.
　다. 사이클릭 페더링과 플래핑에 의한다.
　라. 하버링에 의한다.

---

43. (다)　　　44. (다)　　　45. (나)　　　46. (가)　　　47. (다)

48. 다음 문장의 (   )에 적당한 말을 넣으시오.
　　「회전중인 블레이드 선단을 일치시키는 것을 (①)이라고 한다.
　(②)과 질량 분포의 평형에 차이가 있으면 블레이드 선단의 체적
　이 고저차로 나타난다. (③)의 보정은 블레이드 트레일링에이지에
　부착된 (④)의 각도를 바꾸어 한다.」

　　〔풀이〕 ① 트랙킹, ② 양력, ③ 양력 불균형, ④ 트림 탭

49. 헬리콥터의 트랜스미션을 구성하는 작동 부품이 아닌 것은?
　　가. 후방 기어 박스
　　나. 메인 로우터 브레이드 구동축
　　다. 엔진 동력 구동축
　　라. 클러치

50. 회전 날개 계통의 작동 점검과 조절에 포함되는 작업은?
　　가. 시동 점검
　　나. 궤도 점검
　　다. 정시 점검
　　라. 기능 점검

　　〔풀이〕 작동 점검과 조절에는 궤도 점검, 평형 점검, 자동 회전 비행의 회전수 점
검, 조종 계통의 리깅 작업이 있다.

51. 세미리지드 회전익기라는 것은 어떤 주회전익을 가진 헬리콥터인가?
　　가. 페더링과 플래핑과 트랙킹을 할 수 있다.
　　나. 페더링과 플래핑을 할 수 있다.
　　다. 페더링과 트랙킹을 할 수 있다.
　　라. 플래핑과 트랙킹을 할 수 있다.

　　〔풀이〕 세미리지드(반경식) 회전익은 주회전 날개가 허브에 고정되어 있어 플래핑
과 페더링은 가능하지만, 드래그 힌지가 없으므로 트랙킹을 할 수 없는 형식을 말한다.

---

48. 풀이 참조　　　　　49. (가)　　　　50. (나)　　　　51. (나)

52. 다음중 회전익 항공기의 비행 계기와 관계 없는 것은?
　가. 회전계
　나. 고도계
　다. 대기 속도계
　라. 마하계

53. 테일 로우터가 장착된 **헬리콥터**가 하버링중일 때 방향 조종은 무엇에 의해서 이루어지는가?
　가. 테일 로우터 rpm을 변경시켜서
　나. 메인 로우터 디스크를 원하는 방향으로 경사시켜서
　다. 러더와 러더 조종 계통을 사용하여
　라. 테일 로우터 브레이드의 피치를 변경시켜서

　〔**풀이**〕 발로 작동하는 헬리콥터의 페달은 테일 로우터 브레이드의 피치를 변경시키고 이것으로 인해 추력이 변한다. 테일 로우터에 의해서 만들어지는 추력에 의해서 하버링하는 헬리콥터의 방향 조종을 유지한다.

54. 헬리콥터의 외부 세척은?
　가. 솔벤트
　나. 황산 용액으로
　다. 위에서 아래로
　라. 붕산 용액으로

55. 헬리콥터 트랜스밋션과 엔진 사이에 위치한 클러치의 목적은?
　가. 엔진에서 로우터를 분리시켜 시동 부하를 덜어준다.
　나. 엔진 결함시에 자동적으로 엔진에서 로우터를 분리시킨다.
　다. 오토 로테이션 착륙을 할 수 있게 한다.
　라. 최대 엔진 rpm보다 더 큰 rpm에서 로우터가 **회전**할 수 있게 한다.

　〔**풀이**〕 헬리콥터 로우터 시스템에서 클러치는 엔진이 시동중일 때 엔진으로부터 로우터를 분리시킨다.

---

52. (라)　　　53. (라)　　　54. (가)　　　55. (가)

56. 악세서리 기어박스의 회전력으로 작동되는 구성품이 아닌 것은?
　　가. 유압 펌프
　　나. 오일 펌프
　　다. 발전기
　　라. 냉각기

57. 헬리콥터의 종류중 로우터 브레이드의 방향에 대하여 좌우로 배치하여 가로 안정성이 대단히 좋은 것은?
　　가. 직렬식 회전 날개 헬리콥터
　　나. 병렬식 회전 날개 헬리콥터
　　다. 동축 역회전식 회전 날개 헬리콥터
　　라. 단일 회전 날개 헬리콥터

58. 헬리콥터에 있어 조종간을 왼쪽으로 기울이면?
　　가. 로우터 브레이드 왼쪽 부분 피치 증가
　　나. 로우터 브레이드 오른쪽 부분 피치 감소
　　다. 로우터 브레이드 왼쪽 부분 피치 감소
　　라. 로우터 브레이드 피치 변화 없음

59. 헬리콥터의 트랜스미션의 기능을 쓰시오.

　　〔풀이〕 트랜스미션의 주된 기능은 발동기의 회전 속도의 감속, 주회전익 및 미부 회전익으로의 동력의 전달, 보기류의 구동, 기타 시동, 급감속(발동기측), 발동기 정지 시 작용하는 클러치나 프리 휠 클러치 등이 장비되어 있다.

60. 헬리콥터의 메인 로우터 브레이드의 평면은 최근 장방형익이 주류를 이루고 있다. 그 이유중 옳은 것은?
　　가. 제작비 절감
　　나. 진동 응력이 감소
　　다. 상승 성능이 향상된다.
　　라. 휨 모멘트가 적다.

---

56. (라)　　　57. (나)　　　58. (다)　　　59. 풀이 참조　　　60. (가)

61. 만약 싱글 로우터 헬리콥터가 전진 수평 비행중일 때, 전진 브레이드의 받음각은?

　가. 후진 브레이드보다 크다.
　나. 후진 브레이드와 같다.
　다. 로우터 디스크 어느 부분이나 모두 같다.
　라. 후진 브레이드보다 적다.

　〔풀이〕 전진 브레이드의 받음각은 후진 브레이드의 받음각보다 적다. 두 브레이드 사이의 받음각의 차이가 두 브레이드의 속도 차이를 보상하고 로우터 디스크 주위에 균일한 양력을 제공한다. 이것이 양력의 비대칭을 막는다.

62. 회전 날개 제동 장치의 점검 요소가 아닌 것은?

　가. 작동유 저장 탱크
　나. 윤활유 오염 상태 점검
　다. 기어 박스 마멸 상태 점검
　라. 기어 박스 사용 점검

63. 다음중 2/3회 진동은?

　가. 엔진 마운트가 느슨해서
　나. 조종 케이블이 심하게 손상되었을 때
　다. 피치 지연에 의한 불안정 상태로 발생
　라. 조정 로드의 베어링이 심하게 마모되었을 때

64. 헬리콥터 구동 계통에서 프리 휠링 유니트(Free-wheeling Unit)의 목적은?

　가. 엔진이 정지하거나 특정 rpm보다 느릴 때 로우터를 분리한다.
　나. 로우터 브레이크를 풀어서 시동을 가능하게 한다.
　다. 시동중에 로우터 브레이드의 굽힘 응력을 제거한다.
　라. 착륙을 위해서 엔진의 과회전을 허용한다.

　〔풀이〕 헬리콥터 로우터 시스템에서 프리 휠링 유니트는 엔진 속도가 로우터의 속도보다 느릴 때 로우터를 분리한다.

---

61. (라)　　　62. (라)　　　63. (다)　　　64. (가)

65. 윤활유의 오염 상태 점검에 대한 설명으로 옳지 못한 것은?
    가. 금속 입자의 양으로 윤활 계통의 상태를 판단한다.
    나. 윤활유의 비중으로 윤활 계통의 상태를 판단한다.
    다. 오염 상태는 경고 장치에 의해 확인된다.
    라. 금속 입자는 윤활유 필터, 칩 디텍터로 수집한다.

66. 헬리콥터에서 감속 기구와 클러치를 합쳐서 작동하는 것은 무엇인가?
    가. 유성 기어
    나. 감속 기어
    다. 클러치
    라. 변속기

67. 다음에서 헬리콥터의 주요 3조종 계통에 속하지 않는 것은?
    가. 사이클릭 피치 조종 계통
    나. 방향 조종 계통
    다. 자동 조종 계통
    라. 콜렉티브 피치 조종 계통

68. 헬리콥터의 기어박스 점검을 위해 최대 적재 하중으로 얼마 동안 정지
    비행(Hovering)을 하는가?
    가. 10분
    나. 20분
    다. 30분
    라. 1시간

69. 헬리콥터 메인 로우터 브레이드가 처짐에서 수평이 될 때 작용하는
    힘은?
    가. 인장력
    나. 원심력
    다. 전단력
    라. 양력

---

65. (나)   66. (라)   67. (다)   68. (다)   69. (나)

70. 헬리콥터에 주로 사용되는 엔진은?
 가. 터보 팬 엔진
 나. 터보 프롭 엔진
 다. 터보 샤프트 엔진
 라. 터보 제트 엔진

71. 헬리콥터에서 유리 섬유를 사용한 로우터 브레이드의 특징이 아닌 것은?
 가. 결함의 확산 속도가 빠르다.
 나. 접착제에 의해 수리가 용이하다.
 다. 부식이 일어나지 않는다.
 라. 수명이 길다.

72. 회전익에 있어서 지상에서 저회전시 피치를 올리는 것은 좋지 않은데 그 이유는?
 가. 양력에 비해 원심력이 적어서 브레이드가 과대하게 코닝하기 때문
 나. 양력, 항력, 추력의 세 성능이 나빠지기 때문이다.
 다. 양력에 비해 항력이 크기 때문에 블레이드가 실속할 수 있다.
 라. 원심력에 비하여 양력이 적음으로 페더링 힌지에 과하중을 가한다.

73. 다음 헬리콥터의 메인 로우터 브레이드 지름에 관한 설명중 맞는 것은?
 가. 필요한 성능을 내기 위해 될 수 있는 한 최대 지름의 로우터 브레이드를 선정한다.
 나. 성능만 우수하다면 비용 관계는 전혀 고려할 필요는 없다.
 다. 좋은 정지 비행 성능을 위해서는 지름을 크게 할수록 좋다.
 라. 무게에 비례하므로 지름을 크게 할수록 좋다.

74. 메인 로우터 브레이드가 제한 속도 이상으로 회전하였을 경우 점검 사항이 아닌 것은?
 가. 동력 구동축의 손상과 변형 검사
 나. 구동축 커플링의 균열 점검
 다. 테일 로우터 구동축 지지 브라켓 볼트의 균열 점검
 라. 자석 플러그의 금속 입자 성분 점검

---

70. (다)　　71. (가)　　72. (가)　　73. (다)　　74. (라)

제13장. 목재/도프

1. 목재에 못을 박을 때 어느 정도의 간격을 두는 것이 좋은가?

　　〔풀이〕 1in²마다 4개의 못을 쓴다. 서로의 간격이 3/4인치 이상 떨어지는 것은 좋지 않다.

2. 날개의 스파를 겹치기(Splicing)할 때 구멍은 언제 뚫는 것이 옳은가?

　　〔풀이〕 목재가 완전히 건조한 후 뚫는 것이 좋다.

3. 보강판을 쓸 때 나무결의 방향을 어느 쪽으로 하는 것이 좋은가?

　　〔풀이〕 덮히는 목재의 결과 서로 평행이 되도록

4. 보강판은 가장자리를 테이퍼지게 하는 것이 좋다. 그 이유는?

　　〔풀이〕 응력을 줄이기 위하여

5. 비행기 날개의 스파를 결합할 때 어떤 방식의 조인트(Joint)를 쓰는 것이 좋으며, 또 경사도의 비례는 어느 정도가 적당한가?

　　〔풀이〕 스카프 조인트(Scarf Joint)로 약 12대 1의 경사도를 준다.

6. 목재의 패치를 할 때 어느 경우에 대수리(Major Repair)라 할 수 있는가?

　　〔풀이〕 목재의 패치할 구멍이 6인치를 초과할 때

7. 일반적으로 비행기 목재에 쓰이는 패치(Patch)는 어떤 것들이 있는가?

　　〔풀이〕 Scarf, Splayed Plug, Surface

8. 접착된 목재를 누를 때 어느 정도의 압력이 필요한가?

　　〔풀이〕 연한 목재는 125~150psi, 단단한 목재는 150~200psi

9. 접착된 부분을 얼마간 누르고 있는 것이 적당한가?

  〔풀이〕 최소한 7시간은 누르고 있어야 한다.

10. 접착제의 수명이 길어지게 하는 방법은?

  〔풀이〕 온도를 낮춘다.

11. 비행기 목재에 쓰이는 두가지 접착제는?

  〔풀이〕 카세인(Casein), 합성수지

12. 접착한 나무는 최소 어느 정도의 접착력이 필요한가?

  〔풀이〕 원재료 만큼 강해야 한다.

13. 나무를 서로 접착시키기 전의 준비과정은?

  〔풀이〕 접착할 부분을 줄로 다듬는다. 8시간 이내에 접착시키는 것이 좋다.

14. 목재에 매듭을 짓기 위한 구멍은 최대 얼마만하게 만들 수 있는가?

  〔풀이〕 지름 3/8인치

15. 비행기 목재는 어느 정도의 수분을 포함하고 있는 것이 적당한가?

  〔풀이〕 8%~12%

16. 합판(Plywood)과 얇은 층판(Laminated Wood)의 차이점은 무엇인가?

  〔풀이〕 합판은 결이 45°나 90°로 엇갈리게 되어 있고 얇은 층판(Laminated Wood)는 서로 결이 평행하다.

17. 흔히 비행기에 쓰이는 목재는 어떤 종류인가?

　〔풀이〕 전나무(Spruce : 가문비나무)

18. 브러쉬(Blush)를 갖고 있는 도포 표면에 형성된 흰색이나 회색의 물질은 무엇인가?

　〔풀이〕 표면의 칠에서 생긴 니트로셀루로스(Nitrocellulose)이다.

19. 항공기 패브릭의 수리중에서 대형 수리에 속하는 것은?

　〔풀이〕 손상이 두개의 리브를 거쳤거나 손상된 곳의 길이가 16인치 이상일 때, 이런 경우 이 부분의 패브릭 전체를 교환한다.

20. 선명한 색깔의 속이 들여다 보이는 칠을 한 후에 맨 위쪽에 투명한 표면 처리를 하는 목적은 무엇인가?

　〔풀이〕 칠을 바래게 하는 태양의 자외선을 막는다.

21. 도프에서 로핑(Roping)의 두가지 원인은?

　〔풀이〕 ① 뿌릴 때 너무 진했다.
② 온도가 너무 낮아서 적절한 브러싱(Blushing)이 안되었다.

22. 지연제(Retarder)가 어떻게 브러싱을 막거나 최소화시키는가?

　〔풀이〕 지연제가 도프의 건조 비율을 낮추어서 표면에 물이 응축되는 급격한 온도 강하를 막는다. 이 물이 모여서 니트로셀루로스를 형성한다.

23. 보강용 테이프나 리브 레이싱(Rib Lacing) 위에 덮은 표면 테이프(Surface Tape) 밑에 형성되는 버블(Bubble)을 막기 위해서는?

　〔풀이〕 리브 위를 덮기 전에 보강용 테이프를 도프로 포화시킨다.

24. 질산염 도프 신나를 낙산염 도프에 사용할 수 있는가?

〔풀이〕 사용할 수 없다.

25. 색이 바래지 않고 본래의 색깔을 유지하려면?

〔풀이〕 투명하고 자외선을 흡수하는 마지막 칠을 한다.

26. 인터 리브 브레이킹(Interrib Braking)이란 무엇인가?

〔풀이〕 리브와 리브 사이를 면으로 된 끈으로 대각선형으로 묶는 것을 말한다.

27. 수리가 가능한 "Dope-on-patch"는 어떤 경우인가?

〔풀이〕 초과 금지 속도가 150mph 이내의 항공기일 경우, 지름이 8인치 이내의 손상이 갔거나 직선으로 16인치 이내의 손상이 갔을 때

28. 리브 스티칭에 쓰이는 매듭의 이름은?

〔풀이〕 세인 노트(Seine Knot)

29. 손으로 바느질할 경우에 어느 간격으로 하는 것이 좋은가?

〔풀이〕 1인치 내에 4~6개의 꿰매기를 한다.

30. 손으로 꿰매기(rib Stitching)를 할 경우 어떤 방법을 쓰는가?

〔풀이〕 야구공 꿰매기(Baseball Stitch) 방법을 쓰며, 8~10번 꿰맬 때마다 세인 노트로 매듭을 만든다.

31. 리브 스티칭(Rib Stitching)의 간격은 무엇으로 결정하는가?

〔풀이〕 V_{NE}(초과 금지 속도)와 날개 하중

32. 표면 테이프에 매듭(Notch)을 만들 때 어느 간격으로 만드는 것이 좋은가?

〔풀이〕 시속 200mph를 넘는 항공기인 경우, 18인치마다 1인치 넓이의 매듭을 만든다.

33. 앤티테어 스트립(Antitear Strip)은 어떤 경우에 붙이는가?

〔풀이〕 항공기의 최고 속도가 250mph를 초과할 경우에 슬립 스트림(Slip Stream) 전체 부분의 위, 아래로 붙인다.

34. 보강용 테이프는 어느 곳에 붙이는가?

〔풀이〕 첫번째 도프가 마른 후 두번째 도프를 바르기 전에 리브 스티치(Rib Stitch) 위에 붙인다.

35. 도프는 최소 몇 번 발라야 되는가?

〔풀이〕 최소 8번 이상

36. 알루미늄 안료 도프란 무엇이며, 목적은 무엇인가?

〔풀이〕 도프에 알루미늄 가루가 섞여 햇볕이 통과하는 것을 방지한다.

37. 살균제 도프란 무엇인가?

〔풀이〕 도프에 박테리아균을 방지하는 약품이 섞인 것. 보통 첫번째 도프를 바를 때 사용한다.

38. 항공기의 직물에 페인트 작업을 할 때 브러슁(Blushing)이란 어떤 상태를 말하는가?

〔풀이〕 공기중의 수분이 페인트의 겹 사이에 스며드는 것. 보통 습기가 많은 날 생기는 현상이다.

39. 도프를 바를 때 핀 홀(Pin Hole) 형상이 생기는 이유는?

〔풀이〕 마르지 않은 도프 위에 또 도프를 칠했기 때문에

40. 항공기용 도프에는 어떤 종류들이 있는가?

〔풀이〕 질산염(Nitrate), 낙산염(Butyrate)

41. 항공기의 패브릭의 질이 저하되는 것은 몇 %까지 허용되는가?

〔풀이〕 30%까지 허용된다.

42. 도프를 칠하기에 좋은 날씨는?

〔풀이〕 21°~27°(70~80°F)의 건조한 날씨

43. 항공기의 패브릭의 질이 상했는지 알아보는 방법은?

〔풀이〕 세이볼트 시험(Saybolt Test), 뮬시험(Maule Test)

44. A등급 패브릭의 최소 인장 강도는 어느 정도인가?

〔풀이〕 80 lbs/in²

45. 항공기를 수리하거나 패브릭을 다시 덮을 때 힌지점(Hinge Point) 뒤쪽에는 무게를 더하지 않는 것이 가장 중요한데, 이유는?

〔풀이〕 조종면의 힌지점 뒤쪽에 무게를 더하면 표면에 플러터(Flutter)를 일으킨다.

46. 표면에 패치(Patch)를 대기 전에 투명 도프를 어떻게 처리하는가?

〔풀이〕 낙산염 도프 신나로 약하게 한다.

47. 항공기의 V_{NE} 속도가 160mph일 때 A등급 패브릭이 변형되어 감항성이 없다고 판정하기 위한 감항성 인정 최소의 강도는?

　〔풀이〕 56 lbs/in²

48. 핀 홀(Pin Hole)을 제거하는 방법은?

　〔풀이〕 신나와 지연제를 섞은 것을 가볍게 표면에 뿌린다.

49. 피시 아이(Fish Eye)의 원인은?

　〔풀이〕 표면에 실리콘 등이 마무리 페인트가 붙지 못하게 해서

50. 표면에서 블러쉬(Blush)를 제거하는 방법은?

　〔풀이〕 표면에 신나와 지연제를 섞은 것을 가능한 한 낮은 공기 압력으로 가볍게 뿌린다.

51. 블러쉬을 제거하는데 효과적으로 사용하는 지연제의 최대량은?

　〔풀이〕 지연제 : thinner＝1 : 4(5)

52. 천외피 패치의 수리에서 초과 금지 속도가 240km/h 이상인 경우의 수리 방식은?

　〔풀이〕 봉합 패치(Sewed in Patch) ; 240km/h 이하인 경우에는 도프 패치(Doped on Patch)를 사용한다.

53. 패브릭에 최종 유색칠로 폴리우레탄(Polyurethane)을 뿌리기 전에 마지막 처리는?

　〔풀이〕 폴리우레탄 에나멜을 뿌리기 전에 알루미늄 도프 위에 흰색 도프를 뿌린다.

54. 유색(Color) 도프의 첫번째 칠이 항상 흰색인 이유는?

〔풀이〕 일정한 유색 바닥을 제공한다.

55. 안료 도프의 마지막 칠이 광택이 나도록 하려면 어떻게 해야 되는가?

〔풀이〕 20% 투명 도프와 섞고 색깔있는 도프에 지연제를 섞는다.

56. 항공기에서 알루미늄 도프의 기본적인 기능은?

〔풀이〕 알루미늄 안료는 태양으로부터 자외선 차단벽을 형성해서 투명 도프와 패브릭 밑을 보호한다.

57. 마지막 표면 처리의 품질을 결정하는 도프의 코트는?

〔풀이〕 투명 도프의 필코트(Fill Coat)

58. 등급 A 코트에 사용하는 필 코트(Fill Coat)와 폴리에스터에 사용하는 필 코트와의 차이점은?

〔풀이〕 코튼과 린넨에 사용하는 필 코트는 팽팽히 하는 도프이고 폴리에스테에는 팽팽하지 않은 도프를 사용한다.

59. 드레인 그로메트(Drain Grommet)의 검사링(Inspection Ring)을 언제 장착하는가?

〔풀이〕 두번째 도프가 끝난 후에 표면 테이프를 덮을 때

60. 폴리에스터 패브릭을 팽팽하게 하는데 사용하는 가열 등(Heat Lamp)의 단점은?

〔풀이〕 금속으로 된 리딩에이지나 날개 리브가 가열 등에서 열의 일부를 흡수해서 부분적으로 고르지 못한 면을 만든다.

61. 날개 리브 위에 덮은 표면 테이프가 모두 샌딩으로 갈아 없어졌을 때
는 어떻게 해야 하는가?

　　〔풀이〕 테이프가 없어진 부분에 작은 패치(Patch)를 댄다.

62. 트레일리에이지에 덮는 표면 테이프의 넓이는?

　　〔풀이〕 3인치

63. 튀어나오는 피팅을 위해서는 언제 패브릭을 자르는가?

　　〔풀이〕 최소 1회 이상 도프를 칠한 다음에

64. 폴리에스터 패브릭에 있는 이음새(Seam)를 곧게 펴기 위해서는 어디
에 열을 가해야 하는가?

　　〔풀이〕 만곡된 이음새의 움푹 들어간 쪽

65. V_{NE} 속도가 150mph인 항공기의 슬립 스트림(Slip Stream) 안쪽에
리브 꿰매기(Rib Stitch)의 간격은?

　　〔풀이〕 2.5인치

66. 물 분사로 편평하게 편 A급 코튼과 살균제(Fungicidal) 도프 작업
사이에 최대 허용 가능한 시간은?

　　〔풀이〕 최대 48시간

67. 패브릭 표면에 두번째 브러쉬(Brush)로 칠하는 도프는 어떤 방법으로
칠하는가?

　　〔풀이〕 패브릭 속으로 들어가게 문지르기보다는 표면에 도프를 얇게
바른다.

68. 첫번째 도프 칠할 때 가장 중요하게 고려할 사항은?

〔풀이〕 첫번째 도프는 철저하고 고르게 모든 화이버에 칠해져야 한다.

69. 두개의 리브 스티칭 실(Rib-Stitching Cord)을 연결할 때 가장 좋은 형태는?

〔풀이〕 겹치기 매듭(Splice Knot)

70. 1갤론(Gallon)의 섞지 않은(Unthinned) 도프에 얼마 만큼의 살균제를 혼합하는가?

〔풀이〕 4온스

71. 두번째 도프를 칠하고 건조시킨 후에 패브릭을 건식 샌딩(Dry-sanding)하는 목적은?

〔풀이〕 패브릭의 보풀림을 제거한다.

72. 건식 샌딩을 할 때 항공기를 전기적으로 접지시키는 것이 가장 중요한데 올바른 이유는?

〔풀이〕 건식 샌딩시 정전기가 발생하여 구조의 내부에서 스파크가 생길 수 있기 때문에

73. 날개 끝(Wing Tip)과 리딩에이지(Leading Edge)를 따라 덮는 표면 테이프의 너비는?

〔풀이〕 4인치

74. 코튼과 린넨 패브릭을 초기에 팽팽하게 하는데에 사용하는 것은?

〔풀이〕 증류수 혹은 광물성을 포함하지 않은 물을 뿌린다.

75. 항공기용으로 인가된 패브릭의 식별은?

　〔**풀이**〕분류 번호(Specification Number)가 셀비지 에지(Selvage Edge)에 찍혀 있다.

76. 항공기 구조에서 **화이버글래스 패브릭**을 팽팽히 하는 방법은?

　〔**풀이**〕토우테닝 낙산염 도프(Tautening Butyrate Dope)를 분사해서 화이버를 수축시킨다.

77. 항공기 외피에 사용하는 3가지 **형태**의 리브 꿰매기 실(Rib Stitch Cord)은?

　〔**풀이**〕왁스 린넨(Waxed Linen), 왁스 코튼(Waxed Cotton), 폴리에스터(Polyester)

78. 항공기 도프에서 가소재(Plasticizer)의 목적은?

　〔**풀이**〕도프에 탄력성을 준다.

79. 도프에 섞는 지연제(Retarder)의 목적은?

　〔**풀이**〕지연제는 도프의 건조 시간을 느리게 해서 블러싱(Blushing)을 막고 도프가 흘러내리는 시간을 갖게 해서 도프 광택을 향상시킨다.

80. 낙산염 도프에 비해서 질산염(Nitrate) 도프의 장점은?

　〔**풀이**〕질산염 도프가 더 양호하게 덮는 성질을 갖고 있다.

81. 알루미늄 안료 도프(Aluminnum Pigmented Dope)의 목적은 무엇인가?

　〔**풀이**〕알루미늄 도프는 투명 도프와 패브릭에 자외선(Ultraviolet Ray)을 막아준다.

82. 재생제(Rejuvenator)의 기능은?

　〔풀이〕 건조된 도프막을 갈라지게 하고 가소제를 마무리한 표면 밖으로 나오게 한다.

83. 페인트가 분사되는 주변의 상대 습도를 아는 것이 왜 중요한가?

　〔풀이〕 너무 높은 상대 습도에서의 도프 작업은 블러싱(Blushing)을 일으킨다.

84. 항공기 구조에 패브릭을 장착하는 두가지 방법은?

　〔풀이〕 씌우는 방법(Envelop Method), 덮는 방법(Blanket Method)

85. 항공기의 어느 부분에 먼저 패브릭을 씌우는가?

　〔풀이〕 작고 단순한 부품. 예로는 윙 플랩(Wing Flap)

86. 패브릭을 씌우기 전에 동체에 있는 강 튜브에 어떤 준비 작업이 필요한가?

　〔풀이〕 튜브는 톨루엔(Toluene)이나 MEK로 깨끗이 닦고 얇게 에폭시 프라이머(Epoxy Primer)를 칠한다.

87. 머서 처리(Mercerizing)한 A급 코튼 패브릭의 목적은?

　〔풀이〕 머서 처리는 Natural Wave를 제거하고 화이버를 굳게 하며 재질에 광택을 준다.

88. 페인트가 쉽게 벗겨지는 이유는?

　〔풀이〕 물이나 기름기가 묻어 있는 표면에 페인트를 칠했을 때

89. 페인트칠할 때 "Run/Says" 현상은 무엇을 말하는가?

〔풀이〕 스프레이 건(Spray Gun)이 잘 조절되어 있지 않거나 페인트의 농도가 너무 짙을 때, 또한 한 곳에 너무 많이 뿌렸을 때 일어나는 현상이다.

90. 방산용 블랙 페인트(Acid-proof Black Paint)를 묽게 하는데 사용하는 것은?

〔풀이〕 톨루올(Toluol)

91. 재생제(Rejuvenator)는 무엇인가?

〔풀이〕 진한 하이-포텐시 솔벤트(High-Potency Sovent)와 가소재(Plasticizer)의 혼합물이다.

제14장. 기　　타

1. T류의 비행기에 C급 화물실이란 다음 어느 것인가?

　　가. 스모크 감지기 또는 화재 감지기로 화재를 발견하였을 때 승무원이 휴대용 소화기로 소화 가능한 플로워 위 또는 플로워 밑의 화물실

　　나. 스모크 감지기 또는 화염 감지기로 화재를 발견했을 때 승무원의 고정 소화 장치로 소화 가능한 것으로 주로 플로워 밑의 화물실

　　다. 승무원이 착석한 채로 화재를 발견할 수 있고 휴대용 소화기로 소화 가능한 소규모인 플로워 위의 화물실

　　라. 공기의 유통이 적고 만일 불이 나도 화재를 실내에 국한시키는 화물실

　　〔풀이〕 화물실은 T류의 비행기는 A∼E의 등급으로 구분한다. 화재 감지 장치나 고정 소화 장치는 등급에 따라 다른데 어떤 장비도 없는 자연 소화를 하는 것, 휴대용 소화기를 사용하는 것, 통기성이 큰 것으로는 밸브 등을 달고, 또 비행 속도를 낮추는 등의 순서를 필요로 하는 것 등이 있다.

　　(가)는 B급 화물실, (다)는 A급 화물실, (라)는 D급 화물실이다.

　　E급 화물실이란 화물 전용기에 적용되는 기준으로 스모크 탐지기 또는 화재 감지기로 화재를 발견하고 환기(여압) 장치를 막아 산소량을 제한한 뒤 소화하는 플로워(Floor) 위와 밑의 화물실이다.

2. 항공기의 화재 탐지기로서 사용되는 크로멜-알루멜 서모커플에 대한 설명으로 맞는 것은?

　　가. 1,600°C까지는 고온에 견디며 안정성이 높은 서모커플이지만 금속은 증기에 대해서는 그 내식성이 떨어진다.

　　나. −200∼300°C인 온도 범위에서 측정이 가능하고 또 물에 의한 부식이 강하다.

　　다. 선의 지름이 큰 것으로 1,260°C까지의 사용에 견디는 비금속 서모커플이다.

　　라. 선의 지름이 큰 것을 사용하면 1,150°C까지 사용할 수 있다.

　　〔풀이〕 일반적으로 사용하는 서모 커플에는 4종류가 있는데 그것은 철-콘스탄탄, 크로멜-알루멜, 동-콘트탄탄, 백금-백금 리듐 등이 있다.

　　(가)는 백금-백금 리듐이고 (나)는 동-콘스탄탄, (라)는 철-콘스탄탄이다.

---

1. (나)　　　　2. (다)

3. 광전형 스모크 탐지 장치(Photo-electric Smoke Detector)의 구조 와 작동 원리를 설명하시오.

〔풀이〕 작동 원리는 비콘 램프는 항상 점등되어 있어 연기가 들어오면 그 반사광이 광전관 또는 감광 트랜지스터를 통해 경보 장치를 작동시킨다.

테스트 스위치에 의해 테스트 램프에 비콘 램프를 통한 전력을 공급하여 점등하면 단선이 없이 직접 감광부에 빛이 들어가 경보 회로가 작동하는 것을 확인할 수 있다.

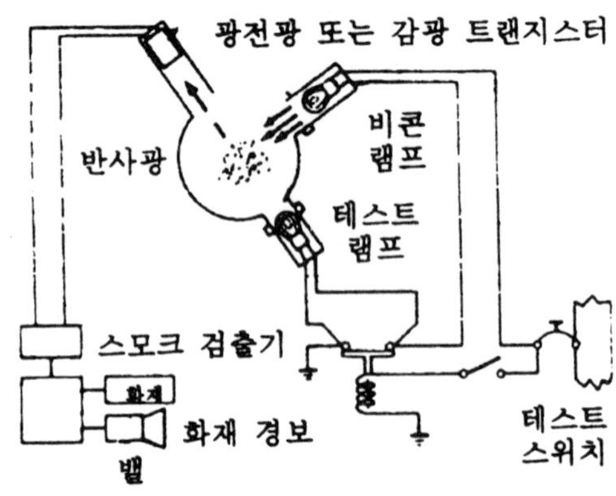

4. 보조 동력 장치(APU)에 대한 설명중 잘못된 것은?
가. APU의 시동은 보통 APU용 스타터 모터로 한다.
나. APU의 브리드 에어는 메인 엔진의 시동, 에어컨디션 등에 사용한다.
다. APU의 발생 전력은 항공기의 주전력을 보충한다.
라. APU에 의해 이륙시의 추력은 증가한다.

〔풀이〕 APU 엔진의 추력은 무시할 만큼 작다. (가), (나), (다)는 모두 옳다.

5. 다음 그림에서 주철 (Cast Iron)을 나타 내는 단면 표시는?
가. 1
나. 2
다. 3
라. 4

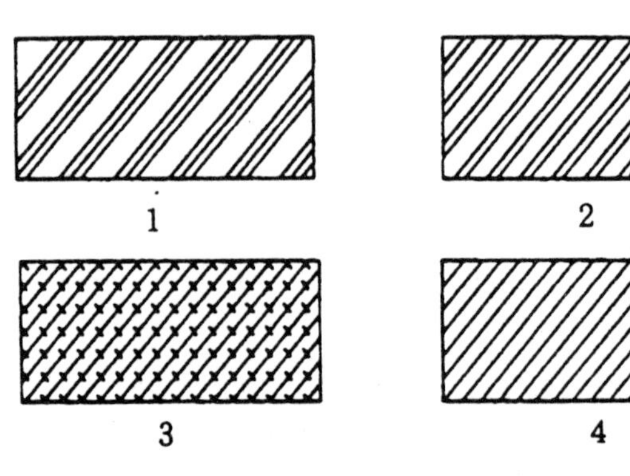

---

3. 풀이 참조   4. (라)   5. (라)

〔풀이〕 그림 1은 고무, 플라스틱, 전기 절연체를 나타낸다.

그림 2는 강(Steel)이다.

그림 3은 마그네슘, 알루미늄, 알루미늄 합금이다.

그림 4는 주철의 단면이다.

6. 다음에서 밑에서 본 것으로
  옳은 것은?
  가. 1
  나. 2
  다. 3
  라. 4

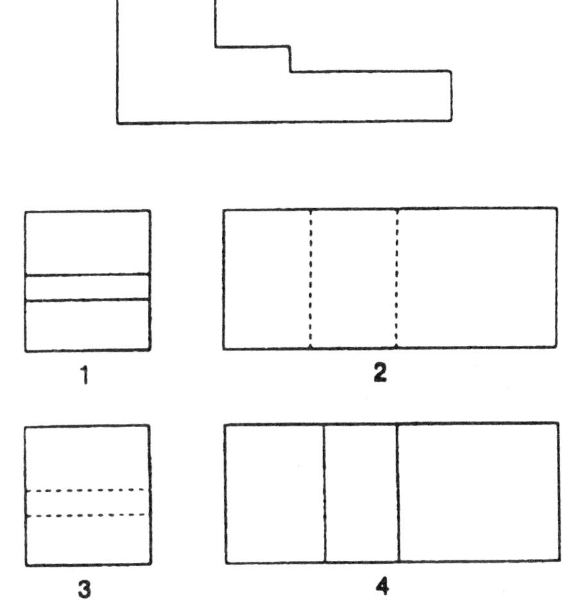

〔풀이〕 그림 1은 우측에서 본 것이다. 두개의 수평면이 실선으로 보인다.

그림 2는 밑에서 본 것이다. 2개의 수직면이 점선으로 보인다.

그림 3은 좌측에서 본 것이다. 2개의 수평면이 점선으로 보인다.

그림 4는 위에서 본 것이다. 2개의 수직면이 실선으로 보인다.

7. 밧데리 전해액이 황산일 때 세척은?
  가. 3%의 붕산으로 중화후 세척
  나. 5%의 붕산으로 중화후 세척
  다. 20% 중탄산 나트륨으로 중화후 세척
  라. 2% 중탄산 나트륨으로 중화후 세척

---

6. (나)   7. (다)

8. 다음 그림에서 좌측면에서 본
   것을 옳게 나타낸 것은?
   가. 1
   나. 2
   다. 3
   라. 4

〔풀이〕 그림 1은 우측에서 본 것으로 수평선이 실선이다.
그림 2는 밑에서 본 것이다. 수직면이 점선으로 보인다.
그림 3은 좌측에서 본 것이다. 수평면이 점선으로 보인다.
그림 4는 위에서 본 그림이다. 수직면이 실선이다.

9. 다음 그림에서 밑에서 본 그림을
   나타내는 것은?
   가. 1
   나. 2
   다. 3
   라. 4

8. (다)   9. (다)

〔풀이〕 1번은 위에서 내려다본 그림이다. 수직선은 실선이다.

2번 그림은 정확히 표현되지 못했다.

3번 그림은 밑에서 보았을 때를 나타낸 것으로 옳다. 수직선은 점선으로 보인다.

4번 그림은 부정확한 그림이다.

10. APU의 서징(Surging)을 방지하려면?

　　가. 전기 계통의 부하를 낮춘다.

　　나. APU에서의 브리드 공기의 흐름량을 낮춘다.

　　다. APU 엔진의 회전을 낮춘다.

　　라. 서지 브리드 밸브를 열어 압축기로부터 일부의 공기를 방출한다.

〔풀이〕 APU는 항공기 보조 동력 장치로서 항공기에 여러가지 동력원을 주려는 목적으로 장비되어 전기 계통 및 공기압 계통의 동력원으로 운전된다. 따라서 운전중인 APU에는 부하가 걸려 있는 것이 정상이다. 발생된 축 마력으로 발전기를 돌려 압축 공기를 빼내는 것은 압축기로부터 한다. 즉 엔진 압축기에서 발생되는 압축 공기량은 엔진을 회전시키는데 필요한 공기량과 항공기의 공기압 계통을 작동시키는데 필요한 양을 만들어낸다. 만약 APU가 작동할 때 공기압 계통의 부하를 없애면 APU의 압축기는 필요 이상의 공기를 압축하게 되어 실속된다. 이런 경우는 압축기에서 서지 브리드 밸브를 열어서 필요 없는 공기를 빼고 압축기의 부하를 낮춰 실속을 방지한다.

---

10. (라)

저자 약력

최태원   동래고 졸
        울산대 졸
        미국 Northrop Institute of Technology 졸
        미국 FAA 항공 정비면허 소지
        미국 University of Southern california 대학원
        United Flight Tech 근무

한병희   금오공고 졸
        산업대 졸
        한국항공 근무
        교통부 항공면허 소지
        헬리콥터 레이팅 소지

한석태   금오공고 졸
        대한항공 근무
        교통부 항공면허 소지교통부 한정면허(B747.747~400)소지

권순모   금오공고 졸
        대한항공 근무
        아세아항공직업전문학교 전문교사 역임
        미국 FAA 항공정비면허 소지
        교통부 항공정비면허 소지

항공종사자 자격시험 대비용 문제집 시리즈

항공기기체

2010년 2월 26일 증보판 발행

저 자   최태원, 한병희, 한석태, 권순모
발행처   청 연
주 소   서울시 금천구 독산4동 181-66호
등 록   제18-75호
전 화   02)851-8643
팩 스   02)851-8644

정가 : 20,000원

* 저자의 허락없이 무단 전재 및 복제를 금합니다.
* 낙장 및 파본은 바꿔드립니다.